高等学校计算机应用规划教材

U0291735

中文版 AutoCAD 2018 基础教程

邓堃　薛焱　编著

清华大学出版社

北　京

内 容 简 介

本书系统地介绍了使用中文版 AutoCAD 2018 进行计算机绘图的方法。全书共分 15 章，主要内容包括 AutoCAD 2018 入门，AutoCAD 绘图基础，图形的显示控制，设置图形对象特性，绘制简单二维图形，使用精确绘图工具，编辑二维图形，使用文字与表格，使用图案填充和面域，添加尺寸标注，应用图块和外部参照，绘制三维图形，编辑三维图形，观察和渲染三维图形，图形的输入输出和打印发布等。

本书结构清晰，语言简练，实例丰富，既可作为高等学校相关专业的教材，也可作为从事计算机绘图技术研究与应用人员的参考书。

本书对应的电子课件、习题答案和实例源文件可以到 http://www.tupwk.com.cn/downpage 网站下载。

图书在版编目(CIP)数据

中文版 AutoCAD 2018 基础教程 /邓堃，薛焱 编著. —北京：清华大学出版社，2018（2024.2重印）
(高等学校计算机应用规划教材)

ISBN 978-7-302-49636-6

Ⅰ．①中⋯ Ⅱ．①邓⋯②薛⋯ Ⅲ．①AutoCAD 软件—高等学校—教材 Ⅳ．①TP391.72

中国版本图书馆 CIP 数据核字(2018)第 033894 号

责任编辑：胡辰浩 袁建华
装帧设计：孔祥峰
责任校对：成凤进
责任印制：刘海龙

出版发行：清华大学出版社
 网　　　址：https://www.tup.com.cn，https://www.wqxuetang.com
 地　　　址：北京清华大学学研大厦 A 座　　　邮　　编：100084
 社 总 机：010-83470000　　　邮　　购：010-62786544
 投稿与读者服务：010-62776969，c-service@tup.tsinghua.edu.cn
 质 量 反 馈：010-62772015，zhiliang@tup.tsinghua.edu.cn
印 装 者：三河市人民印务有限公司
经　　　销：全国新华书店
开　　　本：185mm×260mm　　　印　　张：22.5　　　字　　数：519 千字
版　　　次：2018 年 3 月第 1 版　　　印　　次：2024 年 2 月第 5 次印刷
定　　　价：79.00 元

产品编号：075549-03

前　言

随着计算机技术的迅猛发展，计算机绘图技术已被广泛应用于机械、建筑、电子、航天、造船、石油化工、土木工程、冶金、农业、气象、纺织及轻工等多个领域，并发挥着越来越大的作用。

由 Autodesk 公司开发的 AutoCAD 是当前最为流行的计算机绘图软件之一。由于 AutoCAD 具有使用方便、体系结构开放等特点，深受广大工程技术人员的青睐。其最新版本 AutoCAD 2018 在界面、图层功能和控制图形显示等方面都达到了崭新的水平。

本书全面、翔实地介绍了 AutoCAD 2018 的功能及使用方法。通过本书的学习，读者可以把基本知识和实战操作结合起来，快速、全面地掌握 AutoCAD 2018 软件的使用方法和绘图技巧，达到融会贯通、灵活运用的目的。

本书共分 15 章，从 AutoCAD 入门和绘图基础开始，分别介绍了绘图辅助工具的使用，绘制和编辑二维图形，创建文字和表格，设置面域与图案填充，图形尺寸的标注，块、外部参照的使用，三维图形的绘制、编辑和渲染，图形的打印发布等内容。

本书是作者在总结多年教学经验与科研成果的基础上编写而成的，它既可作为高等学校相关专业的教材，也可作为从事计算机绘图技术研究与应用人员的参考书。

本书分为 15 章，其中阜新高等专科学校的邓堃编写了第 1~10 章，薛焱编写了第 11~15 章。另外，参加本书编写的人员还有陈笑、孔祥亮、杜思明、高娟妮、熊晓磊、曹汉鸣、何美英、陈宏波、潘洪荣、王燕、谢李君、李珍珍、王华健、柳松洋、陈彬、刘芸、高维杰、张素英、洪妍、方峻、邱培强、顾永湘、王璐、管兆昶、颜灵佳、曹晓松等。由于作者水平所限，本书难免有不足之处，欢迎广大读者批评指正。我们的邮箱是 huchenhao@263.net，电话是 010-62796045。

本书对应的电子课件、习题答案和实例源文件可以到 http://www.tupwk.com.cn/downpage 网站下载。

作　者
2018 年 1 月

目 录

第1章 AutoCAD 2018 入门 ·········· 1

1.1 初识 AutoCAD 2018 ··········· 1
　　1.1.1 AutoCAD 的常用功能 ········· 1
　　1.1.2 启动 AutoCAD 2018 ········· 5
　　1.1.3 退出 AutoCAD 2018 ········· 6

1.2 AutoCAD 2018 的工作界面
　　和工作空间 ··············· 6
　　1.2.1 AutoCAD 的工作界面 ········· 6
　　1.2.2 AutoCAD 的工作空间 ········ 13

1.3 AutoCAD 图形的基本操作 ······ 16
　　1.3.1 创建图形 ················ 16
　　1.3.2 打开和关闭图形 ··········· 18
　　1.3.3 保存图形 ················ 19

1.4 修复和恢复图形 ············· 20
　　1.4.1 修复损坏的图形文件 ········ 20
　　1.4.2 创建和恢复备份文件 ········ 20
　　1.4.3 从系统故障恢复 ··········· 21

1.5 思考练习 ·················· 22

第2章 AutoCAD 2018 绘图基础 ······· 23

2.1 设置 AutoCAD 绘图选项 ········ 23
　　2.1.1 设置参数选项 ············· 23
　　2.1.2 设置图形单位 ············· 26
　　2.1.3 设置图形界限 ············· 28
　　2.1.4 设置命令窗口 ············· 29
　　2.1.5 设置选择集模式 ··········· 30

2.2 AutoCAD 绘图方法 ··········· 30
　　2.2.1 使用菜单栏 ··············· 31
　　2.2.2 使用工具栏 ··············· 31
　　2.2.3 使用"文档浏览器"按钮 ···· 31
　　2.2.4 使用"功能区"选项板 ······ 32
　　2.2.5 使用绘图命令 ············· 32

2.3 使用命令和系统变量 ········· 32
　　2.3.1 使用鼠标执行命令 ········· 33
　　2.3.2 使用命令窗口 ············· 33
　　2.3.3 使用文本窗口 ············· 34
　　2.3.4 使用按钮和菜单栏 ········· 34
　　2.3.5 使用系统变量 ············· 35
　　2.3.6 使用透明命令 ············· 36
　　2.3.7 重复、撤销和重做命令 ····· 36

2.4 管理命名对象 ·············· 38
　　2.4.1 命名对象 ················ 38
　　2.4.2 重命名对象 ··············· 39
　　2.4.3 使用通配符 ··············· 39

2.5 思考练习 ·················· 40

第3章 图形的显示控制 ············ 41

3.1 重画与重生成图形 ··········· 41
　　3.1.1 重画图形 ················ 41
　　3.1.2 重生成图形 ··············· 41

3.2 缩放视图 ·················· 42
　　3.2.1 实时缩放视图 ············· 43
　　3.2.2 窗口缩放视图 ············· 43
　　3.2.3 中心缩放视图 ············· 44
　　3.2.4 比例缩放视图 ············· 44
　　3.2.5 范围缩放视图 ············· 45
　　3.2.6 设置视图中心点 ··········· 45
　　3.2.7 动态缩放视图 ············· 45

3.3 平移视图 ·················· 46
　　3.3.1 实时平移视图 ············· 46
　　3.3.2 定点平移视图 ············· 47

3.4 使用命名视图 ·············· 47
　　3.4.1 命名视图 ················ 47
　　3.4.2 删除和恢复命名视图 ········ 48

3.5   使用平铺视口 ·············49
　　3.5.1 平铺视口的特点 ········49
　　3.5.2 创建平铺视口 ·········50
　　3.5.3 分割和合并视口 ·······51
3.6   使用 ShowMotion ··········53
3.7   思考练习 ···············54

第4章　设置图形对象特性 ·········55
4.1   使用图层 ···············55
　　4.1.1 创建图层 ···········55
　　4.1.2 设置图层 ···········56
　　4.1.3 管理图层状态 ········61
4.2   控制对象特性 ············66
　　4.2.1 显示和修改对象特性 ·····66
　　4.2.2 复制对象特性 ········68
　　4.2.3 打开和关闭可见元素 ····69
　　4.2.4 控制重叠对象 ········70
4.3   改变图形对象的特性 ·······71
　　4.3.1 改变图形颜色 ········71
　　4.3.2 改变图形线型 ········72
　　4.3.3 改变图形线宽 ········73
4.4   思考练习 ···············74

第5章　绘制简单二维图形 ·········75
5.1   绘制点 ················75
　　5.1.1 绘制单点和多点 ·······75
　　5.1.2 设置点样式 ·········76
　　5.1.3 绘制等分点 ·········78
5.2   绘制线 ················80
　　5.2.1 绘制直线 ···········80
　　5.2.2 绘制射线和构造线 ·····82
　　5.2.3 绘制多段线 ·········83
　　5.2.4 绘制多线 ···········86
5.3   绘制多边形 ·············93
　　5.3.1 绘制矩形 ···········93
　　5.3.2 绘制正多边形 ········94
　　5.3.3 绘制区域覆盖 ········95
5.4   绘制圆和弧线 ············96

5.4.1 绘制圆 ···········96
5.4.2 绘制圆弧 ·········99
5.4.3 绘制椭圆 ·········101
5.4.4 绘制椭圆弧 ········102
5.4.5 绘制圆环 ·········103
5.4.6 绘制样条曲线 ······103
5.4.7 绘制修订云线 ······105
5.5   思考练习 ···············106

第6章　使用精确绘图工具 ·········107
6.1   使用坐标系 ·············107
　　6.1.1 世界坐标系与用户坐标系 ··107
　　6.1.2 坐标表示方法 ········108
　　6.1.3 控制坐标的显示 ·······108
　　6.1.4 创建用户坐标系 ·······109
　　6.1.5 选择和命名用户坐标系 ···110
　　6.1.6 使用正交用户坐标系 ····110
　　6.1.7 设置 UCS 选项 ·······111
　　6.1.8 绝对和相对坐标 ·······112
6.2   使用动态输入 ············113
　　6.2.1 启用指针输入 ········113
　　6.2.2 启用标注输入 ········114
　　6.2.3 显示动态提示 ········114
6.3   使用栅格、捕捉和正交 ·····115
　　6.3.1 启用和关闭捕捉和
　　　　　栅格功能 ···········115
　　6.3.2 设置捕捉和栅格参数 ····116
　　6.3.3 使用 GRID 和 SNAP
　　　　　命令 ·············116
　　6.3.4 使用正交模式 ········118
6.4   使用对象捕捉 ············118
　　6.4.1 打开对象捕捉模式 ·····118
　　6.4.2 运行和覆盖捕捉模式 ····120
6.5   使用自动追踪 ············120
　　6.5.1 极轴追踪与对象捕捉追踪 ··120
　　6.5.2 临时追踪点和捕捉自功能 ··121
　　6.5.3 使用自动追踪功能 ·····121

6.6 提取对象上的几何信息········· 125
 6.6.1 获取距离和角度············· 125
 6.6.2 获取区域信息··············· 126
 6.6.3 获取面域/质量特性········· 126
 6.6.4 列表显示对象信息········· 127
 6.6.5 提示当前点坐标值········· 128
 6.6.6 获取时间信息··············· 128
 6.6.7 查询对象状态··············· 129
 6.6.8 设置变量······················· 130
6.7 使用 CAL 计算····················· 130
 6.7.1 CAL 用作桌面计算器····· 130
 6.7.2 使用变量······················· 131
 6.7.3 CAL 用作点和矢量
    计算器····················· 132
 6.7.4 在 CAL 中使用捕捉模式··· 133
 6.7.5 利用 CAL 获取坐标点···· 134
6.8 思考练习··························· 134

第 7 章 编辑二维图形················· 135
7.1 选择二维图形对象··············· 135
 7.1.1 选择对象的方法············· 135
 7.1.2 快速选择······················· 136
 7.1.3 过滤选择······················· 138
 7.1.4 构造选择集··················· 140
 7.1.5 编组对象······················· 143
7.2 复制二维图形对象··············· 144
 7.2.1 复制图形······················· 144
 7.2.2 镜像图形······················· 145
 7.2.3 偏移图形······················· 146
 7.2.4 阵列图形······················· 148
7.3 调整图形对象的位置··········· 151
 7.3.1 移动和旋转图形············· 151
 7.3.2 缩放图形······················· 153
7.4 调整图形对象的形状··········· 154
 7.4.1 拉伸图形······················· 154
 7.4.2 拉长图形······················· 155
 7.4.3 使用夹点编辑对象········· 157

7.5 修改二维图形对象··············· 163
 7.5.1 修剪和延伸图形············· 163
 7.5.2 创建圆角······················· 164
 7.5.3 创建倒角······················· 166
 7.5.4 使用打断工具··············· 167
7.6 思考练习··························· 168

第 8 章 使用文字与表格············· 169
8.1 设置文字样式····················· 169
 8.1.1 创建文字样式··············· 169
 8.1.2 设置字体和大小············· 170
 8.1.3 设置文字效果··············· 171
 8.1.4 预览与应用文字样式····· 171
8.2 书写单行文字····················· 172
 8.2.1 创建单行文字··············· 172
 8.2.2 使用文字控制符············· 175
 8.2.3 编辑单行文字··············· 175
8.3 书写多行文字····················· 176
 8.3.1 创建多行文字··············· 176
 8.3.2 创建堆叠文字··············· 178
 8.3.3 编辑多行文字··············· 178
8.4 创建表格··························· 180
 8.4.1 新建表格样式··············· 180
 8.4.2 设置表格的数据、标题
    和表头····················· 181
 8.4.3 管理表格样式··············· 183
 8.4.4 插入表格······················· 183
 8.4.5 编辑表格和单元格········· 184
8.5 思考练习··························· 186

第 9 章 设置图案填充和面域········· 187
9.1 使用图案填充····················· 187
 9.1.1 创建图案填充··············· 187
 9.1.2 使用孤岛填充··············· 192
 9.1.3 使用渐变色填充············· 193
 9.1.4 编辑图案填充··············· 194
 9.1.5 绘制圆环和宽线············· 196
9.2 使用面域··························· 196

9.2.1　创建面域 ···················· 197

9.2.2　面域的布尔运算 ·········· 197

9.3　查询图形信息 ···················· 199

9.3.1　查询距离和半径 ·········· 199

9.3.2　查询角度和面积 ·········· 200

9.3.3　面域和质量特性查询 ···· 200

9.3.4　显示图形时间和状态 ···· 201

9.3.5　列表显示对象信息 ······· 202

9.3.6　显示当前点坐标 ·········· 203

9.3.7　查询对象状态 ·············· 203

9.4　思考练习 ··························· 204

第 10 章　添加尺寸标注 ···················· 205

10.1　尺寸标注的规则和组成 ······ 205

10.1.1　尺寸标注的规则 ········· 205

10.1.2　尺寸标注的组成 ········· 205

10.1.3　尺寸标注的类型 ········· 206

10.1.4　创建尺寸标注的步骤 ···· 206

10.2　创建与设置标注样式 ········· 207

10.2.1　创建标注样式 ············ 207

10.2.2　设置尺寸线和尺寸界线 ··· 208

10.2.3　设置符号和箭头 ········· 210

10.2.4　设置文字样式 ············ 211

10.2.5　设置调整选项 ············ 213

10.2.6　设置主单位选项 ········· 215

10.2.7　设置换算单位 ············ 216

10.2.8　设置公差 ··················· 216

10.3　长度型尺寸标注 ··············· 217

10.3.1　线性标注 ··················· 217

10.3.2　对齐标注 ··················· 219

10.3.3　弧长标注 ··················· 219

10.3.4　基线标注 ··················· 219

10.3.5　连续标注 ··················· 219

10.4　半径、直径和圆心标注 ······ 221

10.4.1　半径标注 ··················· 221

10.4.2　折弯标注 ··················· 221

10.4.3　直径标注 ··················· 222

10.4.4　圆心标注 ··················· 222

10.5　角度标注与其他类型标注 ··· 223

10.5.1　角度标注 ··················· 223

10.5.2　折弯线性标注 ············ 224

10.5.3　多重引线标注 ············ 224

10.5.4　坐标标注 ··················· 225

10.5.5　快速标注 ··················· 226

10.5.6　标注间距和标注打断 ···· 226

10.6　形位公差标注 ··················· 227

10.6.1　形位公差的组成 ········· 227

10.6.2　标注形位公差 ············ 228

10.7　编辑标注对象 ··················· 229

10.7.1　编辑标注 ··················· 229

10.7.2　编辑标注文字的位置 ···· 229

10.7.3　替代标注 ··················· 230

10.7.4　更新标注 ··················· 230

10.8　思考练习 ························· 230

第 11 章　应用图块和外部参照 ········· 231

11.1　创建和编辑块 ··················· 231

11.1.1　块的特点 ··················· 231

11.1.2　块定义 ······················ 232

11.1.3　存储块 ······················ 234

11.1.4　插入块 ······················ 234

11.1.5　分解块 ······················ 236

11.1.6　在位编辑块 ··············· 237

11.1.7　删除块 ······················ 238

11.2　设置块属性 ······················ 239

11.2.1　创建块属性 ··············· 239

11.2.2　编辑块属性 ··············· 242

11.3　使用动态块 ······················ 244

11.3.1　创建动态块 ··············· 244

11.3.2　创建块参数 ··············· 245

11.3.3　创建块动作 ··············· 248

11.3.4　使用参数集 ··············· 251

11.4　使用外部参照 ··················· 252

11.4.1　附着外部参照 ············ 252

11.4.2　编辑外部参照 ·············255

11.4.3　剪裁外部参照 ·············255

11.4.4　管理外部参照 ·············256

11.5　使用 AutoCAD 设计中心 ·····256

11.5.1　AutoCAD 设计中心
的功能 ···············257

11.5.2　观察图形信息 ·············257

11.5.3　在设计中心查找内容 ·····259

11.5.4　使用设计中心管理图形 ···259

11.6　思考练习 ·····················260

第 12 章　绘制三维图形 ············261

12.1　三维绘图基础知识 ············261

12.1.1　三维绘图的术语 ···········261

12.1.2　三维视图 ··················261

12.1.3　创建三维用户坐标系 ······262

12.1.4　定制 UCS ················263

12.1.5　调整视觉效果 ·············266

12.2　绘制三维点和线 ·············267

12.2.1　绘制三维点 ···············267

12.2.2　绘制三维直线和多段线 ····267

12.2.3　绘制三维样条曲线和
三维螺旋线 ···········268

12.3　绘制三维网格图形 ···········269

12.3.1　绘制三维面与多边
三维面 ···············269

12.3.2　控制三维面的边 ···········270

12.3.3　绘制三维网格 ·············271

12.3.4　绘制旋转网格 ·············271

12.3.5　绘制平移网格 ·············272

12.3.6　绘制直纹网格 ·············272

12.3.7　绘制边界网格 ·············272

12.4　绘制基本实体 ···············273

12.4.1　绘制多段体 ···············273

12.4.2　绘制长方体与楔体 ·········274

12.4.3　绘制圆柱体与圆锥体 ······276

12.4.4　绘制球体与圆环体 ·········277

12.4.5　绘制棱锥体 ···············278

12.5　通过二维图形创建实体 ······279

12.5.1　将二维图形拉伸成实体 ····279

12.5.2　将二维图形旋转成实体 ····281

12.5.3　将二维图形扫掠成实体 ····282

12.5.4　将二维图形放样成实体 ····282

12.5.5　根据标高和厚度绘制
三维实体 ·············284

12.6　思考练习 ·····················286

第 13 章　编辑三维图形 ············287

13.1　三维实体的布尔运算 ·········287

13.1.1　对三维对象求并集 ·········287

13.1.2　对三维对象求差集 ·········287

13.1.3　对三维对象求交集 ·········288

13.1.4　对三维对象求干涉集 ······288

13.2　修改三维对象 ···············289

13.2.1　移动三维对象 ·············290

13.2.2　阵列三维对象 ·············290

13.2.3　镜像三维对象 ·············291

13.2.4　旋转三维对象 ·············291

13.2.5　对齐三维对象 ·············292

13.3　编辑三维实体 ···············292

13.3.1　编辑实体的边 ·············292

13.3.2　编辑实体的面 ·············294

13.3.3　分解实体 ··················297

13.3.4　对实体修倒角和圆角 ······298

13.3.5　剖切实体 ··················299

13.3.6　加厚实体 ··················299

13.3.7　转换为实体和曲面 ·········300

13.3.8　实体分割、清除、抽壳
与检查 ···············301

13.4　标注三维图形尺寸 ···········302

13.5　思考练习 ·····················304

第 14 章　观察和渲染三维图形 ········305

14.1　动态观察 ·····················305

14.1.1　受约束的动态观察 ·········305

14.1.2 自由动态观察·············305

14.1.3 连续动态观察·············306

14.2 使用相机功能·················306

14.2.1 认识相机·················306

14.2.2 创建相机·················307

14.2.3 修改相机特性·············307

14.2.4 调整视距·················309

14.2.5 设置回旋·················309

14.3 使用运动路径动画···········309

14.3.1 控制相机运动路径
的方法·················310

14.3.2 设置运动路径动画参数····310

14.3.3 创建运动路径动画·······311

14.4 使用漫游和飞行···········313

14.5 三维图形的显示···········314

14.5.1 消隐图形·················314

14.5.2 改变三维图形的曲面
轮廓素线·················314

14.5.3 以线框形式显示
实体轮廓·················315

14.5.4 改变实体表面的平滑度····315

14.6 使用视觉样式···········315

14.6.1 应用视觉样式·············315

14.6.2 管理视觉样式·············317

14.6.3 创建透视投影·············317

14.7 光源···················318

14.7.1 点光源·················318

14.7.2 聚光灯·················319

14.7.3 平行光·················320

14.7.4 查看光源列表·············320

14.7.5 阳光与天光·············321

14.8 材质和贴图···········323

14.8.1 使用材质·················323

14.8.2 将材质应用于对象········323

14.8.3 使用贴图·················324

14.9 渲染对象·················328

14.9.1 高级渲染设置·············328

14.9.2 控制渲染·················330

14.9.3 渲染并保存图像·········330

14.10 思考练习·················332

第 15 章 图形的输入输出和
打印发布·················333

15.1 输入和输出图形···········333

15.1.1 输入图形·················333

15.1.2 插入 OLE 对象·············333

15.1.3 输出图形·················334

15.2 创建和管理布局···········335

15.2.1 模型空间和布局空间·····335

15.2.2 创建布局·················336

15.2.3 设置布局·················339

15.2.4 布局的页面设置·········339

15.3 打印图形·················342

15.3.1 选择打印命令·············342

15.3.2 选择打印设备·············343

15.3.3 指定打印样式表·········343

15.3.4 选择图纸纸型·············344

15.3.5 控制出图比例·············344

15.3.6 设置打印区域·············345

15.3.7 设置图形打印方向·······346

15.3.8 设置打印偏移·············346

15.3.9 设置着色视口选项·······346

15.3.10 设置打印预览·············347

15.3.11 设置 3D 打印·············347

15.4 发布图形·················348

15.4.1 创建图纸集·············349

15.4.2 发布 DWF 文件·············350

15.5 思考练习·················350

第1章 AutoCAD 2018入门

AutoCAD 2018 是由美国 Autodesk 公司开发的通用计算机辅助绘图与设计软件包。该软件具有易于掌握、使用方便、体系结构开放等优点，能够帮助制图者实现绘制二维与三维图形、标注尺寸、渲染图形以及打印输出图纸等功能，被广泛应用于机械、建筑、电子、航天、造船、冶金、石油化工、土木工程等领域。本章重点介绍 AutoCAD 软件的基础知识，为用户认识与学习该软件打下坚实基础。

1.1 初识 AutoCAD 2018

AutoCAD 自 1982 年问世以来，其每一次升级均在功能上得到了一定程度的增强，且日趋完善。目前，该软件已经成为工程设计领域中应用最为广泛的计算机辅助绘图与设计软件之一。本节将介绍 AutoCAD 2018 的常用功能及其启动与退出操作。

1.1.1 AutoCAD 的常用功能

下面将简单介绍 AutoCAD 软件在日常工作中的一部分最常用的功能。

1. 绘制编辑图形

AutoCAD 的"功能区"选项板中的"默认"选项卡包含着丰富的绘图命令，使用该命令可以绘制直线、构造线、多段线、圆、矩形、多边形、椭圆等基本图形，也可以将绘制的图形转换为面域，对其进行填充。如果再借助于"默认"选项卡中的"修改"面板中的各种命令，还可以绘制出各种各样的二维图形。如图 1-1 所示即是使用 AutoCAD 绘制的二维图形。

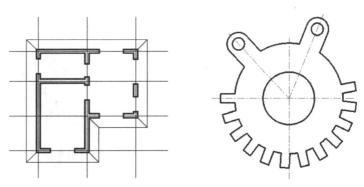

图 1-1　绘制二维图形

对于有些二维图形，通过拉伸、设置标高和厚度等操作就可以轻松地转换为三维图形。在快速访问工具栏中选择"显示菜单栏"命令，在弹出的菜单中选择"绘图"|"建模"命令中的子命令，可以很方便地绘制圆柱体、球体、长方体等基本实体。同样在弹出的菜单中选择"修改"菜单中的相关命令，还可以绘制出各种各样的复杂三维图形。如图 1-2 所示即是使用 AutoCAD 绘制的三维图形。

图 1-2   绘制三维图形

在工程设计中，也常常使用轴测图来描述物体的特征。轴测图是以二维绘图技术来模拟三维对象沿特定视点产生的三维平行投影效果，但在绘制方法上不同于二维图形的绘制。因此，轴测图看似三维图形，但实际上是二维图形。切换到 AutoCAD 的轴测模式下，就可以方便地绘制出轴测图。此时，直线将被绘制成与坐标轴成 30°、90°、150°等角度的直线，圆将被绘制成椭圆形。

2. 标注图形尺寸

尺寸标注是向图形中添加测量注释的过程，是整个绘图过程中不可缺少的一步。AutoCAD 提供了标注功能，使用该功能可以在图形的各个方向上创建各种类型的标注，也可以方便、快速地以一定格式创建符合行业或项目标准的标注。

标注显示了对象的测量值，对象之间的距离、角度，或者特征与指定原点的距离。在AutoCAD 中提供了线性、半径和角度这 3 种基本的标注类型，可以进行水平、垂直、对齐、旋转、坐标、基线或连续等标注。此外，还可以进行引线标注、公差标注，以及自定义粗糙度标注。标注的对象可以是二维图形或三维图形。图 1-3 所示为使用 AutoCAD 标注的二维图形和三维图形。

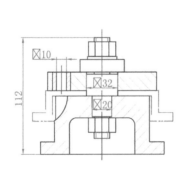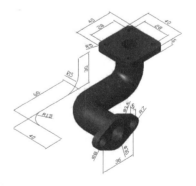

图 1-3   使用 AutoCAD 标注尺寸

3. 渲染三维图形

在 AutoCAD 中，可以运用雾化、光源和材质，将模型渲染为具有真实感的图像。如果是为了演示，可以渲染全部对象；如果时间有限，或显示设备和图形设备不能提供足够的灰度等级和颜色，就不必精细渲染；如果只需要快速查看设计的整体效果，可以简单消隐或设置视觉样式。图 1-4 所示为使用 AutoCAD 进行渲染的效果。

图 1-4　使用 AutoCAD 渲染图形

4. 绘制实用工具

在 AutoCAD 中，用户可以方便地设置图形元素的图层、线型、线宽、颜色，以及尺寸标注样式、文字标注样式，也可以对所标注的文字进行拼写检查。用户在 AutoCAD 中通过各种形式的绘图辅助工具设置绘图方式，可提高绘图的效率与准确性，如：使用特性窗口可以方便地编辑所选择对象的特性；使用标准文件功能，可以对例如图层、文字样式、线型之类的命名对象定义标准的设置，以保证同一单位、部门、行业或合作伙伴间在所绘制图形中对这些命名对象设置的一致性；使用图层转换器可以将当前图形图层的名称和特性转换成已有图形或标准文件对图层的设置，将不符合本单位图层设置要求的图形进行快速转换。

此外，AutoCAD 设计中心还提供一个直观、高效并且与 Windows 资源管理器类似的工具。使用该工具，可以对图形文件进行浏览、查找以及管理有关设计内容等方面的操作。

5. 数据库管理功能

在 AutoCAD 中，用户可以将图形对象与外部数据库中的数据进行关联，而这些数据库是由独立于 AutoCAD 的其他数据库管理系统(例如 Access、Oracle 等)建立的。

6. 输出打印图形

AutoCAD 不仅允许将所绘图形以不同格式通过绘图仪或打印机输出，还能够将不同格式的图形导入 AutoCAD 或将 AutoCAD 图形以其他格式输出。因此，当图形绘制完成之后可以使用多种方法将其输出。

例如，可以将图形打印在图纸上，或创建文件供其他软件使用。使用"打印"命令，打开"打印"对话框，可以在该对话框中进行"打印机"、"图纸尺寸"、"图形方向"

等打印选项的设置，如图 1-5 所示。使用"另存为"命令，打开"图形另存为"对话框，可以将 AutoCAD 2018 文件另存为其他版本的 AutoCAD 文件，如图 1-6 所示。

图 1-5   "打印"对话框   图 1-6   "图形另存为"对话框

7. Internet 网络功能

AutoCAD 提供了非常强大的 Internet 工具，使设计者之间能够共享资源和信息，同步进行设计、讨论、演示、发布消息，即时获得业界新闻，得到有关帮助。

即使用户不熟悉 HTML 编码，使用 AutoCAD 的网上发布向导也可以方便、迅速地创建格式化的 Web 页。利用联机会议功能可以实现 AutoCAD 用户之间的图形共享，即当一个人在计算机上编辑 AutoCAD 图形时，其他人可以在自己的计算机上观看、修改；可以使工程设计人员为众多用户在他们的计算机桌面上演示新产品的功能；可以实现联机修改设计、联机解答问题，而所有这些操作均与参与者的工作地点无关。

使用 AutoCAD 的电子传递功能，可以把 AutoCAD 图形及其相关文件压缩成 ZIP 文件或自解压的可执行文件，然后将其以单个数据包的形式传送给客户、工作组成员或其他有关人员，如图 1-7 所示。使用超链接功能，可以将 AutoCAD 图形对象与其他对象(如文档、数据表格、动画、声音等)建立链接关系，如图 1-8 所示。

图 1-7   创建电子传递   图 1-8   插入超链接

此外，AutoCAD 还提供一种安全、适于在 Internet 上发布的文件格式——DWF 格式。使用 Autodesk 公司提供的 WHIP! 插件便可以在浏览器上浏览这种格式的图形。

8. AutoCAD 2018 新功能

AutoCAD 2018 相比之前的版本所做的更改较多，优点也更为突出。以下内容是
AutoCAD 2018 版本主要改进的方面。

- 视图和视口：现在，用户可以利用自动调整大小和缩放的布局视口，轻松创建、检索模型视图并将其一起放置到当前布局中。选定后，布局视口对象将显示两个附加的夹点，一个用于移动视口，另一个用于从常用比例列表设置显示比例。
- 三维图形性能：根据经测试的 DWG 文件的内容，继续增强"线框"、"真实"和"着色"视觉样式的三维图形性能。
- 高分辨率(4K)监视器支持：在 AutoCAD 2018 中对高分辨率显示器的支持继续得到改进。200 多个对话框和其他用户界面元素已经更新，以确保在高分辨率(4K)显示器上的高质量视觉体验。示例包括"编辑图层状态"、"插入表格"对话框以及
Visual LISP 编辑器。
- 网络安全：不断研究、识别和关闭潜在的安全漏洞。由于持续和不断增加的网络安全威胁，当 AutoCAD 系列产品更新可用时，AutoCAD 安全功能建议安装所有更新。
- 外部参照图层特性的增强功能：为了提供更大的灵活性来控制外部参照替代，可从"图层特性管理器"访问的"图层设置"对话框调用管理外部参照图层特性的新控件。当使用 VISRETAIN 系统变量启用保留外部参照图层特性替代的选项时，可以指定需要重新加载哪些外部参照图层特性。"图层特性管理器"还包含一个新的状态图标，当与外部参照关联的图层包含替代时进行指示。

1.1.2　启动 AutoCAD 2018

在电脑中安装 AutoCAD 2018 之后，用户可以参考以下几种方法启动该软件。

- 通过"开始"菜单启动：单击系统桌面上的"开始"按钮，然后在弹出的菜单中选择"所有程序"|Autodesk|"AutoCAD 2018 简体中文"|"AutoCAD 2018 简体中文"命令，如图 1-9 所示。
- 通过桌面快捷图标启动：双击安装 AutoCAD 2018 时通过软件在系统桌面上创建的快捷图标可以启动该软件。
- 通过 AutoCAD 格式的文件启动：双击打开具有 AutoCAD 格式的文件，即可启动 AutoCAD 2018，如图 1-10 所示。

图 1-9　通过"开始"菜单启动

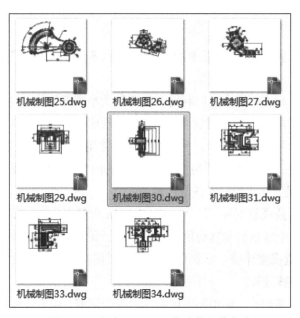

图 1-10 通过 AutoCAD 格式的文件启动

1.1.3 退出 AutoCAD 2018

在使用 AutoCAD 完成图形的绘制与编辑操作之后，用户可以使用以下几种方法退出 AutoCAD 2018 软件。

- 单击 AutoCAD 2018 软件界面左上角的"应用程序" ![按钮图标] 按钮，然后在弹出的菜单中选择"关闭"选项。
- 单击 AutoCAD 2018 软件界面右上角的"关闭" ![按钮图标] 按钮。
- 单击 AutoCAD 2018 绘图界面左上角的 ![图标] 按钮，在弹出的菜单中选择"显示菜单栏"命令。然后选择"文件"命令，在弹出的菜单中选择"退出"命令。

1.2 AutoCAD 2018 的工作界面和工作空间

在学习 AutoCAD 2018 之前，首先要了解该软件的操作界面。该版软件非常人性化，提供便捷的操作工具，可以帮助用户快速熟悉操作环境，从而提高工作效率。AutoCAD 2018 还提供了几种工作空间供用户选择使用。

1.2.1 AutoCAD 的工作界面

在启动 AutoCAD 2018 后，软件将默认进入"草图与注释"工作空间。此时，AutoCAD 界面各组成部分的名称如图 1-11 所示。

"草图与注释"工作空间的工作界面包含菜单栏、选项卡、工具选项板和状态栏等，其中比较重要的部分的功能说明如下。

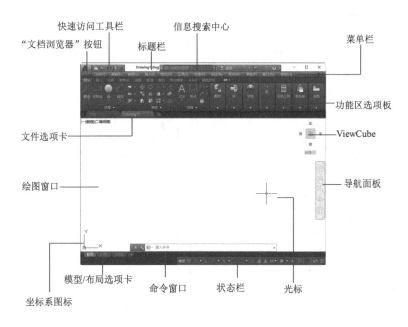

图 1-11　AutoCAD 2018 工作界面

1. 标题栏

AutoCAD 软件界面顶部为标题栏。标题栏中包含快速访问工具栏和通信中心。

- 快速访问工具栏：在标题栏左侧位置的快速访问工具栏包含了新建、打开、保存和打印等常用工具。用户还可以单击快速访问工具栏右侧的 ▼ 按钮，将其他工具放置在该工具栏中，效果如图 1-12 所示。
- 通信中心：标题栏的右侧为通信中心。通信中心可以帮助用户快速搜索各种信息来源、访问产品更新和通告以及在信息中心保存主题(通信中心提供一般产品信息、产品支持信息、订阅信息、扩展通知、文章和提示等信息)，如图 1-13 所示。

图 1-12　添加快速访问工具栏中的工具　　　　　　　图 1-13　通信中心

2. 文档浏览器

单击 AutoCAD 软件界面左上角的▲按钮，将打开文档浏览器。文档浏览器的左侧为常用的工具，右侧为最新打开的文档，用户可以在其中指定文档名的显示方式，以便于更好地分辨文档，如图 1-14 所示。

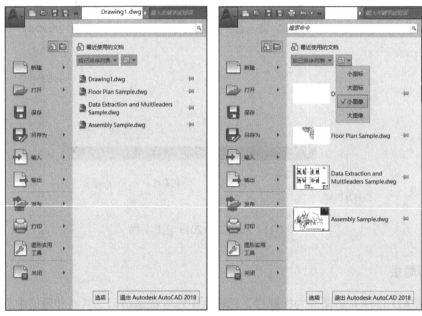

图 1-14　访问最近使用的文档

当鼠标指针在文档名称上停留时，AutoCAD 将自动显示一个预览图形及其文档信息，效果如图 1-15 所示。

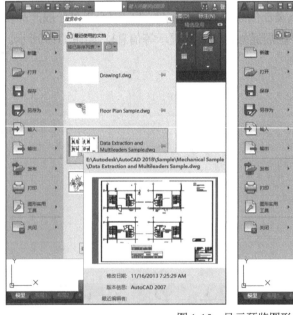
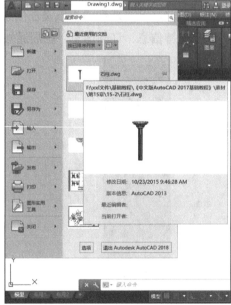

图 1-15　显示预览图形

3. 工具选项板

AutoCAD 2018 的工具选项板通常处于隐藏状态。要显示所需的工具选项板，用户可以切换至"视图"选项卡，然后在该选项卡的"选项板"选项板中单击"工具选项板"按钮，如图 1-16 所示，打开"工具选项板"栏，选择相应的工具按钮，如图 1-17 所示。

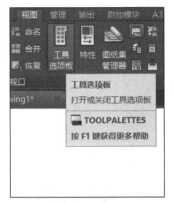

图 1-16　单击"工具选项板"按钮　　　　图 1-17　选择相应的工具按钮

4. 光标

AutoCAD 工作界面中当前的焦点(当前的工作位置)即为"光标"。针对 AutoCAD 工作的不同状态，对应的光标会显示不同的形状。例如，当光标位于 AutoCAD 的绘图区域时将呈现为十字形状，在这种情况下可以通过单击来执行相应的绘图命令；当光标呈现为小方格时，表示 AutoCAD 正处于等待选择状态，此时可以单击，在绘图区域中进行单个对象的选择，或进行多个对象的框选，效果如图 1-18 所示。

十字形　　　　　　　　　　　　小方格形

图 1-18　光标的状态

5. 命令窗口

命令窗口位于绘图界面的最下方，主要用于显示提示信息和接受用户输入的数据，如图 1-19 所示。在 AutoCAD 中，用户可以按下 Ctrl+9 组合键来控制命令窗口的显示与隐藏。

图 1-19　命令窗口

另外，AutoCAD 还提供一个文本窗口，用户按下 F2 键将可以显示该窗口。文本窗口记录本次操作中的所有操作命令，包括单击按钮和所执行的菜单命令(在文档窗口中按下 Enter 键也可以执行相应的操作)，如图 1-20 所示。

图 1-20   文本窗口

6. 状态栏

状态栏位于 AutoCAD 界面的最底端，其左侧用于显示当前光标的状态信息，包括 X、Y、Z 这 3 个方向上的坐标值。状态栏的右侧显示一些具有特殊功能的按钮，一般包括捕捉、栅格、动态输入、正交和极轴等，如图 1-21 所示。

图 1-21   状态栏

状态栏中常用按钮的功能如下。

- "显示图形栅格"按钮：单击该按钮，可打开或关闭栅格显示。其中，栅格的 X 轴和 Y 轴间距也可通过"草图设置"对话框中的"捕捉和栅格"选项卡进行设置。
- "捕捉模式"按钮：单击该按钮可打开捕捉设置。此时，光标只能在 X 轴、Y 轴或极轴方向移动固定的距离(即精确移动)。单击"捕捉模式"按钮右侧的按钮，在弹出的下拉列表中选中"捕捉设置"选项，打开"草图设置"对话框的"捕捉和栅格"选项卡，在该选项卡中可设置 X 轴、Y 轴或极轴捕捉间距，如图 1-22 所示。
- "正交限制光标"按钮：单击该按钮，可打开正交模式。此时，只能绘制垂直直线或水平直线。
- "极轴追踪"按钮：单击该按钮可打开极轴追踪模式。在绘制图形时，系统将根据设置显示一条追踪线，可在该追踪线上根据提示精确移动光标，从而进行精确绘图。

图 1-22　捕捉设置

- "对象捕捉"按钮▥：单击该按钮可以打开对象捕捉模式。因为所有几何对象都有一些决定其形状和方位的关键点，所以在绘图时可以利用对象捕捉功能，自动捕捉这些关键点。
- "动态输入"按钮╋：单击该按钮，将在绘制图形时自动显示动态输入文本框，以方便绘图时设置精确数值。
- "显示/隐藏线宽"按钮▤：单击该按钮，可打开线宽显示。在绘图时如果为图层和所绘图形设置了不同的线宽，单击该按钮，可以在屏幕上显示线宽，以标识各种具有不同线宽的对象。
- "快捷特性"按钮▣：单击该按钮，可以显示对象的快捷特性面板，能够帮助用户快捷地编辑对象的一般特性。可以使用"草图设置"对话框中的"快捷特性"选项卡设置快捷特性面板的位置和大小。
- "注释比例"按钮▲：单击该按钮，可以更改可注释对象的注释比例。
- "注释可见性"按钮▨：单击该按钮，可以设置仅显示当前比例的可注释对象或显示所有比例的可注释对象。
- "自动缩放"按钮▧：单击该按钮，可在更改注释比例时自动将比例添加至可注释对象。
- "锁定用户界面"按钮▥：单击"锁定用户界面"按钮▥右侧的▼按钮，在弹出的下拉列表中，可以设置工具栏和窗口是处于固定状态还是浮动状态，如图 1-23所示。
- "自定义"按钮▤：在弹出的菜单中，可以通过选择或取消选择命令，来控制状态栏中坐标或功能按钮的显示，如图 1-24 所示。

图 1-23　锁定用户界面　　　　　　图 1-24　自定义菜单

7. 选项卡

在 AutoCAD 2018 的界面上方的选项卡中，包含了该软件中绝大部分的操作工具，效果如图 1-25 所示。

图 1-25　选项卡中的操作工具

8. 坐标系

AutoCAD 提供两个坐标系：一个称为世界坐标系(WCS)的固定坐标系和一个称为用户坐标系(UCS)的可移动坐标系。UCS 对于输入坐标、定义图形平面和设置视图非常有用。改变 UCS 并不改变视点，只改变坐标系的方向和倾斜角度，如图 1-26 所示。

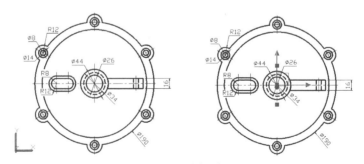

图 1-26　坐标系

9. 绘图窗口

在 AutoCAD 2018 中，绘图窗口就是绘图工作区域，所有的绘图结果都反映在这个窗口中。用户可以根据需要关闭其他窗口元素，如工具栏、选项板等，以增大绘图空间。如果图纸比较大，需要查看未显示部分时，可以单击窗口右边与下边滚动条上的箭头或拖动滚动条上的滑块来移动图纸。

在绘图窗口中除了显示当前的绘图结果外，还将显示当前使用的坐标系类型、坐标原点，以及 X 轴、Y 轴、Z 轴的方向等。默认情况下，坐标系为世界坐标系(WCS)。

1.2.2　AutoCAD 的工作空间

AutoCAD 2018 提供"草图与注释"、"三维基础"、"三维建模"和"自定义"等多种工作空间模式。要在各种工作空间模式中进行切换，只需要单击快速访问工具栏中的空间名称，然后在弹出的下拉列表中选中相应的工作空间即可，如图 1-27 所示。

图 1-27　选择工作空间

1. 草图与注释

在默认状态中，打开"草图与注释"工作空间，其界面主要由"文档浏览器"按钮、"功能区"选项板、快速访问工具栏、文本窗口与命令行、状态栏等元素组成，如图 1-28 所示。在该空间中，可以使用"绘图"、"修改"、"图层"、"注释"、"块"等面板方便地绘制二维图形。

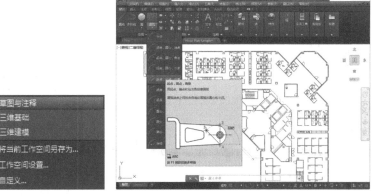

图 1-28　"草图与注释"空间

2. 三维基础与三维建模空间

使用"三维基础"或"三维建模"空间，可以方便地在三维空间中绘制图形，如图 1-29

所示。在"功能区"选项板中集成了"建模"、"实体"、"曲面"、"网格"、"渲染"等面板，从而为绘制三维图形、观察图形、创建动画、设置光源、为三维对象附加材质等操作提供了非常便利的环境。

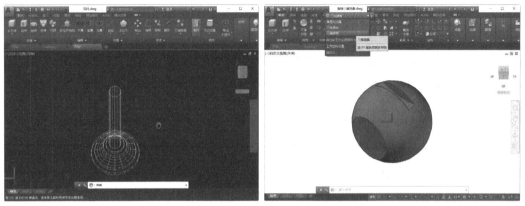

图 1-29　"三维基础"空间与"三维建模"空间

3. 自定义工作空间

在 AutoCAD 2018 中，用户除了可以使用软件默认设置的几种工作空间以外，还可以通过自定义的方式创建符合自己工作需求的工作空间。

【练习 1-1】在 AutoCAD 2018 中创建一个自定义工作空间。

(1) 启动 AutoCAD 2018 后创建一个空白绘图文件，然后单击绘图界面左上角的 ▼ 按钮，在弹出的菜单中选择"工作空间"命令，如图 1-30 所示。

(2) 在绘图界面左上角单击"工作空间"快捷工具右侧的下拉列表按钮，在弹出的下拉列表中选择"自定义"选项，如图 1-31 所示。

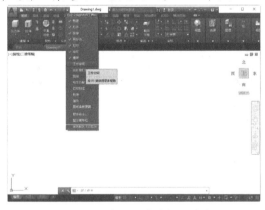

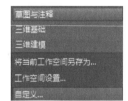

图 1-30　选择"工作空间"命令　　　　　图 1-31　选择"自定义"选项

(3) 在打开的"自定义用户界面"对话框中，选择并右击"工作空间"选项，然后在弹出的菜单中选择"新建工作空间"命令，如图 1-32 所示。

(4) 显示新的工作空间选项，选择中文输入法，将新建的工作空间命名为"个性化设置"，如图 1-33 所示。

图 1-32　选择"新建工作空间"命令

图 1-33　命名工作空间

（5）在"自定义用户界面"对话框中右击"个性化设置"选项，在弹出的菜单中选择"自定义工作空间"命令，如图 1-34 所示。

（6）进入自定义工作空间模式后，在"所有文件中的自定义设置"窗格中选中需要在"个性化设置"空间中显示的选项卡、工具栏和菜单等元素前的复选框，如图 1-35 所示。

图 1-34　选择"自定义工作空间"命令

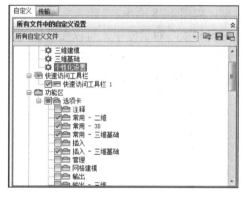

图 1-35　设置工作空间功能区内容

（7）再次右击"个性化设置"选项，在弹出的菜单中选择"退出自定义工作空间模式"命令，如图 1-36 所示。

（8）单击"确定"按钮退出对话框。在绘图界面左上角单击"工作空间"快捷工具右侧的下拉列表按钮，在弹出的下拉列表中可以选择自定义的"个性化设置"选项，如图 1-37 所示。

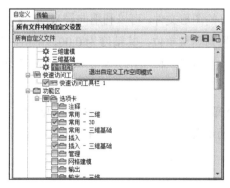

图 1-36　退出自定义工作空间模式

图 1-37　使用自定义的工作空间

1.3 AutoCAD 图形的基本操作

在 AutoCAD 2018 中，图形文件管理一般包括创建新文件、打开和关闭已有的图形文件、保存图形文件等。

1.3.1 创建图形

创建新图形的方法有很多种，包括使用向导创建图形或使用样板文件创建图形。无论采用哪种方法，都可以选择测量单位和其他单位格式。

1. 使用样板文件创建图形

在 AutoCAD 快速访问工具栏中单击"新建"按钮，或单击"文档浏览器"按钮，在弹出的菜单中选择"新建"|"图形"命令，可以创建新图形文件，此时将打开"选择样板"对话框，如图 1-38 所示。

在"选择样板"对话框中，可以在样板列表框中选中某一个样板文件，这时在右侧的"预览"框中将显示出该样板的预览图像。单击"打开"按钮，可以将选中的样板文件作为样板来创建新图形文件，如图 1-39 所示。

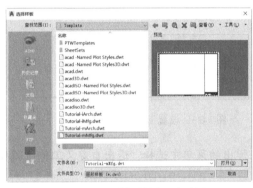　　　　

图 1-38　　"选择样板"对话框　　　　　　图 1-39　　用样板创建的文档

2. 使用向导创建图形

在 AutoCAD 中，如果需要建立自定义的图形文件，可以利用向导来创建新的图形文件。

【练习 1-2】 以英制为单位，以小数为测量单位，其精度为 0.00，十进制度数的精度为 0.0，以顺时针为角度的测量方向，以 A1 图纸的幅面作为全比例单位表示的区域，创建一个新图形文件。

(1) 启动 AutoCAD 2018 后，在命令窗口输入 STARTUP，按下 Enter 键。

(2) 在命令窗口的"输入 STARTIP 的新值<3>："提示下输入 1，然后按下 Enter 键，如图 1-40 所示。

图 1-40　　输入 1

(3) 在快速访问工具栏中单击"新建"按钮，打开"创建新图形"对话框，并选中"英制"单选按钮，如图 1-41 所示。

(4) 单击"使用向导"按钮，打开"使用向导"选项区域，然后选择"高级设置"选项，并单击"确定"按钮，如图 1-42 所示。

图 1-41   "创建新图形"对话框   图 1-42   "使用向导"选项区域

(5) 打开"高级设置"对话框的"单位"选项区域，选中"小数"单选按钮，然后在"精度"下拉列表中选择 0.0 选项，单击"下一步"按钮，如图 1-43 所示。

(6) 打开"角度"选项区域，选中"十进制度数"单选按钮，然后在"精度"下拉列表中选择 0.00 选项，然后单击"下一步"按钮，如图 1-44 所示。

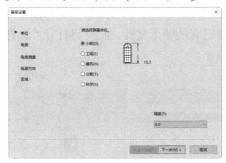

图 1-43   "单位"选项区域   图 1-44   "角度"选项区域

(7) 打开"角度测量"选项区域，使用默认设置，然后单击"下一步"按钮，如图 1-45 所示。

(8) 打开"角度方向"选项区域，选中"顺时针"单选按钮，设置角度测量的方向，然后单击"下一步"按钮，如图 1-46 所示。

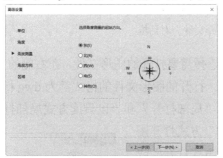
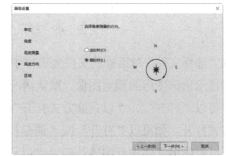

图 1-45   "角度测量"选项区域   图 1-46   "角度方向"选项区域

(9) 打开"区域"选项区域，在"宽度"文本框中输入 420，在"长度"文本框中输入 297，如图 1-47 所示。

(10) 完成以上设置后，单击"完成"按钮，即可完成创建图形的操作，如图 1-48 所示。

图 1-47　"区域"选项区域　　　　　　　　　　图 1-48　创建图形

1.3.2　打开和关闭图形

在 AutoCAD 2018 中，创建完图形文件后，就可以进行打开和关闭文件的操作。

1. 打开图形

在快速访问工具栏中单击"打开"按钮，或单击"菜单浏览器"按钮，在弹出的菜单中选择"打开"|"图形"命令，可以打开已有的图形文件，此时将打开"选择文件"对话框，如图 1-49 所示。

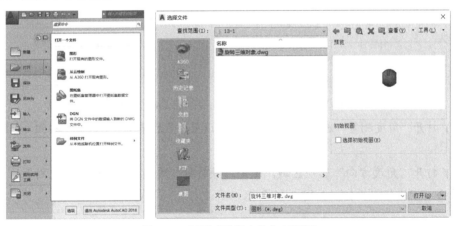

图 1-49　打开"选择文件"对话框

在"选择文件"对话框的文件列表框中，选择需要打开的图形文件，在右侧的"预览"框中将显示出该图形的预览图像。默认情况下，打开的图形文件的格式都为.dwg 格式。图形文件可以"打开"、"以只读方式打开"、"局部打开"和"以只读方式局部打开"这4 种方式打开。如果以"打开"或"局部打开"方式打开图形，可以对图形文件进行编辑；若以"以只读方式打开"或"以只读方式局部打开"方式打开图形，则无法编辑图形文件。单击"打开"按钮旁边的下拉按钮，在打开的下拉列表中可以选择这 4 种方式命令，如图 1-50 所示。

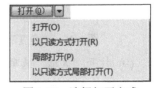

图 1-50　选择打开方式

2. 关闭图形

单击"菜单浏览器"按钮 A，在弹出的菜单中选择"关闭"|"当前图形"命令，如图 1-51 所示，或在绘图窗口中单击"关闭"按钮 X，可以关闭当前图形文件。

执行关闭命令后，如果当前图形没有保存，系统将弹出 AutoCAD 警告对话框，询问是否保存文件，如图 1-52 所示。此时，单击"是"按钮或直接按 Enter 键，可以保存当前图形文件并将其关闭；单击"否"按钮，可以关闭当前图形文件但不保存；单击"取消"按钮，可以取消关闭当前图形文件，即不保存也不关闭当前图形文件。

图 1-51 关闭图形的相关命令

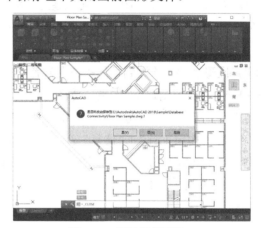

图 1-52 提示保存图形

1.3.3 保存图形

在 AutoCAD 中，可以使用多种方式将所绘图形以文件形式存入磁盘。例如，在快速访问工具栏中单击"保存"按钮 ，或单击"菜单浏览器"按钮 A，在弹出的菜单中选择"保存"命令，以当前使用的文件名保存图形；也可以单击"菜单浏览器"按钮 A，在弹出的菜单中选择"另存为"|"图形"命令，将当前图形以新的名称保存，如图 1-53 所示。

在第一次保存创建的图形时，系统将打开"图形另存为"对话框，如图 1-54 所示。默认情况下，文件以"AutoCAD 2018 图形(*.dwg)"格式保存，也可以在"文件类型"下拉列表框中选择其他格式。

图 1-53 保存图形

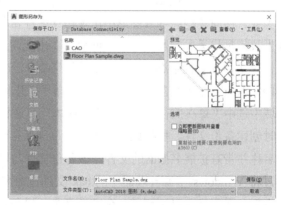

图 1-54 "图形另存为"对话框

1.4　修复和恢复图形

图形文件损坏或程序意外终止后，可以通过使用命令查找并更正错误或通过恢复为备份文件，修复部分或全部数据。

1.4.1　修复损坏的图形文件

在 AutoCAD 中，文件损坏后，可以通过使用命令查找并更正错误来修复部分或全部数据。出现错误时，诊断信息将记录在 acad.err 文件中，这样用户就可以使用该文件报告出现的问题。

如果在图形文件中检测到损坏的数据或者用户在程序发生故障后要求保存图形，那么该图形文件将标记为已损坏。如果只是轻微损坏，有时只需打开图形便可以修复它。要修复损坏的文件，可以在快速访问工具栏中选择"显示菜单栏"命令，在弹出的菜单中选择"文件"|"图形实用工具"|"修复"命令(RECOVER)，可以打开"选择文件"对话框，如图 1-55 所示，从中选择一个需要修复的图形文件，并单击"打开"按钮。

此时，AutoCAD 2018 将尝试打开图形文件，并在打开的对话框中显示核查结果，如图 1-56 所示。

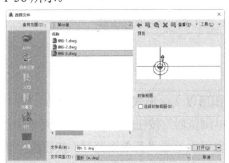

图 1-55　"选择文件"对话框

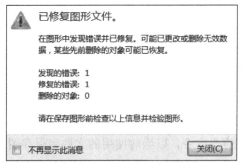

图 1-56　显示核查结果

1.4.2　创建和恢复备份文件

备份文件有助于确保图形数据的安全。计算机硬件问题、电源故障或电压波动、用户操作不当或软件问题均会导致图形中出现错误。经常保存工作可以确保在因任何原因导致系统发生故障时将丢失的数据降到最低限度。出现问题时，用户可以恢复图形备份文件。

在快速访问工具栏中选择"显示菜单栏"命令，在弹出的菜单中选择"工具"|"选项"命令(OPTIONS)，打开"选项"对话框，选择"打开和保存"选项卡，在"文件安全措施"选项区域中选中"每次保存时均创建备份副本"复选框，如图 1-57 所示，就可以指定在保存图形时创建备份文件。执行此次操作后，每次保存图形时，图形的早期版本将保存为具有相同名称并带有扩展名.bak 的文件。该备份文件与图形文件位于同一个文件夹中。

通过将 Windows 资源管理器中的.bak 文件重命名为带有.dwg 扩展名的文件，可以恢复为备份版。需要将其复制到另一个文件夹中，以免覆盖原始文件。

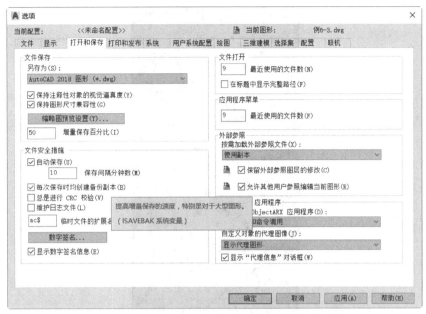

图 1-57 选中"每次保存时均创建备份副本"复选框

如果在"打开和保存"选项卡的"文件安全措施"选项区域中选择了"自动保存"复选框，将以指定的时间间隔保存图形。默认情况下，系统为自动保存的文件临时指定名称为 filename_a_b_nnnn.sv$。

- filename 为当前图形名。
- a 为在同一工作任务中打开同一图形实例的次数。
- b 为在不同工作任务中打开同一图形实例的次数。
- nnnn 为随机数字。

这些临时文件在图形正常关闭时自动删除。出现程序故障或电压故障时，不会删除这些文件。要从自动保存的文件恢复图形的早期版本，可以通过使用扩展名.dwg 代替扩展名.sv$来重命名文件，然后再关闭程序。

1.4.3 从系统故障恢复

如果由于系统原因，例如断电，而导致程序意外终止时，可以恢复已打开的图形文件。程序出现故障，可以将当前文件保存为其他文件。此文件使用的格式为 DrawingFileName_recover.dwg，其中 DrawingFileName 为当前图形的文件名。

程序或系统出现故障后，"图形修复管理器"选项板将在下次启动 AutoCAD 时打开，并显示所有打开的图形文件列表，包括图形文件(DWG)、图形样板文件(DWT)和图形标准文件(DWS)，如图 1-58 所示。

对于每个图形，用户都可以打开并选择以下文件(如果文件存在)：DrawingFileName_recover.dwg、DrawingFileName_a_b_nnnn.sv$、DrawingFileName.dwg 和 DrawingFileName.bak。图形文件、备份文件和修复文件将其按时间戳记(上次保存的时间)顺序列出。双击"备份文件"列表中的某个文件，如果能够修复，将自动修复图形。

图 1-58　"图形修复管理器"选项板

另外，程序出现问题并意外关闭后，用户发送错误报告可以帮助 Autodesk 诊断软件出现的问题。错误报告包括出现错误时系统状态的信息。用户也可以在错误报告中添加其他信息(例如出现错误时用户需要执行的操作)。REPORTERROR 系统变量用于控制错误报告功能是否可用，其值为 0 时可以关闭错误报告，为 1 时可以打开错误报告。

1.5　思考练习

1. 简述 AutoCAD 工作界面的各个组成部分。

2. 在 AutoCAD 2018 中自定义适合的工作空间。

3. AutoCAD 2018 提供了一些示例图形文件(位于 AutoCAD 2018 安装目录下的 Sample 子目录)，打开并浏览图形，试着将其中的图形文件重命名保存于自己的目录中。

第2章　AutoCAD 2018绘图基础

使用 AutoCAD 2018 进行各种绘图及编辑操作之前，应首先掌握命令的基本调用方法、绘图的基本操作。掌握这些内容将有利于用户更好地管理图形文件、绘制及编辑图形。本章将主要介绍 AutoCAD 中常用的绘图方法，使用命令与系统变量的方法等知识。

2.1　设置 AutoCAD 绘图选项

在使用 AutoCAD 2018 绘图前，为了规范绘图，提高绘图效率，用户需要对参数选项、绘图单位和绘图界限等进行必要的设置。

2.1.1　设置参数选项

单击"文档浏览器"按钮🅰，在弹出的菜单中单击"选项"按钮，打开"选项"对话框。在该对话框中包含"文件"、"显示"、"打开和保存"、"打印和发布"、"系统"、"用户系统配置"、"绘图"、"三维建模"、"选择集"、"配置"、"联机"选项卡，如图 2-1 所示。

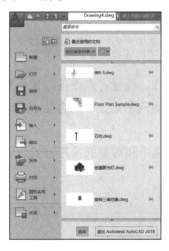

图 2-1　打开"选项"对话框

"选项"对话框中主要选项卡的功能如下。

- "文件"选项卡：用于确定 AutoCAD 搜索支持文件、驱动程序文件、菜单文件和其他文件时的路径以及用户定义的一些设置，如图 2-2 所示。
- "显示"选项卡：用于设置窗口元素、布局元素、显示精度、显示性能和十字光标大小等显示属性，如图 2-3 所示。

图 2-2　"文件"选项卡　　　　　　　图 2-3　"显示"选项卡

- "打开和保存"选项卡：用于设置是否自动保存文件，以及自动保存文件时的时间间隔，是否维护日志，以及是否加载外部参照等，如图 2-4 所示。
- "打印和发布"选项卡：用于设置 AutoCAD 的输出设备。默认情况下，输出设备为 Windows 打印机。但在很多情况下，为了输出较大幅面的图形，也可以使用专门的绘图仪，如图 2-5 所示。

图 2-4　"打开和保存"选项卡　　　　图 2-5　"打印和发布"选项卡

- "系统"选项卡：用于设置当前三维图形的显示特性，设置定点设备、是否显示 OLE 特性对话框、是否显示所有警告信息、是否检查网络连接、是否显示启动对话框和是否允许长符号名等，如图 2-6 所示。
- "用户系统配置"选项卡：用于设置是否使用快捷菜单和对象的排序方式，如图 2-7 所示。

图 2-6　"系统"选项卡　　　　　　　图 2-7　"用户系统配置"选项卡

- "绘图"选项卡：用于设置自动捕捉、自动追踪、自动捕捉标记框颜色和大小、靶框大小，如图 2-8 所示。
- "三维建模"选项卡：用于对三维绘图模式下的三维十字光标、UCS 图标、动态输入、三维对象、三维导航等选项进行设置，如图 2-9 所示。

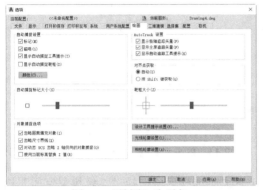

图 2-8　"绘图"选项卡

图 2-9　"三维建模"选项卡

- "选择集"选项卡：用于设置选择集模式、拾取框大小以及夹点大小等，如图 2-10 所示。
- "配置"选项卡：用于实现新建系统配置文件、重命名系统配置文件以及删除系统配置文件等操作，如图 2-11 所示。

图 2-10　"系统"选项卡

图 2-11　"用户系统配置"选项卡

- "联机"选项卡：登录 Autodesk 360 后可以在该选项卡中同步或设置图形。

注意：

Autodesk 360 是一个可以提供一系列广泛特性、云服务和产品的云计算平台，可随时随地帮助用户完成优化设计及共享流程。

【练习 2-1】将 AutoCAD 2018 模型空间背景的颜色设置为绿色。

(1) 单击"文档浏览器"按钮 **A**，在弹出的菜单中单击"选项"按钮，如图 2-12 所示。

(2) 打开"选项"对话框，选择"显示"选项卡，在"窗口元素"选项区域中单击"颜色"按钮，如图 2-13 所示。

图 2-12　单击"选项"按钮

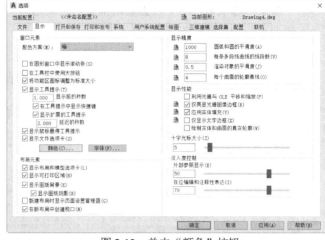

图 2-13　单击"颜色"按钮

(3) 打开"图形窗口颜色"对话框，在"上下文"选项区域选择"二维模型空间"选项，在"界面元素"列表框中选择"统一背景"选项。在"颜色"下拉列表框中选择"绿"选项，单击"应用并关闭"按钮完成设置，如图 2-14 所示。

(4) 完成以上操作后，在"选项"对话框中单击"确定"按钮，AutoCAD 2018 的绘图窗口背景颜色将被设置为如图 2-15 所示的绿色。

图 2-14　设置模型空间背景颜色

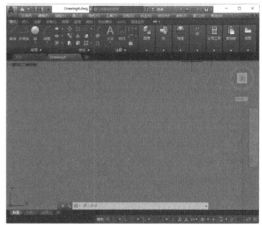

图 2-15　AutoCAD 窗口效果

2.1.2　设置图形单位

在 AutoCAD 中，可以采用 1:1 的比例因子绘图，因此，所有的直线、圆和其他对象都可以用真实大小尺寸来绘制。例如，一个零件长 200 cm，可以按 200 cm 的真实大小来绘制，在需要打印时，再将图形按图纸大小进行缩放。

在 AutoCAD 中单击 按钮，然后在弹出的菜单中选择"显示菜单栏"命令，在显示的菜单栏中选择"格式"|"单位"命令，在打开的"图形单位"对话框中可以设置绘图时使用的长度单位、角度单位，以及单位的显示格式和精度等参数，如图 2-16 所示。

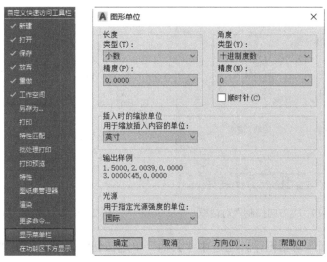

图 2-16　打开"图形单位"对话框

在长度的测量单位类型中，"工程"和"建筑"类型(如图 2-17 所示)是以英尺和英寸显示，每一图形单位代表 1 英寸。其他类型，如"科学"和"分数"则没有这样的设定，每个图形单位都可以代表任何真实的单位。

如果块或图形创建时使用的单位与该选项指定的单位不同，则在插入这些块或图形时，将对其按比例缩放。插入比例是源块或图形使用的单位与目标图形使用的单位之比。如果插入块时不按指定单位缩放，则可以选择"无单位"选项，如图 2-18 所示。

图 2-17　设置长度测量单位

图 2-18　选择"无单位"选项

注意：

在"长度"或"角度"选项区域中选择设置了长度或角度的类型与精度后，在"输出样例"选项区域中将显示它们对应的样例。

在"图形单位"对话框中，单击"方向"按钮，可以利用打开的"方向控制"对话框设置起始角度(0°角)的方向，如图 2-19 所示。默认情况下，角度的 0°方向是指向右(即正东方或 3 点钟)的方向，如图 2-20 所示。逆时针方向为角度增加的正方向。

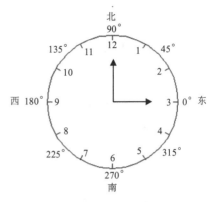

图 2-19　"方向控制"对话框　　　　　图 2-20　默认的 0° 角方向

在"方向控制"对话框中，当选中"其他"单选按钮时，可以单击"拾取角度"按钮 ，切换到图形窗口中，通过拾取两个点来确定基准角度的 0° 方向。

在"图形单位"对话框中完成所有的图形单位设置后，单击"确定"按钮，可以将设置的单位应用到当前图形并关闭该对话框。此外，也可以使用 UNITS 命令来设置图形单位，这时将自动激活文本窗口。

2.1.3　设置图形界限

图形界限就是绘图区域，也称为图限。在 AutoCAD 2018 中，可以在快速访问工具栏中选择"显示菜单栏"命令，在弹出的菜单栏中选择"格式"|"图形界限"命令(LIMITS)来设置图形界限，如图 2-21 所示。

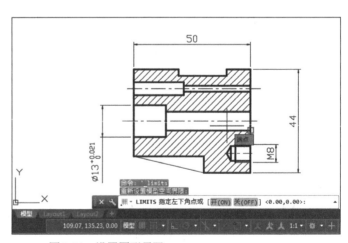

图 2-21　设置图形界限

在世界坐标系下，图形界限由一对二维点确定，即左下角点和右上角点。在发出 LIMITS 命令时，命令窗口将显示如下提示信息：

指定左下角点或 [开(ON)/关(OFF)] <0.0000,0.0000>:

此时，通过选择"开(ON)"或"关(OFF)"选项可以决定能否在图形界限之外指定一点。如果选择"开(ON)"选项，那么将打开图形界限检查，就不能在图形界限之外结束一个对象，也不能使用"移动"或"复制"命令将图形移到图形界限之外，但可以指定两个点(中心和圆周上的点)来画圆，圆的一部分可能在界限之外；如果选择"关(OFF)"选项，AutoCAD 将禁止图形界限检查，可以在图形界限之外画对象或指定点。

注意：

打开图形界限检查时，无法在图形界限之外指定点。因为界限检查只是检查输入点，所以对象(例如圆)的某些部分可能会延伸出图形界限。

2.1.4　设置命令窗口

AutoCAD 默认的命令窗口行数为 3，字体为 Courier New，用户可以根据设计的需求更改命令窗口的显示行数和字体。

调整命令窗口行数的方法是：将鼠标光标移动到绘图区与命令窗口的交界处，当鼠标光标呈现↕状态时，按住鼠标左键上下移动即可，如图 2-22 所示。

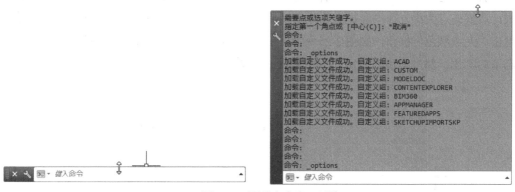

图 2-22　调整命令窗口行数

调整命令窗口字体在"选项"对话框的"显示"选项卡中进行。例如，将命令窗口中的"字体"设置为"黑体"，字形设置为"粗体"，字号设置为 12 号，操作方法如下。

【练习 2-2】在 AutoCAD 2018 中设置命令窗口中的字体。

(1) 在 AutoCAD 中单击"文档浏览器"按钮▲，在弹出的文档浏览器中选中"选项"命令。在打开的"选项"对话框中选中"显示"选项卡，然后在该选项卡中单击"字体"按钮，如图 2-23 所示。

(2) 在打开的"命令行窗口字体"对话框中，设置"字体"列表框中的当前项为"隶书"，字形设置为"粗体"，设置"字号"为"四号"，如图 2-24 所示。

图 2-23　"显示"选项卡　　　　　　图 2-24　"命令行窗口字体"对话框

(3) 单击"应用并关闭"按钮，返回"选项"对话框，然后在该对话框中单击"确定"按钮，完成命令行窗口中字体的设置。

2.1.5　设置选择集模式

在"选项"对话框中，用户可以使用"选择集"选项卡设置选择集模式和夹点效果。例如，用户可以参考以下步骤，设置选择对象时显示的夹点数量、夹点大小和颜色。

打开"选项"对话框后，选择"选择集"选项卡，在"夹点尺寸"选项区域中拖动滑块，调整夹点大小，在"选择对象时限制显示的夹点数"选项前的文本框内输入 50，然后单击"夹点颜色"按钮，如图 2-25 所示。在打开的"夹点颜色"对话框中设置夹点各种状态下的颜色，然后单击"确定"按钮即可，如图 2-26 所示。

图 2-25　限制显示的夹点数　　　　　图 2-26　"夹点颜色"对话框

注意：

若用户需要恢复 AutoCAD 的默认设置，可以在"选项"对话框中选中"配置"选项卡，然后在该选项卡中单击"重置"按钮。

2.2　AutoCAD 绘图方法

为了满足不同用户的需要，使操作更加灵活方便，AutoCAD 2018 提供了多种方法来实现相同的功能。例如，可以使用菜单栏、工具栏、绘图命令、"文档浏览器"按钮和"功能区"选项板等来绘制基本图形对象。

2.2.1　使用菜单栏

在绘制图形时，最常用的菜单是"绘图"和"修改"菜单。

- "绘图"菜单是绘制图形最基本、最常用的菜单，其中包含了 AutoCAD 2018 的大部分绘图命令，如图 2-27 所示。选择该菜单中的命令或子命令，即可绘制出相应的二维图形。
- "修改"菜单用于编辑图形，创建复杂的图形对象，如图 2-28 所示。其中包含了 AutoCAD 2018 的大部分编辑命令，通过选择该菜单中的命令或子命令，可以完成对图形的所有编辑操作。

图 2-27　"绘图"菜单

图 2-28　"修改"菜单

2.2.2　使用工具栏

工具栏中的每个按钮都与菜单栏中的菜单命令对应，单击按钮即可执行相应的绘图命令。如图 2-29 所示为"绘图"工具栏和"修改"工具栏。

图 2-29　工具栏

2.2.3　使用"文档浏览器"按钮

单击"文档浏览器"按钮，在弹出的菜单中选择相应的命令，同样可以执行相应的绘图命令，如图 2-30 所示。

图 2-30　使用"文档浏览器"按钮

2.2.4　使用"功能区"选项板

"功能区"选项板集成了"默认"、"插入"、"注释"、"参数化"、"视图"、"管理"和"输出"等选项卡。在这些选项卡的面板中单击按钮即可执行相应的图形绘制或编辑操作，如图 2-31 所示。

图 2-31　"功能区"选项板

2.2.5　使用绘图命令

使用绘图命令也可以绘制图形：在命令提示行中输入绘图命令，然后按 Enter 键，并根据命令窗口的提示信息进行绘图操作。这种方法快捷、准确性高，但要求掌握绘图命令及其选择项的具体功能。AutoCAD 2018 在实际绘图时，采用命令窗口工作机制，以命令的方式实现用户与系统的信息交互。

2.3　使用命令和系统变量

在 AutoCAD 中，菜单命令、工具按钮、命令和系统变量都是相互对应的。可以选择某一菜单命令，或单击某个工具按钮，或在命令窗口中输入命令和系统变量来执行相应命令。命令就是 AutoCAD 绘制与编辑图形的核心。

2.3.1　使用鼠标执行命令

在绘图窗口中，光标通常显示为"十"字线形式。当光标移至菜单选项、工具或对话框内时，它会变成一个箭头。无论光标是"十"字线形式还是箭头形式，当单击或者右击时，都会执行相应的命令或动作，如图 2-32 所示。在 AutoCAD 中，鼠标键是按照下述规则定义的。

图 2-32　鼠标光标

- 拾取键：通常指鼠标左键，用于指定屏幕上的点，也可以用来选择 Windows 对象、AutoCAD 对象、工具栏按钮和菜单命令等。
- Enter 键：指鼠标右键，相当于 Enter 键，用于结束当前使用的命令，此时系统将根据当前绘图状态而弹出不同的快捷菜单。
- 弹出菜单：当使用 Shift 键和鼠标右键的组合时，系统将弹出一个快捷菜单，用于设置捕捉点的方法。对于 3 键鼠标，弹出按钮通常是鼠标的中间按钮。

2.3.2　使用命令窗口

通过在命令窗口中输入命令的方法来执行 AutoCAD 命令，是一种快捷的命令执行方法。其具体的做法是：在命令窗口中输入 AutoCAD 命令的英文全称或缩写，然后按 Enter 键。例如，执行"直线"命令，在命令窗口中输入 LINE 或 L，然后按 Enter 键即可，如图 2-33 所示。

图 2-33　执行"直线"命令

在命令窗口中执行命令时，AutoCAD 会根据命令操作过程提示用户进行下一步的操作，其各种特殊符号的含义如下。

- [ ]：该类括号中的选项用于表示该命令在执行过程中可以使用的各种功能选项。若要选择某个选项，只需要输入圆括号中的数字或字母即可。例如，执行"矩形"命令，在命令执行过程中输入 T(表示选择"厚度"选项)即可，如图 2-34 所示。

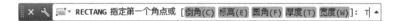

图 2-34　选择"厚度"选项

- < >：该类括号中的数值是当前系统的默认值或上次操作时使用的值，若在这类提示下直接按下 Enter 键，则采用括号内的数值。例如，执行多边形命令时，指定多边形的边数为 5，如图 2-35 所示。

图 2-35   指定多边形的边数

注意:

在命令窗口中,可以使用 Backspace 或 Delete 键删除命令窗口中的文字;也可以选中命令历史,并执行"粘贴到命令行"命令,将其粘贴到命令窗口中。

2.3.3   使用文本窗口

默认情况下,"AutoCAD 文本窗口"处于关闭状态。在快速访问工具栏中选择"显示菜单栏"命令,在弹出的菜单中选择"视图"|"显示"|"文本窗口"命令可以打开它,如图 2-36 所示,也可以按下 F2 键来显示或隐藏它。在"AutoCAD 文本窗口"中,使用"编辑"菜单中的命令(如图 2-37 所示),可以选择最近使用过的命令、复制选定的文字等。

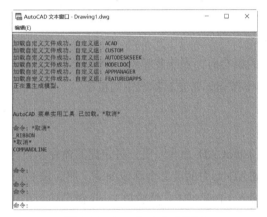

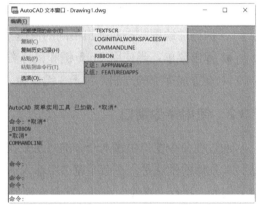

图 2-36   AutoCAD 文本窗口   图 2-37   "编辑"菜单

在文本窗口中,可以查看当前图形的全部命令历史。如果要浏览命令文字,可使用窗口滚动条或命令窗口浏览键,如 Home、PageUp、PageDown 等。如果要复制文本到命令窗口,可在该窗口中选择要复制的命令,然后选择"编辑"|"粘贴到命令行"命令;也可以右击选中的文字,在弹出的快捷菜单中选择"粘贴到命令行"命令将复制的内容粘贴到命令窗口中。

2.3.4   使用按钮和菜单栏

在 AutoCAD 功能区中,每个选项卡中都有多个对应的面板,在这些面板中设置有相关的命令按钮。单击其中某一个按钮,将执行与其对应的命令,随后在命令窗口中将提示用户执行相应的操作。例如,单击"默认"选项卡中的"多段线"按钮,执行"多段线"命令,如图 2-38 所示,按照命令窗口中的文字提示,在绘图窗口中单击指定起点,接下来,根据命令窗口中的操作提示即可完成"多段线"命令的操作,如图 2-39 所示。

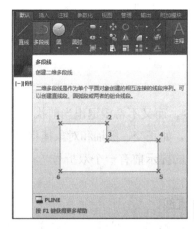

图 2-38　单击"多段线"按钮　　　　　　　图 2-39　"多段线"命令窗口

执行 AutoCAD 命令时，如果用户不知道某个命令的命令按钮在什么位置，也不清楚命令的英文写法，可以通过菜单栏执行命令。例如，在菜单栏中选择"绘图"|"矩形"命令，如图 2-40 所示，然后按照命令窗口中的提示进行操作，即可完成"矩形"命令的操作，如图 2-41 所示。

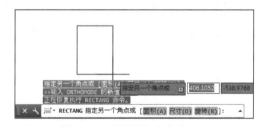

图 2-40　选择"矩形"命令　　　　　　　图 2-41　"矩形"命令窗口

2.3.5　使用系统变量

在 AutoCAD 中，系统变量用于控制某些功能和设计环境、命令的工作方式，它可以打开或关闭捕捉、栅格或正交等绘图模式，设置默认的填充图案，或存储当前图形和 AutoCAD 配置的有关信息。

系统变量通常是 6~10 个字符长的缩写名称。许多系统变量有简单的开关设置。例如，GRIDMODE 系统变量用来显示或关闭栅格，当在命令行的"输入 GRIDMODE 的新值 <1>："提示下输入 0 时，可以关闭栅格显示；输入 1 时，可以打开栅格显示。有些系统变量则用来存储数值或文字，如 DATE 系统变量用来存储当前日期。

可以在对话框中修改系统变量，也可以直接在命令窗口中修改系统变量。例如，要使用 ISOLINES 系统变量修改曲面的线框密度，可在命令窗口提示下输入该系统变量名称并按 Enter 键，然后输入新的系统变量值并按 Enter 键即可，详细操作如下。

命令: ISOLINES （输入系统变量名称）

输入 ISOLINES 的新值 <4>: 32 （输入系统变量的新值）

2.3.6 使用透明命令

如果用户在执行某个命令的过程中需要用到其他的命令，而又不希望退出当前执行的命令，可以通过透明命令实现操作。透明命令多为辅助功能，如正交、极轴和对象捕捉等。执行此类命令时应在输入命令前输入单引号"'"，透明命令的提示前有一个双折号">>"。完成透明命令后，将继续执行原命令。

【练习 2-3】在 AutoCAD 2018 中使用 LINE 命令绘制直线。

(1) 在命令窗口中输入 LINE 命令，按下 Enter 键确认，在命令窗口提示下，单击图 2-42 中的 A 点。

(2) 在命令窗口提示下，输入'ZOOM 命令，如图 2-43 所示。

图 2-42　绘制线条

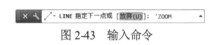

图 2-43　输入命令

(3) 按下 Enter 键确认，执行透明命令 ZOOM，然后在命令窗口提示下输入 1.5，如图 2-44 所示。

(4) 按下 Enter 键确认，结束透明命令的执行。此时原始图形将被缩放，此时用户可以方便地确定直线的另一个端点 D，在命令窗口提示下依次单击 D、B、E、C、A 点，然后按下 Enter 键确认，即可绘制如图 2-45 所示的直线。

图 2-44　输入 1.5

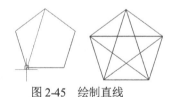

图 2-45　绘制直线

2.3.7 重复、撤销和重做命令

在 AutoCAD 中，可以方便地重复执行同一条命令，或撤销前面执行的一条或多条命令。此外，撤销前面执行的命令后，还可以通过重做来恢复前面执行的命令。

1. 重复命令

可以使用多种方法来重复执行 AutoCAD 命令。例如，要重复执行上一个命令，可以按 Enter 键或空格键，或在绘图区域中右击，在弹出的快捷菜单中选择"重复"命令，如图 2-46 所示。

要重复执行最近使用的 6 个命令中的某一个命令,可以在命令窗口或文本窗口中右击,在弹出的快捷菜单中选择"近期使用的命令"的 6 个子命令之一。要多次重复执行同一个命令,可以在命令提示下输入 multiple 命令,然后在命令窗口的"输入要重复的命令名:"提示下输入需要重复执行的命令。这样,AutoCAD 将重复执行该命令,直到按 Esc 键停止,如图 2-47 所示。

图 2-46　选择"重复"命令

图 2-47　输入重复命令

2. 终止命令

在命令执行过程中,可以随时按 Esc 键终止执行任何命令,因为 Esc 键是 Windows 程序用于取消操作的标准键。

3. 撤销和重做命令

使用 AutoCAD 2018 进行图形的绘制及编辑时,有时难免会出现错误。在出现错误时,用户可以不必重新对图形进行绘制或编辑,只需要撤销错误的操作即可。撤销已执行的命令主要有以下几种方法。

- "放弃"按钮◄:单击标题栏中的"放弃"按钮,可以放弃前一次执行的操作。单击该按钮后的下拉列表按钮,在弹出的下拉列表中选择需要撤销的最后一步操作,则该操作后的所有操作将同时被撤销,如图 2-48 所示。
- U 或 UNDO 命令:在命令窗口中执行 U 或 UNDO 命令,可以撤销前一次命令的执行结果。多次执行该命令可以撤销前几次命令的执行结果。
- OOPS 命令:在命令窗口中执行 OOPS 命令,可以恢复前一次删除的对象。但是使用 OPPS 命令只能恢复前一次被删除的对象,而不会影响前面所进行的其他操作。
- "放弃"选项:在某些命令的执行过程中,命令窗口中提供了"放弃"选项。在该提示下选择"放弃"选项可以撤销上一步执行的操作,如图 2-49 所示。

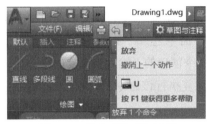

图 2-48　单击"放弃"按钮

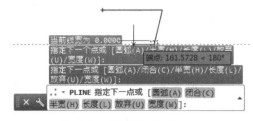

图 2-49　"放弃"选项

当用户在 AutoCAD 中撤销了已经执行的命令之后，如果又想恢复上一个已撤销的操作，可以通过以下方法来实现。

- REDO 命令：在使用了 U 命令或 UNDO 命令之后，紧接着使用 REDO 命令即可恢复已撤销的上一步操作。
- "重做"按钮　：单击标题栏中的"重做"按钮，可以恢复已撤销的上一步操作。

此时，可以使用"标记(M)"选项来标记一个操作，然后用"后退(B)"选项放弃在标记的操作之后执行的所有操作；也可以使用"开始(BE)"选项和"结束(E)"选项来放弃一组预先定义的操作。

注意：

在 AutoCAD 的命令窗口中，可以通过输入命令的方式执行相应的菜单命令。此时，输入的命令可以是大写、小写或同时使用大小写，为了统一，本书全部使用大写。

2.4　管理命名对象

AutoCAD 图形文件包含图形和非图形对象两种。用户可以使用图形对象(如直线、圆弧)进行设计，同时可以使用非图形信息(也叫命名对象，如文字样式、标注样式、图层和视图)管理设计。例如，如果经常使用一组线型特性，可以将其存为一种命名线型，之后就可以直接把这些线型应用到图形中的直线上。

除此之外，还可以定义和保存查看图纸的各种方法。例如，保存多个 UCS(用户坐标系)，这样在绘图的过程中就可以方便地在不同 UCS 之间切换。

2.4.1　命名对象

AutoCAD 在符号表和数据词典中存储命名对象，每一种命名对象都有一个符号表或数据词典，每个符号表或数据词典都可以存储多个命名对象。例如，如果创建了 5 种标注样式，图形的标注样式符号表或数据词典将有 5 个标注样式记录。除非创建 LISP 例程或对 AutoCAD 编程，否则不能直接处理符号表或数据词典。用户可以使用 AutoCAD 的对话框或命令窗口查看和修订所有命名对象。下面是 AutoCAD 中的命名对象及其说明。

- UCS：存储 X 轴、Y 轴和 Z 轴及原点的位置。用于定义图形中的坐标系。
- 标注样式：存储标注设置，控制标注外观。
- REDO 命令：在使用了 U 命令或 UNDO 命令之后，紧接着使用 REDO 命令即可恢复已撤销的上一步操作。
- 表格样式：存储表格设置，控制表格外观。
- 材质：定义材质设置。
- 多重引线样式：定义多重引线的样式。
- 块：包含块名称、基点和部件对象。
- 视图：存储空间中特定位置(视点)所显示模型的图形表现。
- 视口：存储平铺视口的阵列。
- 图层：组织图形数据的方式，类似于在图形上覆盖多层包含不同内容的透明硫酸纸。图层符号表存储设置的图层特性，如颜色和线型等。
- 文字样式：存储控制文字字符外观的设置，如拉伸、压缩、倾斜、镜像等。
- 线型：存储控制显示直线或曲线的信息，如显示直线是连续的还是虚线。

命名对象的名称最多可以包含 255 个字符。除了字幕和数字以外，名称中还可以包含空格(AutoCAD 将删除直接在名称前面或后面出现的空格)和特殊字符，但这些特殊字符不能在 Microsoft Windows 或 AutoCAD 中有其他用途。

AutoCAD 中不能使用的特殊字符包括：大于号(>)、小于号(<)、斜杠(\)、引号(')、冒号(:)、分号(;)、问号(？)、逗点(,)、星号(*)、竖杠(|)、等号(=)和反引号(")。此外，不能使用 Unicode 字体创建的特殊符号。

2.4.2　重命名对象

当绘制的图形越来越复杂时，用户可以重命名这些命名对象保证对象的名称易于识别和查找。如果插入到主图形的图形中包含相互冲突的名称，通过重命名就可以解决冲突。除了 AutoCAD 默认的命名对象(如图层 0)外，可以重命名任意的命名对象。

要为命名对象重命名，可以选择"格式"|"重命名"命令，打开如图 2-50 所示的"重命名"对话框，在"命名对象"列表框中选择对象项目，在"项数"列表框中选择命名对象的项目，或在"旧名称"文本框中输入名称，在"重命名为"文本框中输入新名称，然后单击"重名称为"按钮即可，如图 2-50 所示。

2.4.3　使用通配符

在 AutoCAD 中，用户可以使用通配符过滤命名对象，也可以使用通配符为命名对象组重命名。例如，如果要显示以"E-B"开头的图层，可以在"旧名称"文本框中输入"E-B*"，然后按下 Enter 键，即可完成选择，如图 2-51 所示。

图 2-50   "重命名"对话框   图 2-51   使用通配符

如果用户要将图层组"STAIR$LEVEL-1"、"STAIR$LEVEL-2"重命名为"S_LEVEL-1"、"S_LEVEL-2",可以在"旧名称"文本框中输入 STAIR$*,在"重命名为"文本框中输入"S_*"。

在 AutoCAD 中,可以使用的有效通配符有以下几种。

- 井号(#): 匹配任何数字字符。
- At(@): 匹配任何字母字符。
- 句点(.): 匹配任何非字母数字字符。
- 星号(*): 匹配任何字符串,可在搜索字符串的任何位置使用。
- 问号(?): 匹配任何单个字符,例如,?BC 匹配 ABC、3BC 等。
- 波浪号(~): 匹配不包含自身的任何字符串。例如,~*AB*匹配所有不包含 AB 的字符串。
- [ ]: 匹配括号中包含的任一字符。例如,[AB]C 匹配 AC 和 BC。
- [~]: 匹配括号中未包含的任一字符。
- 连字符([-]): 在方括号中为单个字符指定区间。例如[A-G]C 匹配 AC、BC 等直到 GC,但不匹配 HC。
- 单引号('): 逐字读取字符。例如,'*AB 匹配*AB。

2.5   思考练习

1. 以样板文件 acadiso.dwt 开始绘制一幅新图形,并对其进行如下设置。

- 绘图界限: 将绘图界限设为横装 A3 图幅(尺寸是 420×297),并使所设绘图界限有效。
- 绘图单位: 将长度单位设为小数,精度为小数点后 1 位;将角度单位设为十进制度数,精度为小数点后 1 位,其余保持默认设置。

2. 在 AutoCAD 2018 中,如何重命名对象?

第3章　图形的显示控制

AutoCAD 的图形显示控制功能在工程设计和绘图领域的应用极其广泛。如何控制图形的显示，是设计人员必须要掌握的技术。在二维图形中，经常用到三视图，即主视图、侧视图和俯视图，同时还用到轴测图。在三维图形中，图形的显示控制就显得更加重要。

3.1　重画与重生成图形

在绘图和编辑过程中，屏幕上常常会留下对象的拾取标记，这些临时标记并不是图形中的对象，有时会使当前图形画面显得混乱。这时就可以使用 AutoCAD 的重画与重生成图形功能清除这些临时标记。

3.1.1　重画图形

在 AutoCAD 绘图过程中，屏幕上会出现一些杂乱的标记符号，这是在删除操作拾取对象时留下的临时标记。这些标记符号实际上是不存在的，只是残留的重叠图像，因为 AutoCAD 使用背景色重画被删除的对象所在的区域遗漏了一些区域。这时就可以使用"重画"命令来更新屏幕，消除临时标记。

在 AutoCAD 中，用户可以通过以下两种方法来重画图形。

- 命令窗口：在命令窗口中输入 REDRAWALL 命令后，按下 Enter 键。
- 菜单栏：选择"视图"|"重画"命令。

例如打开一个图形，在命令窗口中输入 REDRAWALL，按下 Enter 键，即可重画图形，原来的临时标记即可消除，如图 3-1 所示。

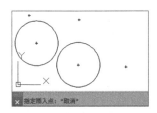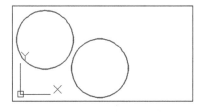

图 3-1　重画图形

3.1.2　重生成图形

重生成与重画在本质上是不同的，在 AutoCAD 中使用"重生成"命令可以重生成屏幕，此时系统从磁盘中调用当前图形的数据，比"重画"命令执行速度慢，更新屏幕花费时间较长。在 AutoCAD 中，某些操作只有在使用"重生成"命令后才生效，例如改变点的格式。如果一直使用某个命令修改编辑图形，但该图形似乎看不出什么变化，可以使用"重生成"命令更新屏幕显示。

"重生成"命令有以下两种执行方法。

● 命令窗口：在命令窗口中输入 REGEN 命令后，按下 Enter 键。

● 菜单栏：选择"视图"|"重生成"命令或"全部重生成"命令。

在 AutoCAD 中执行重生成图形的具体操作步骤如下。

(1) 打开图形文件，单击"文档浏览器"按钮▲，在弹出的列表中单击"选项"按钮，如图 3-2 所示。

(2) 打开"选项"对话框，选择"显示"选项卡，选中"应用实体填充"复选框，单击"确定"按钮，如图 3-3 所示。

 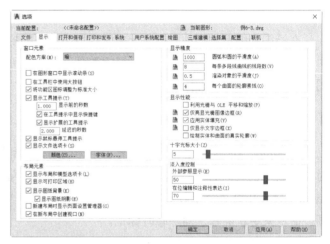

图 3-2　单击"选项"按钮　　　　图 3-3　选中"应用实体填充"复选框

(3) 在命令窗口中输入 REGEN 命令，如图 3-4 所示。

(4) 按下 Enter 键确认，重生成图形的效果如图 3-5 所示。

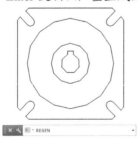 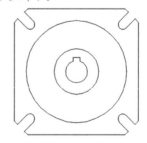

图 3-4　输入 REGEN 命令　　　　图 3-5　重生成图形的效果

3.2　缩放视图

在 AutoCAD 中按一定比例、观察位置和角度显示的图形称为视图。用户可以通过缩放视图来观察图形对象。缩放视图可以增加或减少图形对象的屏幕显示尺寸，但对象的真实尺寸保持不变。通过改变显示区域和图形对象的大小更准确、更详细地绘图。

3.2.1　实时缩放视图

在 AutoCAD 中，用户可以通过以下几种方法实现实时缩放视图。

图 3-6　选择"实时缩放"选项

- 命令窗口：在命令窗口中输入 ZOOM 命令后，按下 Enter 键。
- 菜单栏：选择"视图"|"缩放"|"实时"命令。
- 导航面板：单击 AutoCAD 工作界面右侧导航面板中"范围缩放"按钮下方的三角按钮，在弹出的列表中选择"实时缩放"选项，如图 3-6 所示。

例如打开一个图形文件后，在命令窗口中输入 ZOOM，然后连续按下两次 Enter 键，当鼠标指针呈放大镜形状时：单击鼠标左键向下拖动至合适的位置，释放鼠标即可缩小图形，如图 3-7 所示；单击鼠标左键并向上拖动至合适的位置，释放鼠标，即可放大图形，如图 3-8 所示。

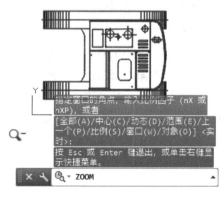

图 3-7　向下拖动鼠标

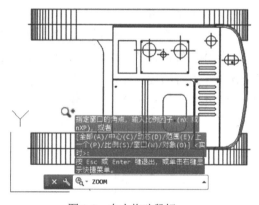

图 3-8　向上拖动鼠标

3.2.2　窗口缩放视图

在 AutoCAD 中，用户可以通过以下几种方法实现窗口缩放视图。

- 命令窗口：在命令窗口中输入 ZOOM 命令，按下 Enter 键，在命令窗口的提示下输入 W。
- 菜单栏：选择"视图"|"缩放"|"窗口"命令。
- 导航面板：单击 AutoCAD 工作界面右侧导航面板中"范围缩放"按钮下方的三角按钮，在弹出的列表中选择"窗口缩放"选项。

执行窗口缩放操作后，用户可以指定放大图形中的某一个区域。例如打开一个图形文件后，在命令窗口中输入 ZOOM 命令，按下 Enter 键，在命令窗口提示下输入 W，并再次按下 Enter 键，如图 3-9 所示。在图形上单击选中窗口左上角的一点，然后拖动鼠标设置缩放窗口的大小，如图 3-10 所示。释放鼠标后，即可在绘图窗口中放大缩放窗口中的图形。

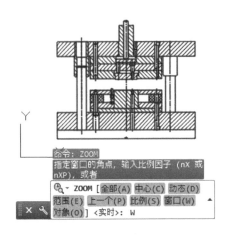

图 3-9　输入 W

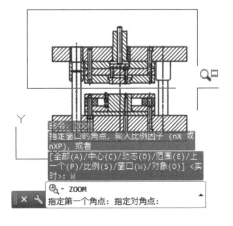

图 3-10　窗口缩放视图

3.2.3　中心缩放视图

在 AutoCAD 中，用户可以通过以下几种方法实现中心缩放视图。

- 命令窗口：在命令窗口中输入 ZOOM 命令，按下 Enter 键，在命令窗口提示下输入 C。
- 菜单栏：选择"视图"|"缩放"|"中心"命令。
- 导航面板：单击 AutoCAD 工作界面右侧导航面板中"范围缩放"按钮下方的三角按钮，在弹出的列表中选择"中心缩放"选项。

使用中心缩放视图功能后，可以使绘制的图形以某一个中心位置为准，按照指定的缩放比例因子进行缩放。打开一个图形文件后，在命令窗口中输入 ZOOM 命令，按下 Enter 键，在命令窗口提示下输入 C，按下 Enter 键确认，捕捉图形中的圆形为中心点，在命令窗口提示下输入 1000，按下 Enter 键确认后，即可实现中心缩放视图，如图 3-11 所示。

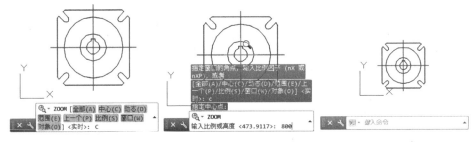

图 3-11　中心缩放视图

3.2.4　比例缩放视图

在 AutoCAD 中，用户可以通过以下几种方法实现按比例缩放视图。

- 命令窗口：在命令窗口中输入 ZOOM 命令，按下 Enter 键，在命令窗口提示下输入 S。
- 菜单栏：选择"视图"|"缩放"|"比例"命令。
- 导航面板：单击 AutoCAD 工作界面右侧导航面板中"范围缩放"按钮下方的三角按钮，在弹出的列表中选择"比例缩放"选项。

3.2.5　范围缩放视图

在 AutoCAD 中，用户可以通过以下几种方法实现范围缩放视图。

- 命令窗口：在命令窗口中输入 ZOOM 命令，按下 Enter 键，在命令窗口中输入 E。
- 菜单栏：选择"视图"|"缩放"|"范围"命令。
- 导航面板：单击 AutoCAD 工作界面右侧导航面板中"范围缩放"按钮下方的三角按钮 ![], 在弹出的列表中选择"范围缩放"选项。

例如打开一个图形文件后,在命令窗口中输入 ZOOM 命令,在命令窗口提示下输入 E,如图 3-12 所示。按下 Enter 键后,即可范围缩放视图,如图 3-13 所示。通过范围缩放视图,可以在绘图区中尽可能大地显示图形对象。它与全部缩放不同,范围缩放使用的显示边界只是当前图形范围,而不是图形界限。

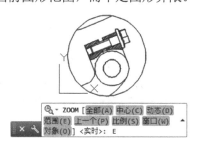

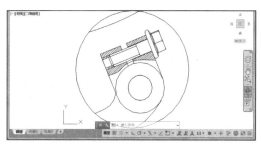

图 3-12　输入 E　　　　　　　　　　　图 3-13　范围缩放视图

3.2.6　设置视图中心点

在快速访问工具栏中选择"显示菜单栏"命令,在弹出的菜单中选择"视图"|"缩放"|"中心点"命令,在图形中指定一点,然后指定一个缩放比例因子或者指定高度值来显示一个新视图,而选择的点将作为该新视图的中心点。如果输入的数值比默认值小,则会增大图形。如果输入的数值比默认值大,则会缩小图形。

要指定相对的显示比例,可输入带 X 的比例因子数值。例如,输入 2X 将显示比当前视图大一倍的视图。如果正在使用浮动视口,则可以输入 XP 来相对于图纸空间进行比例缩放。

3.2.7　动态缩放视图

在菜单中选择"视图"|"缩放"|"动态"命令,可以动态缩放视图。当进入动态缩放模式时,在屏幕中将显示一个带"×"的矩形方框。单击鼠标左键,此时选择窗口中心的"×"消失,显示一个位于右边框的方向箭头,拖动鼠标可以改变选择窗口的大小,以确定选择区域大小,最后按下 Enter 键,即可缩放图形。

【练习 3-1】动态放大显示图形中的填充图案。

(1) 在快速访问工具栏中选择"显示菜单栏"命令,在弹出的菜单中选择"视图"|"缩放"|"动态"命令。此时,在绘图窗口中将显示图形范围,如图 3-14 所示。

(2) 当视图框包含一个"×"符号时,在屏幕上拖动视图框以平移到不同的区域。

(3) 要缩放到不同的大小，可单击鼠标左键，这时视图框中的"×"将变成一个箭头，如图 3-15 所示。左右移动指针调整视图框尺寸，上下移动光标可以调整视图框位置。如果视图框较大，则显示出的图像较小；如果视图框较小，则显示出的图像较大。最后调整效果如图 3-16 所示。

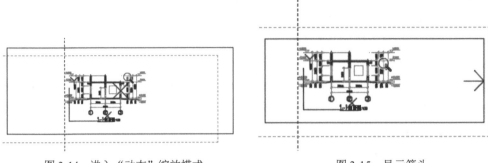

图 3-14　进入"动态"缩放模式　　　　　图 3-15　显示箭头

(4) 图形调整完毕后，再次单击鼠标左键。如果当前视图框指定的区域正是用户想查看的区域，按下 Enter 键确认，则视图框所包围的图像就成为当前视图，如图 3-17 所示。

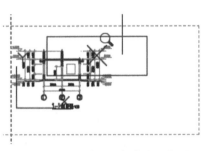
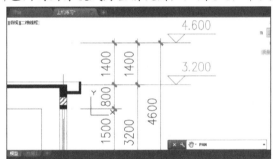

图 3-16　调整视图框大小和位置　　　　　图 3-17　放大后的图形效果

3.3　平移视图

在绘图过程中，平移视图可以重新定位 AutoCAD 绘图窗口中的图形，使其便于用户清晰地查看，并且不会改变图形对象的位置和比例。

3.3.1　实时平移视图

在快速访问工具栏中选择"显示菜单栏"命令，在弹出的菜单中选中"视图"|"平移"|"实时平移"命令，鼠标光标指针将变成一只小手的形状👋。按住鼠标左键拖动，窗口内的图形就可以按照移动的方向移动，如图 3-18 所示。释放鼠标，可返回到平移等待状态。按下 Esc 或 Enter 键退出实时平移模式。

图 3-18　实时平移

3.3.2　定点平移视图

在 AutoCAD 中，用户可以通过以下两种方法来定点平移视图。

- 命令窗口：在命令窗口中输入-PAN 后，按下 Enter 键。
- 菜单栏：选择菜单栏中的"视图"|"平移"|"点"命令。

执行"定点平移"命令后，可以通过指定基点和位移来平移视图。视图的移动方向和十字光标的偏移方向一致，如图 3-19 所示。

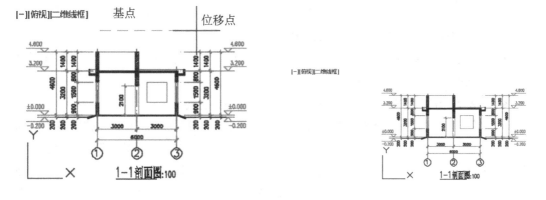

图 3-19　定点平移

3.4　使用命名视图

在一张工程图纸上可以创建多个视图。当需要查看、修改图纸上的某一部分视图时，只要将该视图恢复出来即可。

3.4.1　命名视图

在快速访问工具栏中选择"显示菜单栏"命令，在弹出的菜单栏中选择"视图"|"命名视图"命令，打开"视图管理器"对话框，如图 3-20 所示。在该对话框中单击"新建"按钮，在打开的"新建视图/快照特性"对话框中用户可以创建并设置命名视图，如图 3-21 所示。

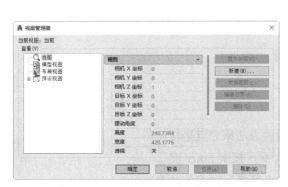

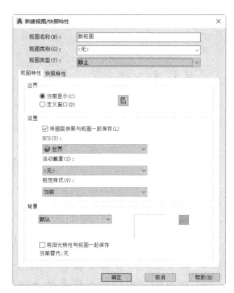

图 3-20　　"视图管理器"对话框　　　　　图 3-21　　"新建视图/快照特性"对话框

在"视图管理器"对话框中，主要选项的功能说明如下。

- "查看"列表框：列出了已命名的视图和可作为当前视图的类别。例如，可选择正交视图和等轴测视图作为当前视图。

- 信息选项区域：显示指定命名视图的详细信息，包括视图名称、分类、UCS 和透视模式等。

- "置为当前"按钮：将选中的命名视图设置为当前视图。

- "新建"按钮：创建新的命名视图。单击该按钮，打开"新建视图/快照特性"对话框，可以在"视图名称"文本框中设置视图名称；在"视图类别"下拉列表框中为命名视图选择或输入一个类别；在"边界"选项区域中通过选中"当前显示"或"定义窗口"单选按钮来创建视图的边界区域；在"设置"选项区域中，可以设置是否"将图层快照与视图一起保存"，并可以通过 UCS 下拉列表框设置命名视图的 UCS；在"背景"选项区域中，可以选择新的背景来替代默认的背景，且可以预览效果。

- "更新图层"按钮：单击该按钮，可以使用选中的命名视图中保存的图层信息更新当前模型空间或布局视图中的图层信息。

- "编辑边界"按钮：单击该按钮，切换到绘图窗口中，可以重新定义视图的边界。

3.4.2　删除和恢复命名视图

在 AutoCAD 中，用户可以参考以下步骤，根据需要删除已创建的命名视图：打开图形后，在命令窗口中输入 VIEW 命令，打开"视图管理器"对话框，选择要删除的命令视图，依次单击"删除"和"确定"按钮即可将命令视图删除，如图 3-22 所示。

在 AutoCAD 中，可以一次命名多个视图。当需要重新使用一个已命名视图时，只需要将该视图恢复到当前视口即可。如果绘图窗口中包含多个视口，也可以将视图恢复到活动视口中，或将不同的视图恢复到不同的视口中，以同时显示模型的多个视图。

恢复视图时可以恢复视口的中点、查看方向、缩放比例因子和透视图(镜头长度)等设置。如果在命名视图时将当前的 UCS 随视图一起保存起来，当恢复视图时也可以恢复 UCS。

例如首先打开一个图形后，在命令窗口中输入 VIEW 命令，并按下 Enter 键，如图 3-23 所示。

图 3-22　删除命名视图

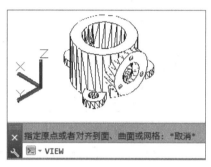

图 3-23　输入 VIEW 命令

打开"视图管理器"对话框，单击"预设视图"选项前的"+"按钮，在展开的列表中选择合适的选项，如图 3-24 所示。依次单击"置为当前"和"确定"按钮，即可恢复命名视图，效果如图 3-25 所示。

图 3-24　选择选项

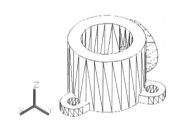

图 3-25　恢复视图

3.5　使用平铺视口

在 AutoCAD 2018 中，为了便于编辑图形，通常需要将图形的局部进行放大，以显示其细节。当需要观察图形的整体效果时，仅使用单一的绘图视口已无法满足需要。此时，可使用 AutoCAD 的平铺视口功能，将绘图窗口划分为若干视口。

3.5.1　平铺视口的特点

平铺视口是指把绘图窗口分成多个矩形区域，从而创建多个不同的绘图区域，其中每一个区域都可用来查看图形的不同部分。在 AutoCAD 中，可以同时打开多达 32000 个视口，屏幕上还可保留菜单栏和命令提示窗口。

在 AutoCAD 中，在快速访问工具栏中选择"显示菜单栏"命令，在弹出的菜单中选择"视图"|"视口"子菜单中的命令，如图 3-26 所示，或在"功能区"选项板中选择"视图"选项卡，在"模型视口"面板中单击相应的按钮，可以在模型空间创建和管理平铺视口，如图 3-27 所示。

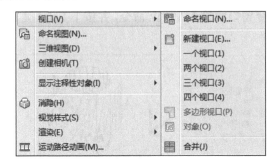

图 3-26　"视口"子菜单命令　　　　　图 3-27　"模型视口"面板

在 AutoCAD 中，平铺视口具有以下几个特点。

- 每个视口都可以平移和缩放，设置捕捉、栅格和用户坐标系等，且每个视口都可以有独立的坐标系统。
- 在命令执行期间，可以切换视口以便在不同的视口中绘图。
- 可以命名视口的配置，以便在模型空间中恢复视口或者应用到布局。
- 只能在当前视口里工作。要将某个视口设置为当前视口，只需要单击视口的任意位置，此时当前视口的边框将加粗显示。
- 只在当前视口中指针才能显示为十字形状，指针移出当前视口后就变为箭头形状。
- 当在平铺视口中工作时，可全局控制所有视口中的图层的可见性。如果在某一个视口中关闭了某一个图层，系统将关闭所有视口中的相应图层。

3.5.2　创建平铺视口

在快速访问工具栏中选择"显示菜单栏"命令，在弹出的菜单中选择"视图"|"视口"|"新建视口"命令，打开"视口"对话框，如图 3-28 所示。使用"新建视口"选项卡可以显示标准视口配置列表及创建并设置新的平铺视口，还可以设置以下选项。

- "应用于"下拉列表框：设置所选的视口配置是用于整个显示屏幕还是当前视口，包括"显示"和"当前视口"这两个选项。其中"显示"选项用于设置将所选的视口配置用于模型空间中的整个显示区域，为默认选项；"当前视口"选项用于设置将所选的视口配置用于当前视口。
- "设置"下拉列表框：指定二维或三维设置。如果选择二维选项，则使用视口中的当前视图来初始化视口配置；如果选择三维选项，则使用正交的视图来配置视口。
- "修改视图"下拉列表框：选择一个视口配置代替已选择的视口配置。
- "视觉样式"下拉列表框：可以从中选择一种视觉样式代替当前的视觉样式。

在"视口"对话框中，选择"命名视口"选项卡，可以显示图形中已命名的视口配置。

当选择一个视口配置后，配置的布局情况将显示在预览窗口中，如图 3-29 所示。

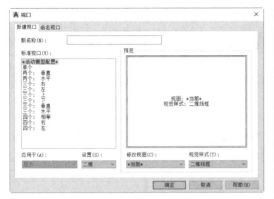

图 3-28　"视口"对话框

图 3-29　"命名视口"选项卡

3.5.3　分割和合并视口

在 AutoCAD 2018 中，在快速访问工具栏中选择"显示菜单栏"命令，在弹出的菜单中选择"视图"|"视口"子菜单中的命令。这样可以在不改变视口显示的情况下，分割或合并当前视口。例如，选择"视图"|"视口"|"一个视口"命令，可以将当前视口扩大到充满整个绘图窗口；选择"视图"|"视口"|"两个视口"、"三个视口"或"四个视口"命令，可以将当前视口分割为 2 个、3 个或 4 个视口。

选择"视图"|"视口"|"合并"命令后，系统将要求用户在界面中选定一个视口作为主视口。单击当前视口相邻的某个视口，即可将该视口与主视口合并。例如，在图 3-30 左图所示的图形中，选择"视图"|"视口"|"合并"命令，在命令窗口提示下输入 J，然后按下 Enter 键，依次单击窗口右下角和中间的视口，即可合并视口对象，效果如图 3-30 右图所示。

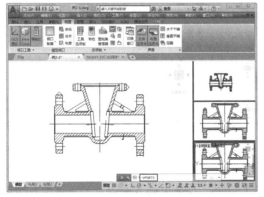

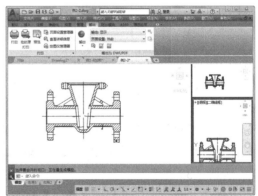

图 3-30　合并视口

【练习 3-2】练习分割和合并视口。

(1) 在快速访问工具栏中选择"显示菜单栏"命令，在弹出的菜单中选择"文件"|"打开"命令，打开"选择文件"对话框，选择如图 3-31 所示的图形文件并将其打开。

(2) 在菜单中选择"视图"|"视口"|"四个视口"命令，将绘图窗口分割为 4 个视口，效果如图 3-32 所示。

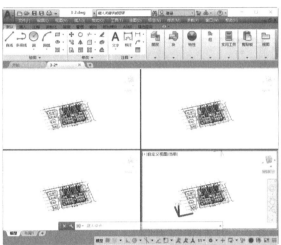

图 3-31　打开图形　　　　　　　　　　　　　　图 3-32　分割视口

(3) 在菜单中选择"视图"|"视口"|"合并"命令，然后在绘图窗口单击左上角的视口，如图 3-33 所示。

(4) 在绘图窗口单击左下角的视口，合并左侧上下两个视口，效果如图 3-34 所示。

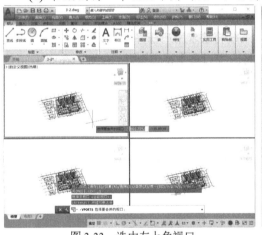

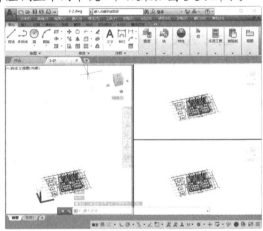

图 3-33　选中左上角视口　　　　　　　　　　　图 3-34　合并视口

(5) 在快速访问工具栏中选择"显示菜单栏"命令，在弹出的菜单中选择"视图"|"平移"|"实时"命令，当鼠标指针变为🖐形状后，按住鼠标左键拖动，调整视口中图形的位置，如图 3-35 所示。

(6) 在快速访问工具栏中选择"显示菜单栏"命令，在弹出的菜单中选择"视图"|"视口"|"新建视口"命令，打开"视口"对话框。

(7) 在"视口"对话框的"新名称"文本框中输入 myViewports，然后单击"确定"按钮，如图 3-36 所示。

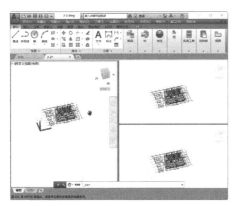

图 3-35　实时平移视图

图 3-36　创建视口

3.6　使用 ShowMotion

在 AutoCAD 2018 中，可以通过创建视图的快照来观察图形。在快速访问工具栏中选择"显示菜单栏"命令，在弹出的菜单中选择"视图"| ShowMotion 命令，或在状态中单击 ShowMotion 按钮，都可以打开 ShowMotion 面板，如图 3-37 所示。

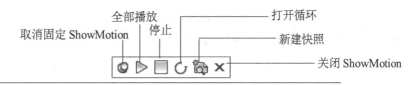

图 3-37　ShowMotion 面板

单击"新建快照"按钮，打开"新建视图/快照特性"对话框。使用该对话框中的"快照特性"选项卡可以新建快照，如图 3-38 所示。各选项的功能如下所示。

- "视图名称"文本框：用于输入视图的名称。
- "视图类别"下拉列表框：可以输入新的视图类别，也可以从中选择已有的视图类别。系统将根据视图所属的类别来组织各个活动视图。
- "视图类型"下拉列表框：可以从中选择视图类型，主要包括"电影式"、"静止"和"录制的漫游"这 3 种类型。视图类型将决定视图的活动情况。
- "转场"选项区域：用于设置视图的转场类型和转场持续时间。
- "运动"选项区域：用于设置视图移动类型、移动持续时间、距离和位置等。
- "预览"按钮：单击该按钮，可以预览视图中图形的活动情况。
- "循环"复选框：选中该复选框，可以循环观察视图中图形的运动情况。

成功创建快照后，在 ShowMotion 面板上方将以缩略图的形式显示各个视图中图形的活动情况，如图 3-39 所示。单击绘图区中的某个缩略图，将显示图形的活动情况，用于观察图形。

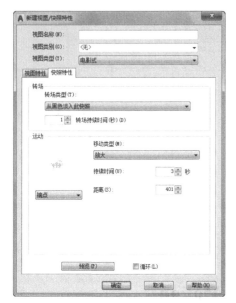

图 3-38　"新建视图/快照特性"对话框

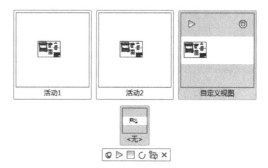

图 3-39　创建快照

3.7　思考练习

1. 在 AutoCAD 2018 中，如何平移视图？
2. 在 AutoCAD 2018 中，如何使用"动态"缩放法缩放图形？
3. 将一个零件图形创建成一个命名视图，并将视图分割成 3 个视口。

第4章　设置图形对象特性

在使用 AutoCAD 2018 绘制图形的过程中，每个图形对象都有特性，通过修改图形的特性(例如图层、线型、颜色、线宽和打印样式)，可以组织图形中的对象并控制它们的显示和打印方式。

4.1　使用图层

图层是大多数图形图像处理软件的基本元素。AutoCAD 图形中通常包含多个图层。每个图层都表明了一种图形对象的特性，其中包括颜色、线型和线宽等属性。图形显示控制功能是设计人员必须掌握的技术。AutoCAD 中的图层类似绘图时的图纸，当用户建立多个图层时，就是将多个图纸重叠在一起，除了图形对象外，其余部分为透明状态。

4.1.1　创建图层

开始绘制新图形时，AutoCAD 自动创建一个名为 0 的特殊图层。默认情况下，图层 0 将被指定使用 7 号颜色(白色或黑色，由背景色决定)、Continuous 线型、"默认"线宽等样式。在绘图过程中，如果要使用更多的图层来组织图形，就需要先创建新图层。

在 AutoCAD 中，图层具有以下特点。

- 在一幅图形中可以指定任意数量的图层。系统对图层数没有限制，对每一图层中的对象数也没有任何限制。
- 为了加以区别，每个图层都会有一个名称。当开始绘制新图时，AutoCAD 自动创建名为 0 的图层，这是 AutoCAD 的默认图层，其他图层则需要自定义。
- 一般情况下，相同图层中的对象应该具有相同的线型、颜色。用户可以改变各图层的线型、颜色和状态。
- AutoCAD 允许建立多个图层，但只能在当前图层中绘图。
- 各图层具有相同的坐标系、绘图界限及显示时的缩放倍数。用户可以对位于不同图层中的对象同时进行编辑操作。
- 可以对各图层进行打开、关闭、冻结、解冻、锁定与解锁等操作，以决定各图层的可见性与可操作性。

在快速访问工具栏中选择"显示菜单栏"命令，在弹出的菜单栏中选择"格式"|"图层"命令，打开"图层特性管理器"选项板，如图 4-1 所示。单击"新建图层"按钮，在图层列表中将出现一个名称为"图层 1"的新图层。默认情况下，新建图层与当前图层的状态、颜色、线性及线宽等设置相同；单击"冻结的新图层视口"按钮，也可以创建一个新图层，只是该图层在所有的视口中都被冻结。

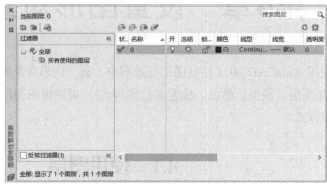

图 4-1　打开"图层特性管理器"选项板

　　当用户在"图层特性管理器"选项板中创建了图层后，图层的名称将显示在图层列表框中。如果要更改图层名称，可以右击该图层名，然后在弹出的菜单中选择"重命名图层"命令，如图 4-2 所示。此时可以输入图层名称，如输入图 4-3 中所示的"图 1"。

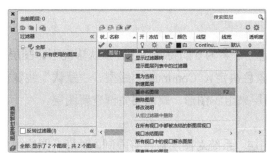

图 4-2　选择"重命名图层"命令

图 4-3　输入图层名

注意：

　　在为创建的图层命名时，在图层的名称中不能包含通配符(*和？)和空格，也不能与其他图层重名。

4.1.2　设置图层

　　在 AutoCAD 2018 中，用户可以通过设置图层的各类属性(如颜色、线型和线宽等)，以满足在绘制图形时的制图需求。

1. 设置图层颜色

　　颜色在图形中具有非常重要的作用，可用来表示不同的组件、功能和区域。图层的颜色实际上是图层中图形对象的颜色。每个图层都拥有自己的颜色，对不同的图层可以设置相同的颜色，也可以设置不同的颜色，当绘制复杂图形时就能够很容易区分图形的各部分。

创建图层后，要改变图层的颜色，可在"图层特性管理器"选项板中单击图层的"颜色"列对应的图标，打开"选择颜色"对话框，如图 4-4 所示。

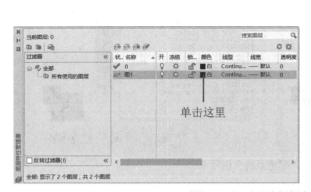
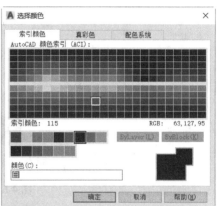

图 4-4　打开"选择颜色"对话框

在"选择颜色"对话框中，可以使用"索引颜色"、"真彩色"和"配色系统"这 3 个选项卡为图层设置颜色。

- "索引颜色"选项卡：可以使用 AutoCAD 的标准颜色(ACI 颜色)。在 ACI 颜色表中，每一种颜色用一个 ACI 编号(1~255 之间的整数)标识。"索引颜色"选项卡实际上是一张包含 256 种颜色的颜色表。
- "真彩色"选项卡：使用 24 位颜色定义显示 16M 色。指定真彩色时，可以使用 RGB 或 HSL 颜色模式。如果使用 RGB 颜色模式，则可以指定颜色的红、绿、蓝组合；如果使用 HSL 颜色模式，则可以指定颜色的色调、饱和度和亮度要素，如图 4-5 所示。在这两种颜色模式下，可以得到同一种所需的颜色，但是组合颜色的方式不同。

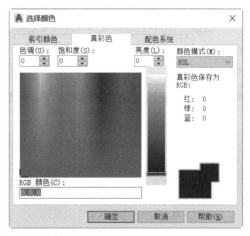

图 4-5　RGB 和 HSL 颜色模式

- "配色系统"选项卡：使用标准 Pantone 配色系统设置图层的颜色，如图 4-6 所示。

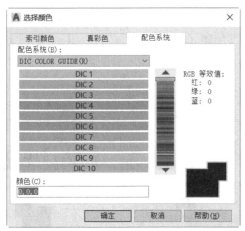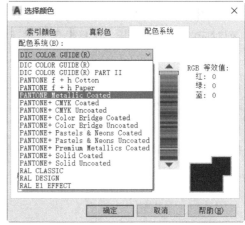

图 4-6 "配色系统"选项卡

2. 设置图层线型

线型指的是图形基本元素中线条的组成和显示方式，如虚线和实线等。在 AutoCAD 中既有简单线型，也有由一些特殊符号组成的复杂线型，可以满足不同国家或行业标准的使用要求。

- 设置线型：在绘制图形时要使用线型来区分图形元素，这就需要对线型进行设置。默认情况下，图层的线型为 Continuous。要改变线型，可在图层列表中单击"线型"列的 Continuous，打开"选择线型"对话框。在"已加载的线型"列表框中选择一种线型即可将其应用到图层中，如图 4-7 所示。
- 加载线型：默认情况下，在"选择线型"对话框的"已加载的线型"列表框中只有 Continuous 一种线型。如果要使用其他线型，必须将其添加到"已加载的线型"列表框中。可单击"加载"按钮打开"加载或重载线型"对话框，如图 4-8 所示，从当前线型库中选择需要加载的线型，单击"确定"按钮。

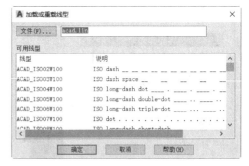

图 4-7 "选择线型"对话框   图 4-8 "加载或重载线型"对话框

- 设置线型比例：在快速访问工具栏中选择"显示菜单栏"命令，在弹出的菜单中选择"格式"|"线型"命令，打开"线型管理器"对话框。在其中可设置图形中的线型比例，从而改变非连续线型的外观，如图 4-9 所示。

图 4-9　打开"线型管理器"对话框

"线型管理器"对话框显示了当前使用的线型和可选择的其他线型。当在线型列表中选择了某一线型并单击了"显示细节"按钮后，可以在"详细信息"选项区域中设置线型的"全局比例因子"和"当前对象缩放比例"。其中，"全局比例因子"用于设置图形中所有线型的比例，"当前对象缩放比例"用于设置当前选中线型的比例。

注意：

AutoCAD 中的线型包含在线型库定义文件 acad.lin 和 acadiso.lin 中。其中，在英制测量系统下，使用线型库定义文件 acad.lin；在公制测量系统下，使用线型库定义文件 acadiso.lin。用户可根据需要，单击"加载或重载线型"对话框中的"文件"按钮，打开"选择线型文件"对话框，选择合适的线型库定义文件。

3. 设置图层线宽

线宽设置就是改变线条的宽度。在 AutoCAD 中，使用不同宽度的线条表现对象的大小或类型，可以提高图形的表达能力和可读性。

要设置图层的线宽，可以在"图层特性管理器"选项板的"线宽"列中单击该图层对应的线宽"默认"，打开"线宽"对话框，有 20 多种线宽可供选择，如图 4-10 所示。也可以在快速访问工具栏中选择"显示菜单栏"命令，在弹出的菜单中选择"格式"|"线宽"命令，打开"线宽设置"对话框，通过调整线宽比例，使图形中的线宽显示得更宽或更窄，如图 4-11 所示。

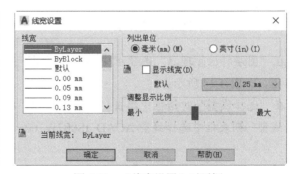

图 4-10　"线宽"对话框　　　　　　图 4-11　"线宽设置"对话框

在"线宽设置"对话框的"线宽"列表框中选择所需线条的宽度后，还可以设置其单位和显示比例等参数，各选项的功能如下。

- "列出单位"选项区域：设置线宽的单位，可以是"毫米"或"英寸"。
- "显示线宽"复选框：设置是否按照实际线宽来显示图形，也可以单击状态栏上的"线宽"按钮来显示或关闭线宽。
- "默认"下拉列表框：设置默认线宽值，即关闭显示线宽后 AutoCAD 所显示的线宽。
- "调整显示比例"选项区域：通过调节显示比例滑块，可以设置线宽的显示比例大小。

【练习 4-1】创建图层"新线层"，要求该图层颜色为"绿"，线型为 ACAD_IS002W100，线宽为 0.5 毫米。

(1) 在快速访问工具栏中选择"显示菜单栏"命令，在弹出的菜单中选择"格式"|"图层"命令，打开"图层特性管理器"选项板。

(2) 单击选项板上方的"新建图层"按钮 🗐，创建一个新图层，并在"名称"列对应的文本框中输入"新线层"，如图 4-12 所示。

(3) 在"图层特性管理器"选项板中单击"颜色"列的图标，打开"选择颜色"对话框。在标准颜色区中单击"红色"。这时"颜色"文本框中将显示颜色的名称"红"，单击"确定"按钮，如图 4-13 所示。

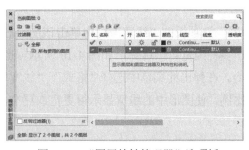

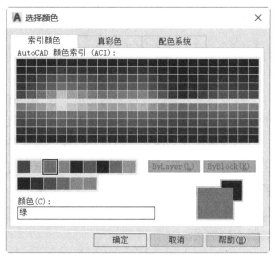

图 4-12 "图层特性管理器"选项板   图 4-13 "选择颜色"对话框

(4) 在"图层特性管理器"选项板中单击"线型"列上的 Continuous，打开"选择线型"对话框，如图 4-14 所示。

(5) 在"选择线型"对话框中单击"加载"按钮，打开"加载或重载线型"对话框。在"可用线型"列表框中选择线型 ACAD_IS002W100，如图 4-15 所示。然后单击"确定"按钮。

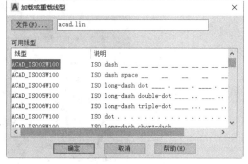

图 4-14　"选择线型"对话框　　　　　　图 4-15　"加载或重载线型"对话框

(6) 在"选择线型"对话框的"已加载的线型"列表框中选择 ACAD_IS002W100，然后单击"确定"按钮，如图 4-16 所示。

(7) 在"图层特性管理器"选项板中单击"线宽"列的线宽，打开"线宽"对话框。在"线宽"列表框中选择 0.20mm，然后单击"确定"按钮即可，如图 4-17 所示。

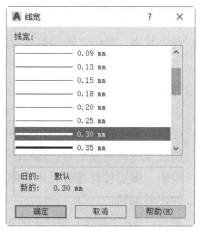

图 4-16　选择线型　　　　　　　　　　图 4-17　设置线宽

4.1.3　管理图层状态

在 AutoCAD 中建立完图层后，需要对其进行管理，包括图层特性的设置、图层的切换、图层状态的保存与恢复等。

1. 设置图层特性

使用图层绘制图形时，新对象的各种特性将默认为随层，由当前图层的默认设置决定。用户也可以单独设置对象的特性，新设置的特性将覆盖原来随层的特性。在"图层特性管理器"选项板中，每个图层都包含状态、名称、打开/关闭、冻结/解冻、锁定/解锁、线型、颜色、线宽和打印样式等特性，如图 4-18 所示。在 AutoCAD 2018 中，图层的各列属性可以显示或隐藏，只需要右击图层列表的标题栏，在弹出的快捷菜单中选择或取消选择命令即可。

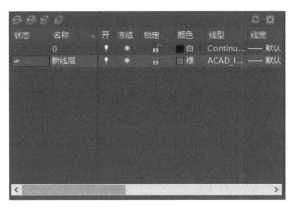

图 4-18　图层特性

在 AutoCAD 2018 中，各种图层特性的功能如下。

- 状态：显示图层和过滤器的状态。其中，当前图层标识为 ■ 。
- 名称：即图层的名字，是图层的唯一标识。默认情况下，图层的名称按图层 0、图层 1、图层 2 这样的编号依次递增，可以根据需要为图层定义能够表达用途的名称。
- 开关状态：单击"开"列对应的小灯泡图标 🔆 ，可以打开或关闭图层。在开的状态下，灯泡的颜色为黄色，图层上的图形可以显示，也可以在输出设备上打印；在关的状态下，灯泡的颜色为灰色，图层上的图形不能显示，也不能打印输出。在关闭当前图层时，系统将显示一个消息对话框，警告正在关闭当前层。
- 冻结：单击图层"冻结"列对应的太阳 ☀ 或雪花 ❄ 图标，可以解冻或冻结图层。图层被冻结时显示雪花 ❄ 图标，此时图层上的图形对象不能被显示、打印输出和编辑。图层被解冻时显示太阳 ☀ 图标，此时图层上的图形对象能够被显示、打印输出和编辑。
- 锁定：单击"锁定"列对应的关闭图标 🔒 或打开小锁图标 🔓 ，可以锁定或解锁图层。图层在锁定状态下并不影响图形对象的显示，且不能对该图层上已有图形对象进行编辑，但可以绘制新图形对象。此外，在锁定的图层上可以使用查询命令和对象捕捉功能。
- 颜色：单击"颜色"列对应的图标，可以使用打开的"选择颜色"对话框来选择图层颜色。
- 线型：单击"线型"列显示的线型名称，可以使用打开的"选择线型"对话框来选择所需要的线型。
- 线宽：单击"线宽"列显示的线宽值，可以使用打开的"线宽"对话框来选择所需要的线宽。
- 打印样式：通过"打印样式"列确定各图层的打印样式，如果使用的是彩色绘图仪，则不能改变这些打印样式。
- 打印：单击"打印"列对应的打印机图标，可以设置图层是否能够被打印，在保持图形显示可见性不变的前提下控制图形的打印特性。打印功能只对没有冻结和关闭的图层起作用。

● 说明：单击"说明"列两次，可以为图层或组过滤器添加必要的说明信息。

注意：

不能冻结当前层，也不能将冻结层设为当前层，否则将会显示警告信息对话框。冻结的图层与关闭的图层的可见性是相同的，但冻结的对象不参加处理过程中的运算，关闭的图层则要参加运算。所以，在复杂的图形中冻结不需要的图层可以加快系统重新生成图形时的速度。

2. 置为当前层

在"图层特性管理器"选项板的图层列表中，选择某一图层后，单击"置为当前"按钮 ，如图 4-19 所示。或在"功能区"选项板中选择"默认"选项卡，在"图层"面板的"图层控制"下拉列表框中选择某一图层，都可将该层设置为当前层。

在"功能区"中，用户可以参考以下两种方法设置对象和对象所在的图层为当前层。

● 在"功能区"选项板中选择"默认"选项卡，在"图层"面板中单击"更改为当前图层"按钮 ，选择要更改到当前图层的对象并按 Enter 键，可以将对象更改为当前图层，如图 4-20 所示。

● 在"功能区"选项板中选择"默认"选项卡，在"图层"面板中单击 按钮，选择需要成为当前图层的对象，并按 Enter 键，可以将对象所在图层置为当前图层。

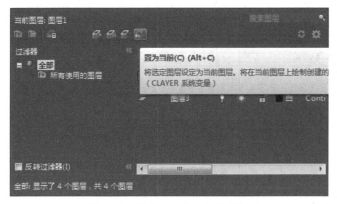

　　图 4-19　单击"置为当前"按钮　　　　　图 4-20　单击"更改为当前图层"按钮

3. 保存图层状态

图层设置包括图层状态和图层特性。图层状态包括图层是否打开、冻结、锁定、打印和在新视口中自动冻结。图层特性包括颜色、线型、线宽和打印样式。用户可以选择要保存的图层状态和图层特性。

如果要保存图层状态，可在"图层特性管理器"选项板的图层列表中右击要保存的图层，在弹出的快捷菜单中选择"保存图层状态"命令，打开"要保存的新图层状态"对话框，如图 4-21 所示。在"新图层状态名"文本框中输入图层状态的名称，在"说明"文本框中输入相关的图层说明文字，然后单击"确定"按钮即可。

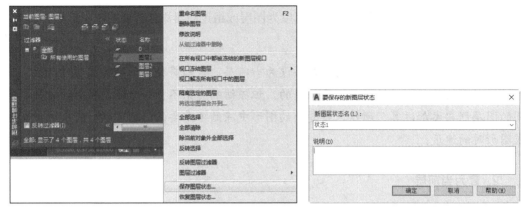

图 4-21　保存图层状态

4. 恢复图层状态

如果改变了图层的显示等状态，还可以恢复以前保存的图层设置。在"图层特性管理器"选项板的图层列表中右击要恢复的图层，在弹出的快捷菜单中选择"恢复图层状态"命令，打开"图层状态管理器"对话框。选择需要恢复的图层状态后，单击"恢复"按钮即可，如图 4-22 所示。

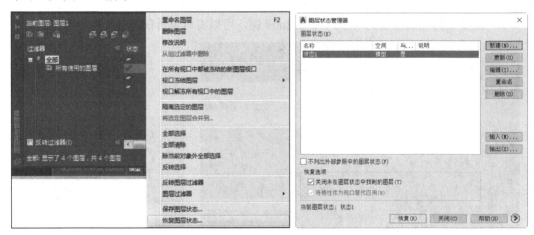

图 4-22　恢复图层状态

5. 使用图层工具管理图层

在 AutoCAD 2018 中使用图层管理工具可以更加方便地管理图层。在快速访问工具栏中选择"显示菜单栏"命令，在弹出的菜单中选择"格式"|"图层工具"命令中的子命令，如图 4-23 所示。或在"功能区"选项板中选择"默认"选项卡，在如图 4-24 所示的"图层"面板中单击相应的按钮，都可以通过图层工具来管理图层。

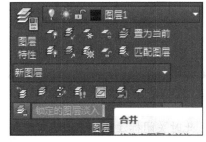

　　图 4-23　"图层工具"子命令　　　　　　图 4-24　"图层"面板

　　"图层"面板中的各按钮与"图层工具"子命令的功能相对应，其中主要按钮的功能如下。

- "隔离"按钮：单击该按钮，可以将选定对象的图层隔离。
- "取消隔离"按钮：单击该按钮，恢复由"隔离"命令隔离的图层。
- "关闭"按钮：单击该按钮，将选定对象的图层关闭。
- "冻结"按钮：单击该按钮，将选定对象的图层冻结。
- "匹配图层"按钮：单击该按钮，将选定对象的图层更改为选定目标对象的图层。
- "上一个"按钮：单击该按钮，恢复上一个图层设置。
- "锁定"按钮：单击该按钮，锁定选定对象的图层。
- "解锁"按钮：单击该按钮，将选定对象的图层解锁。
- "打开所有图层"按钮：单击该按钮，打开图形中的所有图层。
- "解冻所有图层"按钮：单击该按钮，解冻图形中的所有图层。
- "更改为当前图层"按钮：单击该按钮，将选定对象的图层更改为当前图层。
- "将对象复制到新图层"按钮：单击该按钮，将对象复制到不同的图层。
- "图层漫游"按钮：单击该按钮，隔离每个图层。
- "视口冻结"按钮：单击该按钮，将对象的图层隔离到当前视口。
- "合并"按钮：单击该按钮，合并两个图层，并从图形中删除第一个图层。
- "删除"按钮：单击该按钮，从图形中永久删除图层。

【练习 4-2】设置不显示图 4-25 中的标注图层。

　　(1) 打开如图 4-25 所示的图形文件，在"功能区"选项板中选择"默认"选项卡，在"图层"面板中单击"关闭"按钮。

　　(2) 在命令窗口的"选择要关闭的图层上的对象或[设置(S)/放弃(U)]:"提示下，选择任意一个标注对象，如图 4-26 所示。

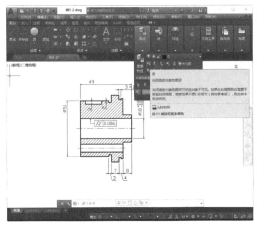

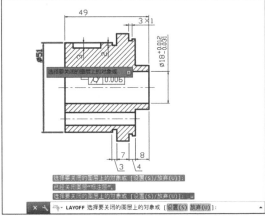

图 4-25 单击"关闭"按钮   图 4-26 选取标注对象

(3) 此时关闭标注层,绘图窗口中将不显示标注图层。在"图层特性管理器"选项板的图层列表中,标注层显示"关"符号 ,如图 4-27 所示。

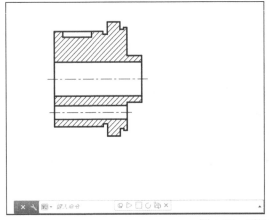

图 4-27 不显示标注图层

4.2 控制对象特性

在 AutoCAD 中,绘制的每个对象都有特性,有的特性是基本特性,适用于大多数对象,如图层、颜色、线型和打印样式等;有的特性是专用于某个对象的特性,如圆的特性包括半径和面积。

4.2.1 显示和修改对象特性

在 AutoCAD 中,用户可以使用多种方法来显示和修改对象特性。

● 在快速访问工具栏中选择"显示菜单栏"命令。在弹出的菜单中选择"工具"|"选项板"|"特性"命令,打开"特性"选项板,可以查看和修改对象所有特性的设置,如图 4-28 所示。

- 在"功能区"选项板中选择"默认"选项卡，在"图层"和"特性"面板中可以查看和修改对象的颜色、线型、线宽等特性，如图 4-29 所示。

图 4-28 "特性"选项板

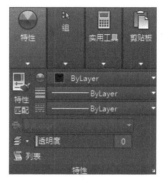

图 4-29 "特性"面板

- 在命令行中输入 LIST，并选择对象，将打开文本窗口显示对象的特性。
- 在命令行中输入 ID，并单击某个位置，就可以在命令行中显示该位置的坐标值。

"特性"选项板用于列出选定对象或对象集的当前特性设置。可以通过选择或者输入新值来修改特性。当没有选择对象时，在顶部的文本框中将显示"无选择"。此时，"特性"选项板只显示当前图层的基本特性、图层附着的打印样式表的名称、查看特性以及关于 UCS 的信息。若选择了多个对象，"特性"选项板只显示选择集中所有对象的公共特性。

打开"特性"选项板，单击"选择对象"按钮，选择要查看或要编辑的对象。此时就可以在"特性"选项板中查看或修改所选对象的特性。在"选择对象"按钮的旁边还有一个 PICKADD 系统变量按钮或者是，当显示为时表示选择的对象不断地加入到选择集当中，"特性"选项板将显示它们共同的特性。如果显示为，表示选择的对象将替换前一对象，"特性"选项板将显示当前选择对象的特性。另外，还可以单击快速选择按钮，快速选择所需对象。

"特性"选项板上的按钮可以控制特性选项板的自动隐藏功能，单击按钮，会弹出一个快捷菜单，在其中可以控制是否显示"特性"选项板的说明区域。选项板上显示的信息栏可以折叠也可以展开，通过按钮来切换。

通过"特性"选项板更改特性的方式主要有以下几种。

- 输入新值。
- 单击右侧的向下箭头并从列表中选择一个值。
- 单击"拾取点"按钮，使用定点设备修改坐标值。
- 单击"快速计算"计算器按钮可计算新值，再粘贴到相应位置。

- 单击左或右箭头可增大或减小该值。
- 单击 "..." 按钮并在对话框中修改特性值。

通过以上几种方式可以更改 "特性" 选项板中的数据，从而达到编辑图形对象的目的。例如，对圆半径进行的调整，可以先选择图形对象，然后打开 "特性" 选项板，在半径文本框即可修改半径值，如图 4-30 所示。

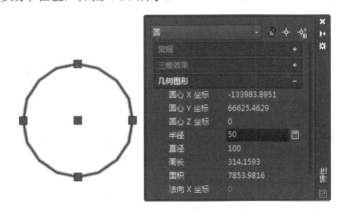

图 4-30　修改 "特性" 选项板中的数据

特性匹配工具也是常用工具之一。当需要将新绘制的图形的颜色、线型和图层、文字的样式、标注样式等特性与以前绘制的图形进行匹配，或者说更改成与某一图形的特性一致时，可以使用 "特性匹配" 命令(单击 "标准" 工具栏上的 "特性匹配" 按钮，或者在命令窗口输入 Matchprop)。选择源对象，然后选择要更改的对象，便完成了特性匹配的操作，命令提示如下。

```
命令:'_matchprop
选择源对象:
当前活动设置: 颜色 图层 线型 线型比例 线宽 厚度 打印样式 标注 文字 填充图案 多段线 视口 表
格材质 阴影显示 多重引线
选择目标对象或 [设置(S)]:
选择目标对象或 [设置(S)]:
```

4.2.2　复制对象特性

在 AutoCAD 中，可以将一个对象的某些或所有特性复制到其他对象上。可以复制的特性类型包括颜色、图层、线型、线型比例、线宽、厚度、打印样式、标注、文字、填充图案、视口、多段线、表格材质、阴影显示和多重引线等。

在快速访问工具栏中选择 "显示菜单栏" 命令，在菜单栏中选择 "修改" | "特性匹配" 命令，并选择要复制其特征的对象。此时，将提示如图 4-31 所示的信息。

默认情况下，所有可应用的特性都自动地从选定的第一个对象复制到目标对象。如果不希望复制特定的特性，可以输入 S，打开 "特性设置" 对话框，取消选择禁止复制的特性即可，如图 4-32 所示。

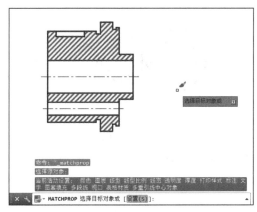

图 4-31　特性匹配命令行提示　　　　　　图 4-32　"特性设置"对话框

4.2.3　打开和关闭可见元素

当宽多段线、实体填充多边形(二维填充)、图案填充、渐变填充和文字以简化格式显示时，显示性能和创建测试打印的速度都将得到提高。

1. 打开或关闭填充

使用 FILL 变量可以打开或关闭宽线、宽多段线和实体填充，如图 4-33 所示。当关闭填充时，可以提高 AutoCAD 的显示处理速度。

打开填充模式 Fill=ON　　　　　　　　　打开填充模式 Fill=OFF

图 4-33　打开与关闭填充模式时的效果

当实体填充模式关闭时，填充不可打印。但是，改变填充模式的设置并不影响显示具有线宽的对象。当修改了实体填充模式后，在菜单栏中选择"视图" | "重生成"命令可以查看效果且新对象将自动反映新的设置。

2. 打开或关闭线宽显示

当在模型空间或图纸空间中工作时，为了提高 AutoCAD 的显示处理速度，可以关闭线宽显示。单击状态栏上的"线宽"按钮或使用"线宽设置"对话框，可以切换显示的开和关。线宽以实际尺寸打印，但在模型选项卡中与像素成比例显示，任何线宽的宽度如果超过了一个像素就有可能降低 AutoCAD 的显示处理速度。如果要使 AutoCAD 的显示性能最优，则在图形中工作时应该把线宽显示关闭。如图 4-34 所示为图形在线宽打开和关闭模式下的显示效果。

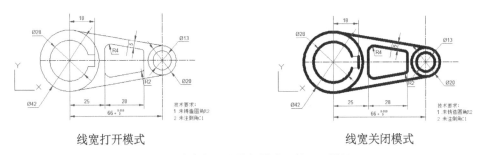

线宽打开模式   线宽关闭模式

图 4-34   线宽打开和关闭模式下的显示效果

3. 打开或关闭文字快速显示

在 AutoCAD 中，可以通过设置系统变量 QTEXT 打开"快速文字"模式或关闭文字的显示。快速文字模式打开时，只显示定义文字的框架，如图 4-35 所示。

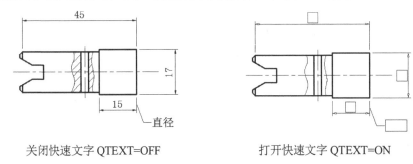

关闭快速文字 QTEXT=OFF   打开快速文字 QTEXT=ON

图 4-35   打开或关闭文字快速显示

与填充模式一样，关闭文字显示可以提高 AutoCAD 的显示处理速度。打印快速文字时，则只打印文字框而不打印文字。无论何时修改了快速文字模式，都可以在快速访问工具栏中选择"显示菜单"命令，在弹出的菜单中选择"视图"|"重生成"命令，查看现有文字上的改动效果，且新的文字自动反映新的设置。

4.2.4   控制重叠对象

通常情况下，重叠对象(如文字、宽多段线和实体填充多边形)按其创建的次序显示：新创建的对象在现有对象的前面。要改变对象的绘图次序，可以在快速访问工具栏中选择"显示菜单栏"命令，在弹出的菜单中选择"工具"|"绘图次序"命令中的子命令(DRAWORDER)，并选择需要改变次序的对象，此时命令窗口显示如下信息。

> 输入对象排序选项 [对象上(A) / 对象下(U) / 最前(F) / 最后(B)]<最后>:

该命令窗口提示下各选项的含义如下所示。

- "对象上"选项：将选定的对象移动到指定参照对象的上面。
- "对象下"选项：将选定的对象移动到指定参照对象的下面。
- "最前"选项：将选定对象移动到图形中对象顺序的顶部。
- "最后"选项：将选定对象移动到图形中对象顺序的底部。

更改多个对象的绘图顺序(显示顺序和打印顺序)时，将保持选定对象之间的相对绘图顺序不变。默认情况下，从现有对象创建新对象(例如，使用 FILLET 或 PEDIT 命令)时，将为新对象指定首先选定的原始对象的绘图顺序。默认情况下，编辑对象(例如，使用 MOVE 或 STRETCH 命令)时，该对象将显示在图形中所有其他对象的前面。完成编辑后，将重生成部分图形，以根据对象的正确绘图顺序显示对象。这可能会导致某些编辑操作耗时较长。

4.3　改变图形对象的特性

图形对象的特性主要包括线条的颜色、宽度以及线型等。使用不同的图形对象特性，在看图时，可以方便、清晰地了解各种图形对象特性代表的图形意义。

4.3.1　改变图形颜色

在 AutoCAD 中，软件提供了若干种颜色供用户选择使用，可以使绘制的图形更加美观。

1. 设置当前颜色

AutoCAD 系统默认当前颜色为 ByLayer，即随图层颜色改变当前颜色，可以为将绘制的图形对象设置线条的颜色。设置 AutoCAD 当前颜色的方法有以下几种。

- 选择"格式"|"颜色"命令。
- 在"默认"选项卡的"特性"面板中单击"对象颜色"图标右侧的下拉按钮，在打开的列表框中选择相应的颜色，如图 4-36 所示。
- 在命令窗口中执行 COLOR 或 COL 命令。

在"对象颜色"下拉列表框中选择"选择颜色"选项，将打开"选择颜色"对话框，如图 4-37 所示。在该对话框中选择相应的颜色，然后单击"确定"按钮，关闭"选择颜色"对话框，即可将选择的颜色设置为当前颜色。

图 4-36　颜色列表

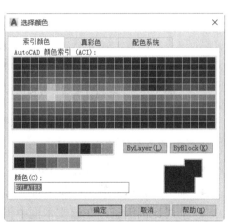

图 4-37　选择当前颜色

2. 更改线条颜色

在 AutoCAD 中设置当前颜色后，绘制的线条颜色将以当前颜色为基准，但不能更改在设置当前颜色之前的线条颜色。更改已经绘制的线条颜色的操作方法如下：先在绘图区中选择要更改颜色的线条。选择"默认"选项卡，在"特性"面板中单击"对象颜色"图标 右侧的下拉列表按钮，在打开的列表框中选中要更改的颜色选项即可。

4.3.2　改变图形线型

图形对象的线型一般用于表示不同的图形对象。例如，点画线一般用于表示作图辅助线，虚线表示不可见图形对象等。

1. 添加线型

在 AutoCAD 2018 中系统默认线型为 Continuous，即实线。在绘图过程中，一种线型往往不能满足绘图的需求，经常需要添加其余线型，如点画线、双点画线等。要添加线型，可以在"线型管理器"对话框中进行。在 AutoCAD 中打开"线型管理器"对话框的方法有以下几种。

- 选择"格式"|"线型"命令。
- 在"默认"选项卡的"特性"面板中单击"线型"图标右侧的下拉列表按钮，在打开的下拉列表中选择"其他"选项。
- 在命令窗口中执行 LINETYPE 或 LT 命令。

例如选择"格式"|"线型"命令，打开"线型管理器"对话框。然后在该对话框中单击"加载"按钮，如图 4-38 所示。在打开的"加载或重载线型"对话框中的"可用线型"列表框中选择线型，如图 4-39 所示。

图 4-38　"线型管理器"对话框　　　　图 4-39　"加载或重载线型"对话框

在"线型管理器"对话框中单击"显示细节"按钮，在对话框下方将显示"详细信息"栏，该栏中各个选项的含义如下。

- 名称：显示当前所选线型的名称，用户也可以自行修改名称。
- 说明：显示当前所选线型的说明信息。
- 全局比例因子：在该文本框中指定当前绘图区中所有对象线型的缩放比例。这等同于用户在命令窗口中执行 LTSCALE 命令。

- 当前对象缩放比例：更改当前线型在绘图区中的缩放比例。例如，若当前线型缩放比例为 2，全局线型比例为 5，则当前线型在绘图区中显示的比例为 10。因此，常默认当前对象缩放比例为 1，而只设置全局比例。
- 缩放时使用图纸空间单位：选中该复选框，表示按相同比例在图纸空间或模型空间中缩放线型。

2. 更改线条线型

在已经绘制了图形后，用户可以将线条的线型进行更改，具体方法如下：首先在绘图区中选择要更改线型的线条，在"特性"面板中单击"线型"图标右侧的下拉列表按钮，在打开的下拉列表框中选择要更改的线型即可。

3. 控制线型比例

可以通过更改全局比例因子和当前对象缩放比例来控制线型比例。在默认情况下，AutoCAD 使用全局和当前线型比例均为 1.0。全局比例因子显示用于所有线型。当前对象缩放比例设置新建对象的线型比例，最终的比例是全局比例因子与当前对象缩放比例的乘积。

选择"格式"|"线型"命令，打开"线型管理器"对话框。单击"显示细节"按钮可以展开对话框，如图 4-40 所示。在"全局比例因子"文本框中输入数值，更改全局的线型比例；在"当前对象缩放比例"文本框中输入新值，更改当前对象的线型比例，如图 4-41 所示。

图 4-40 单击"显示细节"按钮

图 4-41 更改线型比例

4.3.3 改变图形线宽

在改变图形对象的线宽时，无须像加载线型、设置颜色一样加载线宽特性。在"常用"选项卡的"特性"面板的"线宽"下拉列表框中，已经包含了线宽的所有选项，在其中选择相应的选项，即可改变图形对象的线宽。下面将通过一个简单的实例，介绍在 AutoCAD 中改变图形线宽的操作方法。

【练习 4-3】设置图形轮廓线的线宽。

(1) 打开如图 4-42 所示的图形文件，选择"工具"|"快速选择"命令，打开"快速选择"对话框。

(2) 在"对象类型"下拉列表中选择"所有图元"选项，在"特性"列表框中选中"图层"选项。在"运算符"下拉列表中选择"=等于"选项，在"值"下拉列表中选择"图案填充"选项，然后单击"确定"按钮，如图 4-43 所示。

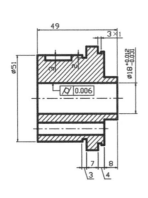

图 4-42　打开图形

图 4-43　"快速选择"对话框

(3) 此时选中图形中的填充线，如图 4-44 所示。

(4) 选择"格式"|"线宽"命令，打开"线宽设置"对话框。选择一种线宽选项，并在"列出单位"选项区域中选择所需要的单位。单击"确定"按钮更改线宽，如图 4-45 所示。

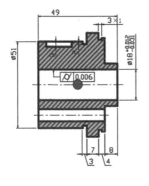

图 4-44　选中线条

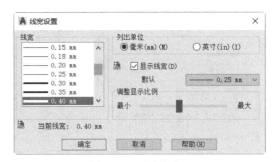

图 4-45　更改线宽

4.4　思考练习

1. 在 AutoCAD 2018 中，如何管理图层状态？

2. 在 AutoCAD 2018 中，如何控制重叠对象的显示？

3. 打开一幅 AutoCAD 图形，设置图层的颜色、线宽、线型。

第5章 绘制简单二维图形

在 AutoCAD 中，用户不仅可以绘制点、直线、圆、圆弧、多边形和圆环等基本二维图形，还可以绘制多段线、多线和样条曲线这样的高级图形对象。只有熟练掌握二维基本图形的绘制方法，才能够方便、快捷地绘制出其他各种复杂多变的图形。本章将主要介绍使用 AutoCAD 绘制简单二维图形的相关知识。

5.1 绘制点

点是组成图形的最基本元素，通常用于作为对象捕捉的参考点，如标记对象的节点、参考点和圆心点等。在 AutoCAD 中，点对象可用作捕捉和偏移对象的节点或参考点。掌握绘制点方法的关键在于灵活运用点样式，并根据需求制定各种类型的点。

5.1.1 绘制单点和多点

单点和多点是点常用的两种类型。所谓单点，是在绘图区一次仅绘制一个点，主要用来指定单个特殊点的位置，如指定中点、圆点和相切点等；而多点则是在绘图区连续绘制的多个点，且该方式主要是用第一点为参考点，然后依据该参考点绘制多个点。

1. 在任意位置绘制单点和多点

当需要绘制单点时，可以在命令窗口中输入 POINT 指令，并按下 Enter 键。然后在绘图区中单击，即可绘制出单个点，如图 5-1 所示。

图 5-1　绘制单点

当需要绘制多点时，可以直接在"绘图"组中单击"多点"按钮，然后在绘图区连续单击，即可绘制出多个点。发出 POINT 命令，命令窗口提示中将显示"当前点模式: PDMODE=0　PDSIZE=0.0000"，如图 5-2 所示。

然后在命令窗口的"指定点："提示下，使用鼠标指针在屏幕上拾取点 A、B、C 和 D 点，如图 5-3 所示。

图 5-2　命令窗口显示信息　　　　　图 5-3　拾取 4 个点

2. 在指定位置绘制单点和多点

由于点主要起到定位标记参照的作用，因此在绘制点时并非是任意确定点的位置，需要使用坐标确定点的位置。

- 鼠标输入法：这是绘图中最常用的输入法，即移动鼠标直接在绘图区的指定位置处单击，即可获得指定点效果。在 AutoCAD 中，坐标的显示是动态直角坐标。当移动鼠标时，十字光标和坐标值将连续更新，随时指示当前光标位置的坐标值。
- 键盘输入法：该输入法是通过键盘在命令窗口中输入参数值来确定位置的坐标，并且位置坐标一般有两种方式，即绝对坐标和相对坐标。
- 用给定距离的方式输入：该输入法是鼠标输入法和键盘输入法的结合。当提示输入一个点时，将鼠标移动至输入点附近(不要单击)用来确定方向，使用键盘直接输入一个相对前一点的距离参数值，按 Enter 键即可确定点的位置，如图 5-4 所示。

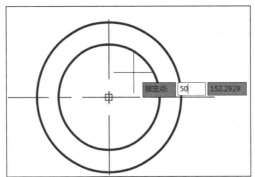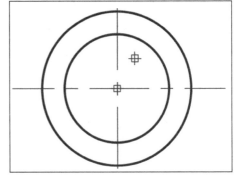

图 5-4　用给定距离的方式输入点

5.1.2　设置点样式

在 AutoCAD 中绘制点时，系统默认为一个小墨点，不便于用户观察。因此在绘制点之前，通常需要设置点样式，必要时自定义设置点的大小。

由于点的默认样式在图形中并不容易辨认，因此为了更好地用点标记等距或等数等分位置，用户可以根据系统提供的一系列点样式选取所需的点样式。在 AutoCAD "草图与注释"工作空间界面中，在"默认"选项板中单击"实用工具"组中的"点样式"按钮，可以在打开的"点样式"对话框中指定点的样式，如图 5-5 所示。

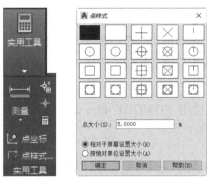

图 5-5　设置点样式

设置点样式还可以有以下两种调用方法。

● 选择"格式"|"点样式"命令。

● 在命令窗口中执行 DDPTYPE 命令。

【练习 5-1】在 AutoCAD 2018 中更改点的样式。

(1) 在 AutoCAD 2018 中打开一个含有多点的图形，如图 5-6 所示。

(2) 在弹出的菜单中选择"格式"|"点样式"命令，打开"点样式"对话框，选中一种点样式后，选中"相对于屏幕设置大小"单选按钮，并单击"确定"按钮，如图 5-7 所示。

图 5-6　打开图形

图 5-7　"点样式"对话框

(3) 此时，绘图区域中点样式的更改效果如图 5-8 所示。

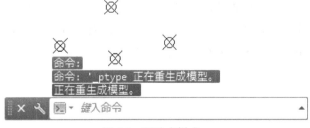

图 5-8　更改点样式

在"点样式"对话框中，各主要选项的含义如下。

● "点大小"文本框：用于设置点在绘图区域显示的比例大小。

- "相对于屏幕设置大小"单选按钮：选择该单选按钮后，可以相对于屏幕尺寸的百分比设置点的大小，比例值可大于、等于或小于 1。
- "按绝对单位设置大小"单选按钮：选择该单选按钮后，可以按实际单位设置点的大小。

除此之外，用户还可以使用 PDMODE 命令来修改点样式。点样式对应的 PDMODE 变量值如表 5-1 所示。

表 5-1 点样式与对应的 PDMODE 变量值

点 样 式	变 量 值	点 样 式	变 量 值
	0	⊡	64
	1	□	65
＋	2	⊞	66
✕	3	⊠	67
∣	4	⊓	68
⊙	32	⊡	96
◯	33	⊡	97
⊕	34	⊞	98
⊗	35	⊠	99
⊘	36	⊓	100

5.1.3 绘制等分点

等分点是在直线、圆弧、圆或椭圆以及样条曲线等几何图元上创建的等分位置点或插入的等间距图块。在 AutoCAD 中，用户可以使用等分点功能对指定对象执行等分间距操作，即从选定对象的一个端点划分出相等的长度，并使用点或块标记将各个固定长度间隔。

1. 绘制定数等分点

利用 AutoCAD 的"定数等分"工具可以将所选对象等分为指定数目的相当长度，并在对象上按指定数目等间距创建点或插入块。该操作并不将对象实际等分为单独的对象，它仅仅是标明定数等分的位置，以便将这些等分点作为几何参考点。

在"绘图"组中单击"定数等分"按钮，然后在绘图区中选取被等分的对象，并输入等分数目，即可将该对象按照指定数目等分，如图 5-9 所示。

图 5-9 定数等分直线效果

选取等分对象后，如果在命令窗口中输入字母 B，则可以将选取的块对象等间距插入到当前图形中，并且插入的块可以与原对象对齐或不对齐分布，如图 5-10 所示。

对齐插入块　　　　　　　　　不对齐插入块

图 5-10　定数等分插入图块效果

【练习 5-2】使用 AutoCAD 绘制定数等分点。

(1) 打开一个圆的图形，在快速访问工具栏中选择"显示菜单栏"命令，然后在显示的菜单栏中选择"格式"|"点样式"命令，如图 5-11 所示。

(2) 打开"点样式"对话框，选择第 1 行第 4 列的点样式，然后单击"确定"按钮，如图 5-12 所示。

图 5-11　选择"点样式"命令　　　图 5-12　"点样式"对话框

(3) 在"功能区"选项板中选择"默认"选项卡，在"绘图"组中单击"定数等分"按钮，发出 DIVIDE 命令，如图 5-13 所示。

(4) 在命令窗口的"选择要定数等分的对象："提示下，拾取圆形作为要等分的对象，如图 5-14 所示。

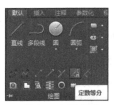
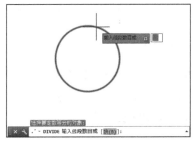

图 5-13　单击"定数等分"按钮　　　图 5-14　选择要定数等分的对象

(5) 在命令窗口的"输入线段数目或 [块(B)]："提示下，输入等分段数 9，然后按 Enter 键。等分结果如图 5-15 所示。

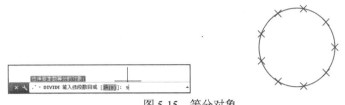

图 5-15　等分对象

2. 定距等分点

定距等分点是指在指定的图元上按照设置的间距放置点对象或插入块。一般情况下放置点或插入块的顺序是从起点开始的，并且起点随着选取对象的类型变化而变化。由于被选定对象不一定完全符合所有指定距离，因此等分对象的最后一段通常要比指定的间隔短。

在"绘图"组中单击"定距等分"按钮 ，然后在绘图区中选取被等分的对象，系统将显示"指定线段长度"的提示信息和文本框。此时，在文本框中输入等分间距的参数值，如输入 30，即可将该对象按照指定的距离等分，效果如图 5-16 所示。

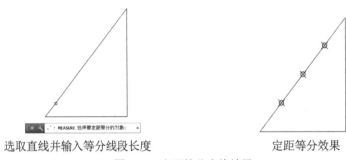

选取直线并输入等分线段长度　　　　　　　　　　　定距等分效果

图 5-16　定距等分直线效果

5.2　绘制线

在 AutoCAD 中，直线、射线和构造线都是最基本的线性对象。这些线性对象和指定点位置一样，都可以通过指定起始点和终止点来绘制，或在命令行中输入坐标值以确定起始点和终止点位置，从而获得相应的轮廓线。

5.2.1　绘制直线

在 AutoCAD 中，直线是指两点确定的一条直线段，而不是无限长的直线。构造直线段的两点可以是图元的圆心、端点(顶点)、中点和切点等类型。

AutoCAD 绘制的直线实际上是直线段，不同于几何学中的直线，在绘制时需要注意以下几点。

- 绘制单独对象时，在发出 LINE 命令后指定第 1 点，接着指定下一点，然后按 Enter 键。
- 绘制连续折线时，在发出 LINE 命令后指定第 1 点，然后连续指定多个点，最后按 Enter 键结束。

- 绘制封闭折线时，在最后一个"指定下一点或[闭合(C)/放弃(U)]："提示后面输入字母 C，然后按 Enter 键。
- 在绘制折线时，如果在"指定下一点或[闭合(C)/放弃(U)]："提示后输入字母 U，可以删除上一条直线。

根据生成直线的方式，直线主要分为以下几种类型。

1. 一般直线

一般直线是最常用的直线类型。在平面几何内，一般直线是指通过指定的起点和长度确定的直线类型。

在"绘图"组中单击"直线"按钮■，然后在绘图区指定直线的起点，并在命令窗口中设置直线的长度，按"回车"键即可，如图 5-17 所示。

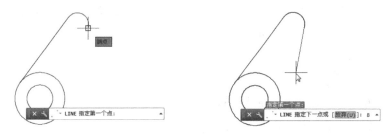

图 5-17　指定直线起点和长度绘制一条直线

2. 两点直线

两点直线是由绘图区中选取的两点确定的直线类型，其中所选两点决定了直线的长度和位置。所选点可以是图元的圆心、象限点、端点(顶点)、中点、切点和最近点等类型。

单击"直线"按钮■，在绘图区依次指定两点作为直线要通过的两个点，即可确定一条直线段，效果如图 5-18 所示。

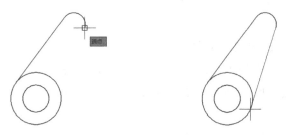

图 5-18　由两点绘制一条直线

3. 成角度直线

成角度直线是一种与 X 轴方向成一定角度的直线类型。如果设置的角度为正值，则直线绕起点逆时针方向倾斜；反之直线绕顺时针方向倾斜。

选择"直线"工具后，指定一点为起点，然后在命令窗口中输入"@长度<角度"，

并按下"回车"键结束该操作,即可绘制成角度直线。图 5-19 所示是绘制一条成 35 度倾斜角的直线。

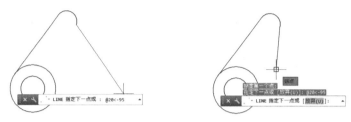

图 5-19　绘制成角度直线

5.2.2　绘制射线和构造线

射线和构造线都属于直线的范畴,上面介绍的直线从狭义上称为直线段。而射线和构造线这两种线则是指一端固定而另一端延伸或两端延伸的直线,可以放置在平面或三维空间的任何位置,主要用于绘制辅助线。

1. 射线

射线是一端固定而另一端无限延伸的直线,即只有起点没有终点或终点无穷远的直线。它主要用于绘制图形中投影所得线段的辅助引线,或绘制某些长度参数不确定的角度线等。

在"绘图"组中单击"射线"按钮▨,并在绘图区中分别指定起点和通过点,即可绘制一条射线,如图 5-20 所示。

图 5-20　绘制射线

2. 构造线

与射线相比,构造线是一条没有起点和终点的直线,即两端无限延伸的直线。该类直线可以作为绘制等分角、等分圆等图形的辅助线。

在"绘图"选项板中单击"构造线"按钮▨,命令窗口将显示"指定点或[水平(H)/垂直(V)/角度(A)/二等分(B)/偏移(Q)]:"的提示信息,其中各选项的含义如下。

- 水平:默认辅助线为水平直线,单击一次创建一条水平辅助线,直到用户右击或按下 Enter 键时结束。
- 垂直:默认辅助线为垂直直线,单击一次创建一条垂直辅助线,直到用户右击或按下 Enter 键时结束。
- 角度:创建一条用户指定角度的倾斜辅助线,单击一次创建一条指定角度的倾斜辅助线,直到用户右击或按下 Enter 键时结束。如图 5-21 所示。

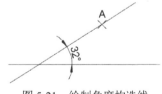

图 5-21　绘制角度构造线

- 二等分:创建一条通过用户指定角的定点并平分该角的辅助线。首先指定一个角的定点,再分别指定该角两条边上的点即可。

- 偏移：创建平行于另一个对象的辅助线，类似于偏移编辑命令。选择的另一个对象可以使一条辅助线、直线或复合线对象。

【练习 5-3】在零件图形中创建一个水平构造线和一个垂直构造线。

(1) 在 AutoCAD 2018 中打开素材图形后，在命令窗口中输入 XLINE 命令，按下 Enter 键确认，在命令窗口提示下输入 H，并再次按下 Enter 键。

(2) 捕捉绘图窗口中的圆心 A，单击鼠标绘制一个水平构造线，如图 5-22 所示。

(3) 按下 Esc 键退出构造线的绘制。按下 Enter 键，再次执行 XLINE 命令，在命令窗口提示下输入 V，按下 Enter 键确认，捕捉绘图窗口中的圆心 A，单击鼠标绘制垂直构造线，如图 5-23 所示。

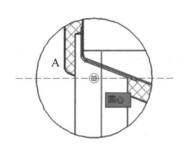

图 5-22　绘制水平构造线

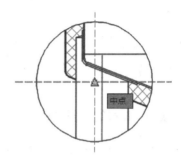

图 5-23　绘制垂直构造线

(4) 按下 Esc 键退出构造线的绘制，按下 Enter 键，再次执行 XLINE 命令，在命令窗口提示下输入 O，然后在命令提示中输入 T，如图 5-24 所示。

(5) 按下 Enter 键确认，捕捉图形中的水平构造线，然后按下 Enter 键。

(6) 捕捉图形中的 B 点，单击鼠标创建一个与水平构造线平行的构造线，如图 5-25 所示。

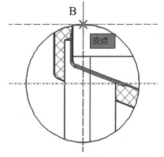

图 5-25　绘制构造线

图 5-24　执行命令

5.2.3　绘制多段线

多段线是由单个对象创建的相互连接的线段组合的图形。该组合线段作为一个整体，可以由直线段、圆弧段或两者的组合线段组成，并且可以是任意开放或封闭的图形。此外，为了区别多段线的显示，除了设置不同形状的图元及其长度外，还可以设置多段线中不同的线宽显示。根据多段线的组合显示样式，多线段主要包括以下 3 种类型。

1. 直线段多段线

直线段多段线全部由直线段组合而成，是比较简单的一种类型，一般用于创建封闭的线性面域。在"绘图"选项板中单击"多段线"按钮，然后依次在绘图区选取多段线的起点和其他通过的点即可。如果想要使多段线封闭，则可以在命令行中输入字母 C，并按 Enter 键确定，效果如图 5-26 所示。

图 5-26　绘制直线段多段线

注意：

需要注意的是，起点和多段线通过的点在一条直线上时，不能成为封闭多段线。

2. 直线和圆弧段组合多段线

直线和圆弧段组合多段线是由直线段和圆弧段这两种图元组成的开放或封闭的组合图形。它是最常用的一种类型，主要用于表达绘制圆角过渡的棱边，或具有圆弧曲面的 U 型槽等实体投影轮廓界限。

绘制该类多段线时，通常需要在命令窗口内不断切换圆弧和直线段的输入命令，效果如图 5-27 所示。

输入 A 切换至圆弧绘制状态　　　　　输入 L 切换至直线绘制状态

图 5-27　绘制直线和圆弧段组合多段线

3. 带宽度的多段线

带宽度的多段线是一种带宽度显示的多段线样式，与直线的线宽属性不同。此类多段线的线宽显示不受状态栏中"显示/隐藏线宽"工具的控制，而是根据绘图需要而设置的实际宽度。在选择"多段线"工具后，在命令窗口中主要有以下两种设置线宽显示的方式。

- 半宽：该方式是通过设置多段线的半宽值而创建的带宽度显示的多段线，其中显示的宽度为设置值的 2 倍，并且在同一图元上可以显示相同或不同的线宽。选择"多段线"工具后，在命令行中输入字母 H，然后可以通过设置起点和端点的半宽值创建带宽度的多段线，如图 5-28 所示。
- 宽度：该方式是通过设置多段线的实际宽度值而创建的带宽度显示的多段线，显示的宽度与设置的宽度值相等。与"半宽"方式相同，在同一图元的起点和端点位置可以显示相同或不同的线宽，其对应的命令为 W，如图 5-29 所示。

图 5-28　利用"半宽"方式绘制多段线　　　图 5-29　利用"宽度"方式绘制多段线

4. 编辑多段线

对于由多段线组成的封闭或开放图形，为了自由控制图形的形状，用户可以利用"编辑多段线"工具编辑多段线。

在"修改"选项板中单击"编辑多段线"按钮，然后选取需要编辑的多段线，将打开相应的快捷菜单。接下来，在打开的快捷菜单中选择相应的命令，编辑多段线即可，如图 5-30 所示。

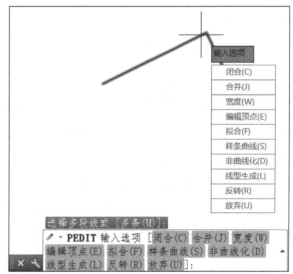

图 5-30　编辑多段线

在图 5-30 所示的快捷菜单中，主要编辑命令的功能如下。

- "闭合"：输入字母 C，可以封闭编辑的开放多段线，自动以最后一段的绘图模式(直线或圆弧)连接多段线的起点和终点。
- "合并"：输入字母 J，可以将直线段、圆弧或者多段线连接到指定的非闭合多段线上。若编辑的是多个多段线，需要设置合并多段线的允许距离；若编辑的是单个多段线，将连续选取首尾连接的直线、圆弧和多段线等对象，并将它们连成一条多段线。需要注意的是，合并多段线时，各相邻对象必须彼此首尾相连。
- "宽度"：输入字母 W，可以重新设置所编辑多段线的宽度。
- "编辑顶点"：输入字母 E，可以进行移动顶点、插入顶点以及拉直任意两个顶点之间的多段线等操作。选择该命令，将打开新的快捷菜单。例如，选择"编辑顶点"命令后指定起点，然后选择"拉直"选项，并选择"下一个"选项指定第二点，接下来选择"执行"选项即可，如图 5-31 所示。

指定编辑顶点   拉直效果

图 5-31　利用"编辑顶点"方式绘制多段线

- "拟合"：输入字母 F，可以采用圆弧曲线拟合多段线拐角，也就是创建连接每一对顶点的平滑圆弧曲线，将原来的直线转换为拟合曲线，效果如图 5-32 所示。

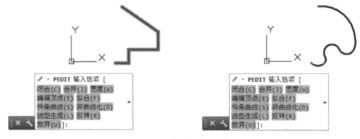

图 5-32　拟合多段线

- "样条曲线"：输入字母 S，可以用样条曲线拟合多段线，且拟合时以多段线的各个顶点作为样条曲线的控制点。
- "非曲线化"：输入字母 D，可以删除在执行"拟合"或"样条曲线"命令时插入的额外顶点，并拉直多段线中的所有线段，同时保留多段线顶点的所有切线信息。
- "线型生成"：输入字母 L，可以设置非连续线型多段线在各个顶点处的绘线方式。输入命令 ON，多段线以全长绘制线型；输入命令 OFF，多段线的各个线段独立绘制线型，当长度不足以表达线型时，以连续线代替。

5.2.4　绘制多线

多线是由多条平行线组成的一种复合型图形，主要用于绘制建筑图中的墙壁或电子图中的线路等平行线段。其中，平行线之间的间距和数目可以调整，并且平行线数量最多不可超过 16 条。

1. 设置多线样式

在绘制多线之前，通常先设置多线样式。通过设置多线样式，可以改变平行线的颜色、线型、数量、距离和多线封口的样式等显示属性。在命令窗口输入 MLSTYLE 指令，将打开如图 5-33 所示的"多线样式"对话框，该对话框中主要选项的功能如下。

- "样式"选项区域：该选项区域主要用于显示当前设置的所有多线样式。选择其中一种样式，并单击"置为当前"按钮，可将该样式设置为当前的使用样式。

- "说明"文本框：该文本框用于显示所选取样式的解释或其他相关说明与注释。
- "预览"列表框：该列表框用于显示选取样式的缩略预览效果。
- "新建"按钮：单击该按钮将打开"新建多线样式"对话框。输入一个新样式名，并单击"继续"按钮，即可在打开的"新建多线样式"对话框中设置新建的多线样式，如图 5-34 所示。
- "修改"按钮：单击该按钮，可以在打开的"修改多线样式"对话框中设置并修改所选取的多线样式。

"新建多线样式"对话框中的主要选项功能如下。

图 5-33　"多线样式"对话框

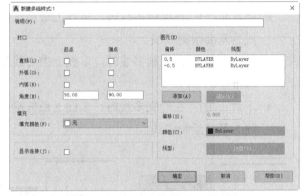

图 5-34　"新建多线样式"对话框

- "封口"选项区域：该选项区域主要用于控制多线起点和端点的样式。"直线"选项区域表示将多线的起点或端点以一条直线连接；"外弧"/"内弧"选项区域表示将起点或端点以外圆弧或内圆弧连接，并可以通过"角度"文本框设置圆弧包角。
- "填充"选项区域：该选项区域用于设置多线之间的填充颜色，可以通过"填充颜色"列表框选取或配置颜色。
- "图元"选项区域：该选项区域用于显示并设置多线的平行线数量、距离、颜色和线型等属性，单击"添加"按钮，可以向其中添加新的平行线；单击"删除"按钮，可以删除选取的平行线；"偏移"文本框用于设置平行线相对于中心线的偏移距离；"颜色"和"线型"选项区域用于设置多线显示的颜色和线型。

2. 绘制多线

设置多线样式后，绘制的多线将按照当前样式显示效果。绘制多线和绘制直线的方法基本相似，不同的是在指定多线的路径后，沿路径显示多条平行线。

在命令窗口中输入 MLINE 指令，并按下 Enter 键，然后根据提示选取多线的起点和终点，将绘制默认为 STANDARD 样式的多线，如图 5-35 所示。

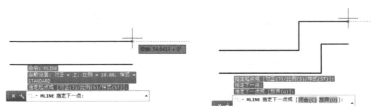

图 5-35　绘制多线

在绘制多线时，为了改变多线显示的效果，可以设置多线对正、多线比例等，以及使用默认的多线样式或指定一个创建的新样式。

(1) 对正(J)：用于设置基准对正的位置，对正方式包括上对正、无对正和下对正这 3 种，如图 5-36 所示。

- 上对正(T)：在绘制多线时，多线上最顶端的线随着光标移动，即是以多线的外侧线为基准绘制多线。
- 无对正(Z)：在绘制多线时，多线上中心线随着光标移动，即是以多线的中心线为基准绘制多线。
- 下对正(B)：在绘制多线时，多线上最低端的线随着光标移动，即是以多线的内侧线为基准绘制多线。

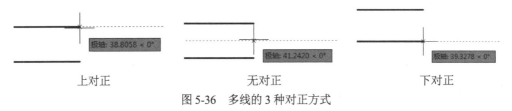

上对正　　　　　　　　　无对正　　　　　　　　　下对正

图 5-36　多线的 3 种对正方式

(2) 比例(S)：用于控制多线绘制的比例，相同的样式可以使用不同的比例绘制，即通过设置比例改变多线之间的距离大小，如图 5-37 所示。

图 5-37　设置多线比例

(3) 样式(ST)：用于输入采用的多线样式名，默认为 STANDARD。选择该选项后，可以按照命令窗口提示输入已定义的样式名。如果需要查看当前图形中有哪些多线样式，可以在命令窗口中输入问号(？)，系统将显示图中存在的多线样式。

注意：

设置多线对正时，输入字母 T 表示多线位于中心线上；输入字母 B 表示多线位于中心线之下。设置多线比例时，多线比例不影响线型比例。如果要修改多行比例，可能需要对线型比例作相应的修改，以防点画线的尺寸不正确。

3. 编辑多线

如果图形中有两条多线，则可以控制它们相交的方式。多线可以相交成十字形或 T 字形，并且十字形或 T 字形可以被闭合、打开或合并。使用"多线编辑"工具可以对多线对象执行闭合、结合、修剪和合并等操作，从而使绘制的多线符合预想的设计效果。

在命令窗口中输入 MLEDIT 指令，然后按下 Enter 键，将打开如图 5-38 所示的"多线编辑工具"对话框。

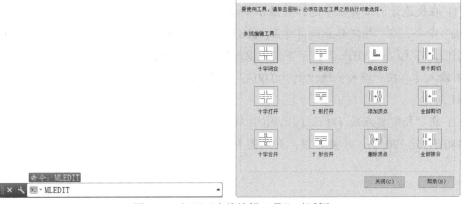

图 5-38　打开"多线编辑工具"对话框

在"多线编辑工具"对话框中，使用 3 种十字形工具、、可以消除各种相交线，如图 5-39 所示。当选择十字形中的某种工具后，还需要选取两条多线，AutoCAD 总是切断所选的第一条多线，并根据所选工具切断第二条多线。在使用"十字合并"工具时可以生成配对元素的直角，如果没有配对元素，则多线将不被切断。

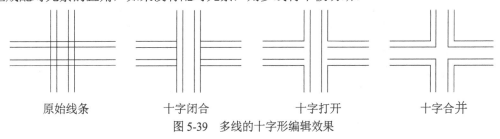

　　原始线条　　　　　　　十字闭合　　　　　　　十字打开　　　　　　　十字合并
图 5-39　多线的十字形编辑效果

使用 T 字形工具、、和角点结合工具也可以消除相交线，如图 5-40 所示。此外，角点结合工具还可以消除多线一侧的延伸线，从而形成直角。使用该工具时，需要选取两条多线，只需要在要保留的多线某部分上拾取点，AutoCAD 就会将多线剪裁或延伸到它们的相交点。

　　原始线条　　　　T 形闭合　　　　T 形打开　　　　T 形合并　　　　角点结合
图 5-40　多线的 T 形编辑效果

使用添加顶点工具 可以为多线增加若干顶点，使用删除顶点工具 可以从包含 3 个或更多顶点的多线上删除顶点，若当前选取的多线只有两个顶点，那么该工具将无效。

使用剪切工具 、 可以切断多线。其中，"单个剪切"工具 用于切断多线中的一条，只需要拾取要切断的多线某一元素上的两点，则这两点中的连线即被删除(实际上是不显示)；"全部剪切"工具 用于切断整条多线。

此外，使用"全部接合"工具 可以重新显示所选两点间的任何切断部分。

【练习 5-4】 使用 AutoCAD 绘制一个门。

(1) 在快速访问工具栏中选择"显示菜单栏"命令，在弹出的菜单栏中选择"绘图"| "多线"命令，在"指定起点或 [对正(J)/比例(S)/样式(ST)]："提示下输入 J，在"输入对正类型[上(T)/无(Z)/下(B)]："提示下输入 Z，在"指定起点或 [对正(J)/比例(S)/样式(ST)]："提示下输入 S，在"输入多线比例 <0.00>："提示下输入 4，将多线的比例设置为 4，如图 5-41 所示。

(2) 在"指定起点或 [对正(J)/比例(S)/样式(ST)]："提示下输入坐标(0,0)、(@170,0)、(@0,340)和(@-170,0)，并按 C 键，封闭图形，如图 5-42 所示。

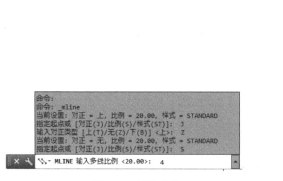

图 5-41　输入命令　　　　　　　　图 5-42　绘制门轮廓

(3) 在"功能区"选项板中选择"默认"选项板，在"绘图"面板中单击"矩形"按钮，以坐标(20,320)为矩形的第一个角点，绘制长和宽都为 130 的矩形，如图 5-43 所示。

(4) 选择"绘图"|"多线"命令，在"指定起点或 [对正(J)/比例(S)/样式(ST)]："提示下输入 J，在"输入对正类型[上(T)/无(Z)/下(B)]："提示下输入 Z，在"指定起点或 [对正(J)/比例(S)/样式(ST)]："提示下输入 S，在"输入多线比例 <0.00>："提示下输入 4，将多线的比例设置为 4。在"指定起点或 [对正(J)/比例(S)/样式(ST)]："提示下捕捉矩形中点，绘制矩形的两条中线，如图 5-44 所示。

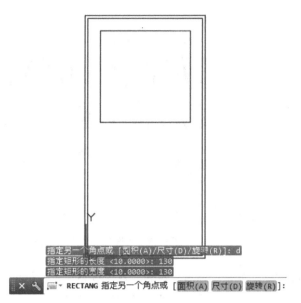

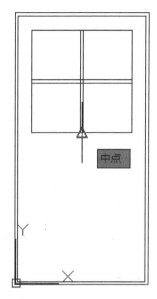

图 5-43　绘制矩形　　　　　　　　　　图 5-44　绘制矩形中线

(5) 选择"修改"｜"对象"｜"多线"命令，打开"多线编辑工具"对话框，单击该对话框中的"十字打开"按钮，对多线进行修剪，如图 5-45 所示。

(6) 选择"格式"｜"多线样式"命令，打开"多线样式"对话框，然后单击"新建"按钮，打开"创建新的多线样式"对话框，在"新样式名"文本框中输入 P，单击"继续"按钮，如图 5-46 所示。

图 5-45　单击"十字打开"按钮

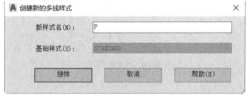

图 5-46　"创建新的多线样式"对话框

(7) 打开"新建多线样式：P"对话框，单击"添加"按钮，在"偏移"文本框中输入 0.25，在"颜色"下拉列表框中选择"选择颜色"命令，如图 5-47 所示。

(8) 打开"选择颜色"对话框，选择"索引颜色"选项卡，在最后一排灰度色块中选择第 6 个色块，单击"确定"按钮，如图 5-48 所示。

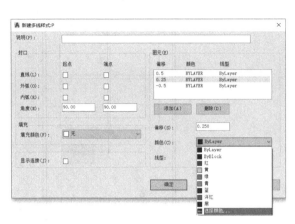

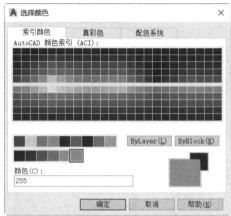

图 5-47　"新建多线样式：P"对话框　　　　　　图 5-48　"选择颜色"对话框

（9）返回"新建多线样式：P"对话框，单击"添加"按钮，在"偏移"文本框中输入-0.25，在"填充颜色"下拉列表框中选择"红"命令，并且选择"显示连接"复选框，如图 5-49 所示。

（10）单击"确定"按钮返回"多线样式"对话框，然后单击"确定"按钮关闭对话框，如图 5-50 所示。

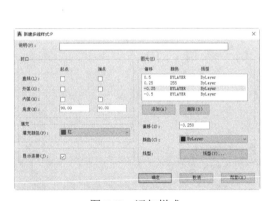

图 5-49　添加样式　　　　　　　　　　　　图 5-50　单击"确定"按钮

（11）选择"绘图"｜"多线"命令，在"指定起点或 [对正(J)/比例(S)/样式(ST)]："提示下输入 J，在"输入对正类型[上(T)/无(Z)/下(B)]："提示下输入 Z，在"指定起点或 [对正(J)/比例(S)/样式(ST)]："提示下输入 S，在"输入多线比例<0.00>："提示下输入 6，将多线的比例设置为 6，在"指定起点或 [对正(J)/比例(S)/样式(ST)]："提示下输入 ST，在"输入多线样式名或 [?]："提示下输入 P，在"指定起点或 [对正(J)/比例(S)/样式(ST)]："提示下分别输入坐标(20,20)、(20,160)、(@60,0)和(@0,-140)，并按 C 键，封闭图形，效果如图 5-51 所示。

(12) 使用同样的方法，绘制另一个矩形多线框，分别经过坐标(90,20)、(90,160)、(@60,0)和(@0,-140)，最终效果如图 5-52 所示。

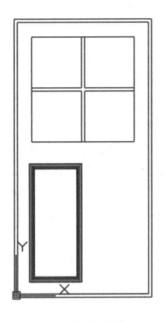
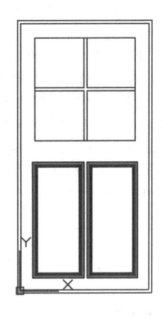

图 5-51　绘制多线框　　　　　　　　　　图 5-52　最终效果

5.3　绘制多边形

矩形和正多边形同属于多边形，图形中所有线段并不是孤立的，而是合成一个面域。这样在进行三维绘图时，不用执行面域操作，即可使用"拉伸"或"旋转"工具将该轮廓线转换为实体。

5.3.1　绘制矩形

在 AutoCAD 中，用户可以通过定义两个对角点、长度或宽度的方式来绘制矩形，同时可以设置其线宽、圆角和倒角等参数。在"绘图"选项板中单击"矩形"按钮 ，命令窗口将显示"指定第一个角点或[倒角(C)/标高(E)/圆角(F)/厚度(T)/宽度(W)]："的提示信息，其中各选项的含义如下。

- 指定第一个角点：在平面上指定一点后，指定矩形的另一个角点来绘制矩形，该方法是绘图过程中最常用的绘制方法。
- 倒角：绘制倒角矩形。在当前命令提示窗口中输入字母 C，按照系统提示输入第一个和第二个倒角距离，明确第一个角点和另一个角点，即可完成矩形绘制。其中，第一个倒角距离指的是沿 X 轴方向(长度方向)的距离，第二个倒角距离指的是沿 Y 轴方向(宽度方向)的距离。

- 标高：该命令一般用于三维绘图中，在当前命令提示窗口中输入字母 E，并输入矩形的标高，然后明确第一个角点和另一个角点即可。
- 圆角：绘制圆角矩形，在当前命令提示窗口中输入字母 F，然后输入圆角半径参数值，并明确第一个角点和另一个角点即可。
- 厚度：绘制具有厚度特征的矩形，在当前命令提示窗口中输入字母 T，然后输入厚度参数值，并明确第一个角点和另一个角点即可。
- 宽度：绘制具有宽度特征的矩形，在当前命令提示窗口中输入字母 W，然后输入宽度参数值，并明确第一个角点和另一个角点即可。

选择不同的选项可以获得不同的矩形效果，但都必须指定第一个角点和另一个角点，从而确定矩形的大小。如图 5-53 所示为直线多种操作获得的矩形效果。

指定角点   倒角   倒圆   厚度   宽度

图 5-53   矩形的各种样式

5.3.2   绘制正多边形

利用"正多边形"工具可以快速绘制 3~1024 条边的正多边形，其中包括等边三角形、正方形、正五边形和正六边形等。在"绘制"选项板中单击"多边形"按钮 ⬠，即可按照以下 3 种方法绘制正多边形。

1. 内接圆法

利用内接圆法绘制多边形时，是由多边形的中心到多边形的顶点间的距离相等的边组成，也就是整个多边形位于一个虚构的圆中。

单击"多边形"按钮，然后设置多边形的边数，并指定多边形中心。接着选择"内接于圆"选项(输入 I)，并设置内接圆的半径值，即可完成多边形的绘制，如图 5-54 所示。

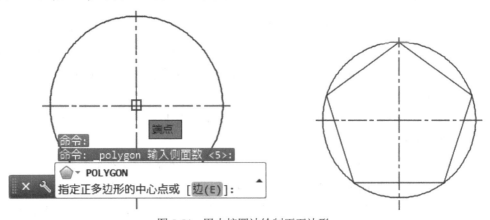

图 5-54   用内接圆法绘制正五边形

2. 外切圆法

利用外切圆法绘制正多边形时，所输入的半径值是多边形的中心点至多边形任意边的垂直距离。

单击"多边形"按钮，然后输入多边形的变数，并指定多边形的中心点，接下来选择"外切于圆"选项(输入 C)，设置外切圆的半径值即可，如图 5-55 所示。

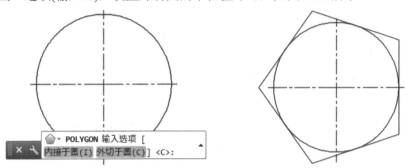

图 5-55   用外接圆法绘制正五边形

3. 边长法

设定正多边形的边长和一条边的两个端点，同样可以绘制出正多边形。该方法与上述介绍的方法类似，在设置完多边形的边数后输入字母 E，可以直接在绘图区指定两点或指定一点后输入边长值即可绘制出所需的多边形。图 5-56 所示为分别选取三角形一条边上的两个端点绘制以该边为边长的正五边形。

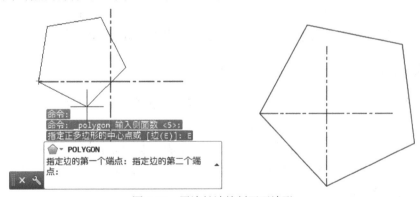

图 5-56   用边长法绘制正五边形

5.3.3   绘制区域覆盖

区域覆盖是在现有的对象上生成一个空白区域，用于覆盖指定区域或要在指定区域内添加注释。该区域与区域覆盖边框进行绑定，用户可以打开区域进行编辑，也可以关闭区域进行打印操作。

在"绘图"选项板中单击"区域覆盖"按钮，命令窗口将显示"指定第一点或[边框(F)/多段线(P)]<多段线>："的提示信息，其中各选项的含义及设置方法分别介绍如下。

● 边框：绘制一个封闭的多边形区域，并使用当前的背景色遮盖被覆盖的对象。在默认情况下，可以通过指定一系列控制点来定义区域覆盖的边界，并可以根据命令窗口的提示信息对区域覆盖进行编辑，确定是否显示区域覆盖对象的边界。若选择 "开(ON)" 选项则可以显示边界；若选择 "关(OFF)" 选项，则可以隐藏绘图窗口中所要覆盖区域的边界。这两种方式的对比效果如图 5-57 所示。

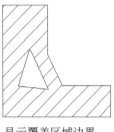
显示覆盖区域边界

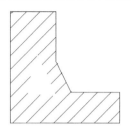
隐藏覆盖区域边界

图 5-57　边框的显示与隐藏效果

● 多段线：该方式是用原有的封闭多段线作为区域覆盖对象的边界。当选择一个封闭的多段线时，命令窗口将提示是否要删除原对象。输入 Y，系统将删除用于绘制区域覆盖的多段线；输入 N，则保留该多段线。

5.4　绘制圆和弧线

在实际绘图中，图形中不仅包含直线、多段线、矩形和多边形等线性对象，还包含圆、圆弧、椭圆以及椭圆弧等曲线对象，这些曲线对象同样是 AutoCAD 图形的主要组成部分。

5.4.1　绘制圆

圆是指平面上到定点的距离等于定长的所有点的集合。它是一个单独的曲线封闭图形，有恒定的曲率和半径。在二维草图中，圆主要用于表达孔、台体和柱体等模型的投影轮廓；在三维建模中，由圆创建的面域可以直接构建球体、圆柱体和圆台等实体模型。

在 AutoCAD 的 "绘图" 选项板中单击 "圆" 按钮下方的黑色三角，在其下拉列表中主要提供以下 5 种绘制圆的方法。

1. 圆心、半径(或直径)

"圆心、半径(或直径)" 方法指的是通过指定圆心，设置半径值(或直径值)而确定一个圆。单击 "圆心、半径" 按钮 ，在绘图区域指定圆心位置，并设置半径值即可确定一个圆，效果如图 5-58 所示。如果在命令窗口中输入字母 D，并按下 Enter 键确认，则可以通过设置直径值来确定一个圆。

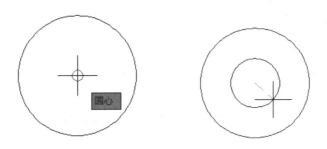

图 5-58　利用"圆心、半径"工具绘制圆

2. 两点

"两点"方式是通过指定圆上的两个点确定一个圆，其中两点之间的距离确定了圆的直径，两点直径之间的中点确定了圆的圆心。

单击"两点"按钮 🔵，然后在绘图区依次选取圆上的两个点 A 和 B，即可确定一个圆，如图 5-59 所示。

图 5-59　利用"两点"工具绘制圆

3. 三点

"三点"方式是通过指定圆周上的 3 个点而确定一个圆。其原理是在平面几何 3 点的首位连线可组成一个三角形，而一个三角形有且只有一个外接圆。

单击"三点"按钮 🔵，然后依次选取圆上的 3 个点即可，如图 5-60 所示。需要注意的是这 3 个点不能在同一条直线上。

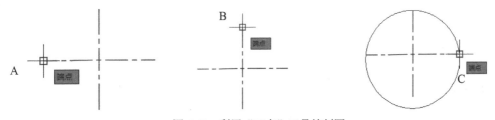

图 5-60　利用"三点"工具绘制圆

4. 相切，相切，半径

"相切，相切，半径"方式是通过指定圆的两个公切点和设置圆的半径值确定一个圆。单击"相切，相切，半径" 🔵 按钮，然后在相应的图元上指定公切点，并设置圆的半径值即可，效果如图 5-61 所示。

5. 相切，相切，相切

"相切，相切，相切"方式是通过指定圆的 3 个公切点来确定一个圆。该类型的圆是三点圆的一种特殊类型，即 3 段两两相交的直线或圆弧段确定的公切圆，主要用于确定正多边形的内切圆。

单击"相切，相切，相切"按钮，然后依次选取相应图元上的 3 个切点即可，效果如图 5-62 所示。

图 5-61 利用"相切，相切，半径"工具   图 5-62 利用"相切，相切，相切"工具

【练习 5-5】在 AutoCAD 中绘制如图 5-67 所示的图形。

(1) 新建一个文档，在快速访问工具栏中选择"显示菜单栏"命令，在弹出的菜单中选择"绘图" | "正多边形"命令，在命令窗口"输入边的数目<4>:"提示下，输入正多边形的边数 6，在"指定正多边形的中心点或[边(E)]:"提示下输入坐标(0,0)指定正六边形的中心点，在"输入选项[内接于圆(I)/ 外切于圆(C)]<I>:"提示下，按 Enter 键，选择默认选项 I，使用内接于圆的方式绘制正六边形，在命令窗口"指定圆的半径:"提示下输入圆的半径为 80，并按下 Enter 键，绘制正六边形，如图 5-63 所示。

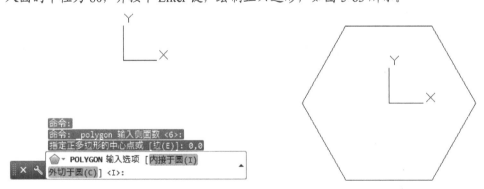

图 5-63 绘制正六边形

(2) 选择"绘图" | "圆" | "圆心、直径"命令，以点(0,0)为圆心，绘制直径为 80 的圆 a，如图 5-64 所示。

(3) 选择"绘图" | "圆" | "圆心、半径"命令，绘制同心圆 b，其半径为 100，如图 5-65 所示。

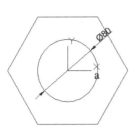

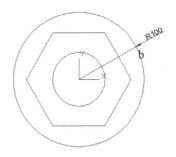

图 5-64　绘制圆 a　　　　　　　　　　图 5-65　绘制圆 b

(4) 选择"绘图"|"圆"|"两点"命令，绘制一个通过点 c 和点 d 的圆，如图 5-66 所示。

(5) 使用同样的方法绘制其他圆，效果如图 5-67 所示。

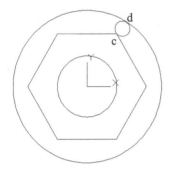

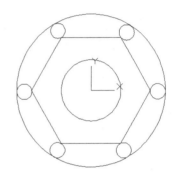

图 5-66　通过两点绘制圆　　　　　　　　图 5-67　图形效果

5.4.2　绘制圆弧

在 AutoCAD 中，圆弧既可以用于建立圆弧曲线和扇形，也可以用于放样图形。由于圆弧可以看作是圆的一部分，因此它会涉及起点和终点的问题。绘制圆弧的方法与绘制圆的方法类似，既要指定半径和起点，又要指出圆弧所跨的弧度大小。绘制圆弧，根据绘图顺序和已知图形要素条件的不同，主要可以分为以下 4 种类型。

1. 三点

"三点"方式是通过指定圆弧上的三点确定的一段圆弧。其中，第一点和第三点分别是圆弧上的起点和端点，并且第三点直接决定圆弧的形状和大小，第二点可以确定圆弧的位置。单击"三点"按钮█，然后在绘图区依次选取圆弧上的 3 点，即可绘制通过这 3 个点的圆弧，效果如图 5-68 所示。

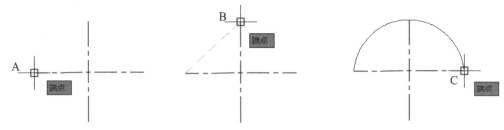

图 5-68 利用"三点"工具绘制圆弧

2. 起点和圆心

"起点和圆心"方式是通过指定圆弧的起点和圆心，再选取圆弧的端点，或设置圆弧的包含角或弦长而确定圆弧。该方式主要包括 3 个绘制工具，最常用的为"起点，圆心，端点"工具。

单击"起点，圆心，端点"按钮，然后依次指定 3 个点作为圆弧的起点、圆心和端点绘制圆弧，效果如图 5-69 所示。

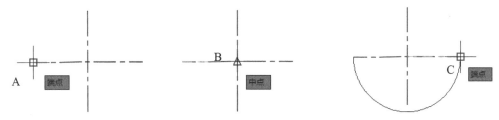

图 5-69 利用"起点，圆心，端点"工具绘制圆弧

如果单击"起点，圆点，角度"按钮，绘制圆弧时需要指定圆心角。当输入正角度值时，所绘圆弧从起始点绕圆心沿逆时针方向绘制；单击"起点，圆心，长度"按钮，绘制圆弧时所给定的弦长不得超过起点到圆心距离的两倍。另外，在设置弦长为负值时，则该值的绝对值将作为对应整圆的空缺部分圆弧的弦长。

3. 起点和端点

"起点和端点"方式是通过指定圆弧上的起点和端点，然后再设置圆弧的包含角、起点切向或圆弧半径，从而确定一段圆弧。该方式主要包括 3 个绘制工具，效果如图 5-70 所示。其中单击"起点，端点，方向"按钮，绘制圆弧时可以进行拖动，动态地确定圆弧在起点和端点之间形成一条橡皮筋线。该橡皮筋线即为圆弧在起始点处的切线。

图 5-70 利用"起点，端点，方向"工具绘制圆弧

4. 圆心和起点

"圆心和起点"方式是通过依次指定圆弧的圆心和起点，然后再选取圆弧上的端点，或者设置圆弧包含角或弦长确定一段圆弧。

"圆心和起点"方式同样包括 3 个绘图工具，与"起点和圆心"方式的区别在于绘图的顺序不同。如图 5-71 所示，单击"圆心，起点，端点"按钮，然后依次指定 3 个点分别作为圆弧的圆心、起点和端点，绘制圆弧。

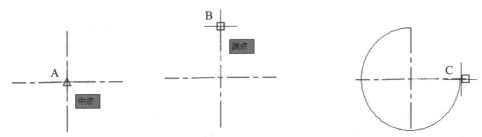

图 5-71　利用"圆心，起点，端点"工具绘制圆弧

5. 连续圆弧

"连续圆弧"方式是以最后依次绘制线段或圆弧过程中确定的最后一点作为新圆弧的起点，并以最后所绘制线段方向或圆弧终止点处的切线方向为新圆弧在起始处的切线方向。然后再指定另一个端点，从而确定的一段圆弧。

单击"连续"按钮，系统将自动选取最后一段圆弧。此时，仅需指定连续圆弧上的另一个端点即可，效果如图 5-72 所示。

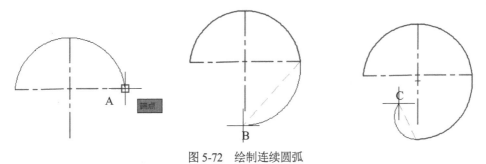

图 5-72　绘制连续圆弧

5.4.3　绘制椭圆

椭圆是指平面上到定点距离与到定点直线间距离之比为常数的所有点的集合。零件上圆孔特征在某一角度上的投影轮廓线、圆管零件上相贯线的近似画法等均以椭圆显示。

在"绘图"选项板中单击"椭圆"按钮右侧的黑色三角，系统将显示以下两种绘制椭圆的方式。

1. 指定圆心绘制椭圆

指定圆心绘制椭圆即通过指定椭圆圆心、主轴的半轴长度和副轴的半轴长度绘制椭圆。单击"圆心"按钮，然后指定椭圆的圆心，并依次指定两个轴的半轴长度，即可完成椭圆的绘制，效果如图 5-73 所示。

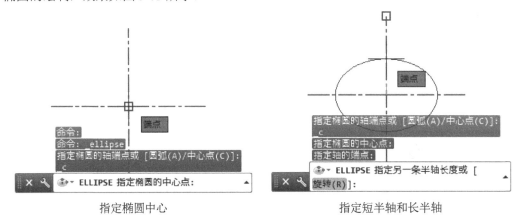

指定椭圆中心　　　　　　　　　　　　指定短半轴和长半轴

图 5-73　指定圆心绘制椭圆

2. 指定端点绘制椭圆

该方法是在 AutoCAD 中绘制椭圆的默认方法，只需要在绘图区中直接指定出椭圆的 3 个端点即可绘制出一个完成的椭圆。

单击"轴，端点"按钮，然后选取椭圆的两个端点，并指定另一个半轴的长度，即可绘制出完整的椭圆，效果如图 5-74 所示。

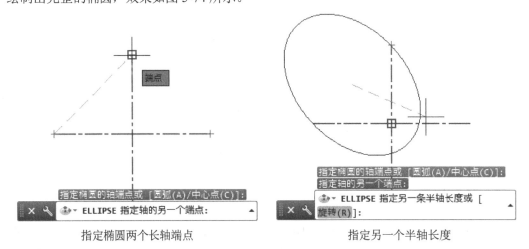

指定椭圆两个长轴端点　　　　　　　　　指定另一个半轴长度

图 5-74　指定端点绘制椭圆

5.4.4　绘制椭圆弧

椭圆弧顾名思义就是椭圆的部分弧线，只需要指定圆弧的起始角和终止角即可。此外，在指定椭圆弧终止角时，可以在命令窗口中输入数值，或直接在图形中指定位置点定义终止角。

　　单击"椭圆弧"按钮，命令窗口将显示"指定椭圆的轴端点或[中心点(C)]："的提示信息。此时便可以按以上两种绘制方法先绘制椭圆，然后再按照命令窗口提示的信息分别输入起始和终止角度，即可获得椭圆弧效果，如图 5-75 所示。

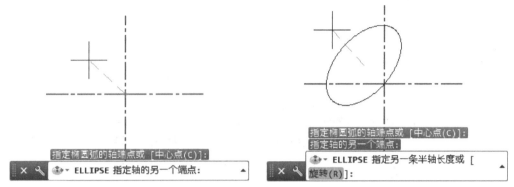

图 5-75　绘制椭圆弧

5.4.5　绘制圆环

　　圆环是由两个同心圆组成的图形。在绘制圆环时，应首先指定圆环的内径、外径，然后再指定圆环的中心点，即可完成圆环图形的绘制。绘制一个圆环后可以继续指定中心点的位置来绘制相同大小的多个圆环，直到按下 Esc 键退出绘制为止。

　　例如选择"绘图"|"圆环"命令，或输入 DONUT 命令，然后按下 Enter 键，输入 28，继续按下 Enter 键，输入 50，指定圆环的外径，命令行提示如图 5-76 所示。在绘图窗口中选择一个合适的位置单击，指定圆弧的中心点，如图 5-77 所示。最后，按下 Esc 键退出绘图，即可实现圆环的创建。

图 5-76　输入命令

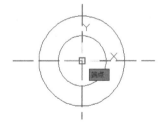

图 5-77　绘制圆环

5.4.6　绘制样条曲线

　　样条曲线是经过或接近一系列给定点的光滑曲线，可以控制曲线与点的拟合程度。在机械绘图中，该类曲线通常用于表示区分断面的部分，还可以在建筑图中表示地形、地貌等。它的形状是一条光滑的曲面，并且具有单一性，即整个样条曲线是一个单一的对象。

1. 绘制样条曲线

样条曲线与直线一样都是通过指定点获得的，不同的是样条曲线是弯曲的线条，并且线条是可以开放的，也可以是起点和端点重合的封闭样条曲线。

单击"样条曲线拟合"按钮▦，然后依次指定起点、中间点和终点，即可完成样条曲线的绘制，效果如图 5-78 所示。

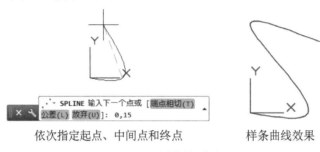

依次指定起点、中间点和终点   样条曲线效果

图 5-78　绘制样条曲线

【练习 5-6】在 AutoCAD 中绘制样条曲线。

(1) 在"功能区"选项板中选择"默认"选项卡，然后在"绘图"面板中单击"构造线"按钮，绘制一条水平构造线和一条垂直构造线，如图 5-79 所示。

(2) 在菜单栏中选择"绘图"|"样条曲线"|"拟合点"命令，指定两条构造线的交点为样条曲线的起点。

(3) 在"指定下一点或[闭合(C)/拟合公差(F)] <起点切向>："提示下，依次输入点的坐标(@7<-35)、(@5.5<45) 、(@10<110)、(@7<160)、(@10<205)、(@8<250)、(@14<280)、(@10<330)、(@20<10)、(@17<68)、(@20<115)、(@18<156)、(@22<203)、(@18<250)、(@27<288)、(@36<350)、(@40<58)、(@37<120)、(@38<180)、(@33<230)、(@35<275)、(@44<325)、(@7<340)、(@7<210)和(@4<180)。

(4) 在"指定下一点或[闭合(C)/拟合公差(F)] <起点切向>："提示下，按 Enter 键。

(5) 在"指定起点切向："提示下，输入 90，指定起点切向。

(6) 在"指定端点切向："提示下，输入 90，指定端点切向，效果如图 5-80 所示。

图 5-79　绘制构造线   图 5-80　绘制样条曲线

2. 编辑样条曲线

完成样条曲线的绘制，往往不能满足实际的使用要求。此时，可以利用样条曲线的编辑工具对其进行编辑，以得到符合要求的样条曲线。

在"修改"选项板中单击"编辑样条曲线"按钮，系统将提示选取样条曲线。此时，选取相应的样条曲线将显示命令窗口提示，如图 5-81 所示。

图 5-81 编辑样条曲线

图 5-81 所示提示中主要命令的功能及设置方法如下。

- 闭合：选择该命令后，系统自动将最后一点定义为与第一点相同，并且在连接处相切，以此使样条曲线闭合。
- 拟合数据：输入字母 F 可以编辑样条曲线所通过的某些控制点。选择该命令后，将打开拟合数据命令提示，并且样条曲线上各控制点的位置均会以夹点形式显示。
- 编辑顶点：该命令可以将所修改样条曲线的控制点进行细化，以达到更精确地对样条曲线进行编辑的目的。
- 转换为多段线：输入字母 P，并指定相应的精度值，即可将样条曲线转换为多段线。
- 反转：输入字母 R，可改变样条曲线为相反方向。

5.4.7 绘制修订云线

利用"修订云线"工具可以绘制类似于云彩的图形对象。在检查或用红线圈阅图形时，可以使用云线来亮显标记，以提高工作效率。

在"绘图"选项板中单击"修订云线"按钮，命令窗口将提示"指定起点或[弧长(A)/对象(O)/样式(S)]<对象>："的提示信息。各选项的含义及设置方法分别如下。

- 指定起点：从头开始绘制修订云线，即默认云线的参数设置。在绘图区指定一点为起始点，拖动将显示云线，当移至起点时自动与该点闭合，并退出云线操作，效果如图 5-82 所示。

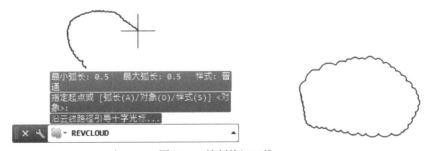

图 5-82 绘制修订云线

- 弧长：指定云线的最小弧长和最大弧长，默认情况下弧长的最小值为 0.5 个单位，最大值不能超过最小值的 3 倍。

● 对象：可以选择一个封闭图形，如矩形、多边形等，并将其转换为云线路径。此时如果选择 N，则圆弧方向向外；如果选择 Y 则圆弧方向向内，效果如图 5-83 所示。

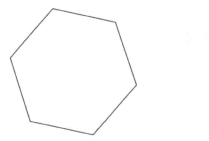

图 5-83 转换对象

● 样式：指定修订云线的方式，包括"普通"和"手绘"两种样式，如图 5-84 所示。

手绘   普通

图 5-84 设置修订云线样式

5.5 思考练习

1. 在 AutoCAD 2018 中，如何等分对象？

2. 如何设置点样式？

3. 练习绘制多段线和圆弧相结合的图形。

第6章 使用精确绘图工具

在 AutoCAD 中绘制图形时，如果对图形尺寸比例要求不太严格，用户可以大致输入图像的尺寸，用户鼠标在图形区域中直接拾取和输入。但是，有些图形对尺寸的要求比较严格，要求绘图者必须按给定的尺寸绘图。这时可以通过精确绘图工具来绘制图形，例如指定点的坐标，或者使用系统提供的对象捕捉、自动追踪等功能。本章将详细介绍使用 AutoCAD 精确绘图辅助工具的方法。

6.1 使用坐标系

在绘图过程中常常需要使用某个坐标系作为参照，拾取点的位置，以便精确定位某个对象。AutoCAD 提供的坐标系可以用来准确地设计并绘制图形。

6.1.1 世界坐标系与用户坐标系

在 AutoCAD 2018 中，坐标系分为世界坐标系(WCS)和用户坐标系(UCS)。在这两种坐标系下都可以通过坐标(x,y)来精确定位点。

在默认情况下，开始绘制新图形时，当前坐标系为世界坐标系，即 WCS。它包括 X 轴和 Y 轴(如果在三维空间中工作，还有一个 Z 轴)。WCS 坐标轴的交汇处显示"口"形标记，但坐标原点并不在坐标系的交汇点，而是位于图形窗口的左下角。所有的位移都是相对于原点计算的，并且将沿 X 轴正向及 Y 轴正向的位移规定为正方向，如图 6-1 所示。

在 AutoCAD 中，为了能够更好地辅助绘图，经常需要修改坐标系的原点和方向，这时世界坐标系将变为用户坐标系，即 UCS。UCS 的原点及其 X 轴、Y 轴、Z 轴的方向都可以移动及旋转，甚至可以依赖于图形中某个特定的对象。尽管用户坐标系中 3 个轴之间仍然互相垂直，但是在方向及位置上却都更灵活。另外，UCS 没有"口"形标记。

要设置 UCS，可在快速访问工具栏中选择"显示菜单栏"命令，在弹出的菜单栏中选择"工具"菜单中的"命名 UCS"和"新建 UCS"命令及其子命令；或在"功能区"选项板中选择"视图"选项卡，在 UCS 面板中单击"原点"按钮。例如，在快速访问工具栏中选择"显示菜单栏"命令，在弹出的菜单栏中选择"工具"|"新建 UCS"|"原点"命令，单击圆心。这时世界坐标系变为用户坐标系，并移动到圆心，圆心点也就成了新坐标系的原点，如图 6-2 所示。

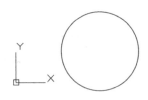   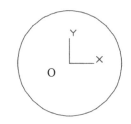

图 6-1   世界坐标系(WCS)的默认位置   图 6-2   用户坐标系(UCS)的位置

6.1.2   坐标表示方法

在 AutoCAD 2018 中，点的坐标可以使用绝对直角坐标、绝对极坐标、相对直角坐标和相对极坐标这 4 种方法表示，它们各自的特点如下。

- 绝对直角坐标：这是从点(0,0)或(0,0,0)出发的位移，可以使用分数、小数或科学记数等形式表示点的 X、Y、Z 坐标值。坐标间用逗号隔开，如点(8.3,5.8)和(3.0, 5.2,8.8)等。
- 绝对极坐标：这是从点(0,0)或(0,0,0)出发的位移，但给定的是距离和角度。其中，距离和角度用尖括号(<)分开，且规定 X 轴正向为 0°，Y 轴正向为 90°，如点 (4.27<60)、(34<30)等。
- 相对直角坐标和相对极坐标：相对坐标是指相对于某一点的 X 轴和 Y 轴位移，或距离和角度。它的表示方法是在绝对坐标表达式前加上@号，如(@-13,8)和 (@11<24)。其中，相对极坐标中的角度是新点和上一点连线与 X 轴的夹角。

6.1.3   控制坐标的显示

在绘图窗口中移动光标的十字指针时，状态栏上将动态地显示当前指针的坐标。在 AutoCAD 2018 中，坐标显示取决于所选择的模式和程序中运行的命令，共有以下 3 种模式。

- 模式 0，"关"：显示上一个拾取点的绝对坐标。此时，指针坐标将不能动态更新，只有在拾取一个新点时，显示才会更新。但是，从键盘输入一个新点坐标，不会改变该显示方式。
- 模式 1，"绝对"：显示光标的绝对坐标，该值是动态更新的。默认情况下，显示方式是打开的。
- 模式 2，"相对"：显示一个相对极坐标。当选择该方式时，如果当前处在拾取点状态，系统将显示光标所在位置相对于上一个点的距离和角度。当离开拾取点状态时，系统将恢复到模式 1。

在实际绘图过程中，可以根据需要随时按下 Ctrl +I 组合键或单击状态栏中的坐标显示区域，在这 3 种方式间切换，如图 6-3 所示。

125.9336, 29.1977, 0.0000   105.6943, 69.6254, 0.0000   342.3580<270, 0.0000

模式 0，关   模式 1，绝对   模式 2，相对

图 6-3   坐标的 3 种显示方式

注意：

当选择"模式 0"时，坐标显示呈现灰色，表示坐标显示是关闭的，但是上一个拾取点的坐标仍然是可读的。在一个空的命令提示符或一个不接收距离及角度输入的提示符下，只能在"模式 0"和"模式 1"之间切换。在一个接收距离及角度输入的提示符下，可以在所有模式间循环切换。

6.1.4　创建用户坐标系

在 AutoCAD 中，在快速访问工具栏中选择"显示菜单栏"命令，在弹出的菜单栏中选择"工具"|"新建 UCS"命令的子命令，如图 6-4 所示，或者选择"功能区"选项板中的"视图"选项卡，在 UCS 面板中单击相应的按钮，均可方便地创建 UCS，其意义分别如下。

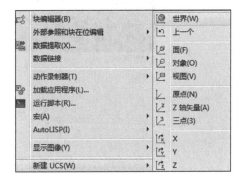

图 6-4　选择子命令

- "世界"命令：从当前的用户坐标系恢复到世界坐标系。WCS 是所有用户坐标系的基准，不能被重新定义。

- "上一个"命令：从当前的坐标系恢复到上一个坐标系统。

- "面"命令：将 UCS 与实体对象的选定面对齐。要选择一个面，可单击该面的边界内或面的边界，被选中的面将亮显，UCS 的 X 轴将与找到的第一个面上的最近的边对齐。

- "对象"命令：根据选取的对象快速简单地建立 UCS，使对象位于新的 XY 平面内。其中，X 轴和 Y 轴的方向取决于选择的对象类型。该选项不能用于三维实体、三维多段线、三维网格、视口、多线、面域、样条曲线、椭圆、射线、参照线、引线和多行文字等对象。对于非三维面的对象，新 UCS 的 XY 平面与绘制该对象时生效的 XY 平面平行，但 X 轴和 Y 轴可以作不同的旋转。

- "视图"命令：以垂直于观察方向(平行于屏幕)的平面为 XY 平面，建立新的坐标系，UCS 原点保持不变。常用于注释当前视图，使文字以平面方式显示。

- "原点"命令：通过移动当前 UCS 的原点，保持其 X 轴、Y 轴和 Z 轴方向不变，从而定义新的 UCS。可以在任意高度建立坐标系，如果没有给原点指定 Z 轴坐标值，将使用当前标高。

- "Z 轴矢量"命令：用特定的 Z 轴正半轴定义 UCS。需要选择两点，第一点作为新的坐标系原点，第二点决定 Z 轴的正向，XY 平面垂直于新的 Z 轴。

- "三点"命令：通过在三维空间的任意位置指定三点，确定新 UCS 原点及其 X 轴和 Y 轴的正方向，Z 轴由右手定则确定。其中第一点定义了坐标系原点，第二点定义了 X 轴的正方向，第三点定义了 Y 轴的正方向。

- X/Y/Z 命令：旋转当前的 UCS 轴来建立新的 UCS。在命令窗口提示信息中输入正或负的角度以旋转 UCS，用右手定则来确定绕该轴旋转的正方向。

6.1.5　选择和命名用户坐标系

在快速访问工具栏中选择"显示菜单栏"命令，在弹出的菜单栏中选择"工具"|"命名 UCS"命令，如图 6-5 所示。

图 6-5　命名 UCS

在 UCS 对话框中选择"命名 UCS"选项卡，如图 6-6 所示。在"当前 UCS"列表中选择"世界"、"上一个"、"未命名"等选项，然后单击"置为当前"按钮，可将其置为当前坐标系。这时在该 UCS 前面将显示 ▶ 标记。也可以单击"详细信息"按钮，在"UCS 详细信息"对话框中查看坐标系的详细信息，如图 6-7 所示。

图 6-6　UCS 对话框

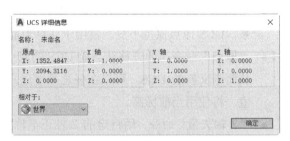

图 6-7　"UCS 详细信息"对话框

此外，在"当前 UCS"列表中的坐标系选项上右击，将弹出一个快捷菜单，在该快捷菜单中，可以执行重命名坐标系、删除坐标系或将坐标系置为当前坐标系等操作。

6.1.6　使用正交用户坐标系

在 UCS 对话框中选择"正交 UCS"选项卡，可以从"当前 UCS"列表中选择需要使用的正交 UCS 坐标系，如图 6-8 所示。单击"详细信息"按钮，在"UCS 详细信息"对话框中可以查看正交 UCS 坐标系的详细信息，如图 6-9 所示。

图 6-8　"正交 UCS"选项卡

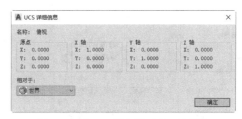

图 6-9　"UCS 详细信息"对话框

6.1.7　设置 UCS 选项

在 AutoCAD 2018 中，在快速访问工具栏中选择"显示菜单栏"命令，在弹出的菜单栏中选择"视图"|"显示"|"UCS 图标"子菜单中的命令，可以控制坐标系图标的可见性和显示方式。

- "开"命令：选择该命令可以在当前视口中打开 UCS 图标显示；取消该命令则可在当前视口中关闭 UCS 图标显示，如图 6-10 所示。

关闭 UCS 图标显示　　　　　　　　　　开启 UCS 图标显示

图 6-10　关闭与开启 UCS 图标显示

- "原点"命令：选择该命令可以在当前坐标系的原点处显示 UCS 图标；取消该命令则可以在视口的左下角显示 UCS 图标，而不考虑当前坐标系的原点，如图 6-11 所示。

使用"原点"命令　　　　　　　　　　未使用"原点"命令

图 6-11　在当前坐标系的原点处显示 UCS 图标

- "特性"命令：选择该命令可打开"UCS 图标"对话框，可以设置 UCS 图标的样式、大小、颜色及布局选项卡中的图标颜色，如图 6-12 所示。

此外，在 AutoCAD 中，还可以使用 UCS 对话框中的"设置"选项卡对 UCS 图标或 UCS 进行设置，如图 6-13 所示。

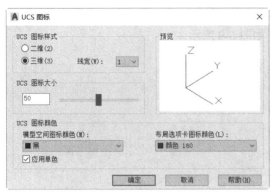

图 6-12   "UCS 图标"对话框   图 6-13   "设置"选项卡

6.1.8　绝对和相对坐标

世界坐标系和用户坐标系都可以分为绝对坐标和相对坐标，下面分别讲解。

1. 绝对坐标

绝对坐标以原点(0,0)或(0,0,0)为基点定位所有的点。AutoCAD 默认的坐标原点位于绘图窗口左下角。在绝对坐标系中，Z 轴、Y 轴和 Z 轴在原点(0,0,0)处相交。绘图窗口中的任意一点都可以使用(X,Y,Z)来表示，也可以通过输入 X、Y、Z 坐标值(中间用逗号隔开)来定义点的位置。用户可使用分数、小数或科学计算法等形式表示点的 X、Y、Z 坐标值，如图 6-14 中所示点 A 的坐标 (20,30,50)表示 X 方向与原点距离为 20，Y 方向与原点距离为 30，Z 方向与原点距离为 50(在平面中 Z 方向距离表现不出来)。

2. 相对坐标

相对坐标是一点相对于另一特定点(如图 6-15 中所示的 A 点与 B 点)的位置。用户可以使用(@x,y,z)的形式输入相对坐标。一般情况下，绘图中常常把上一操作点看作是特定点，后续绘图操作都是相对于上一操作点而进行的。如果上一操作点的坐标是(20,30,50)，通过键盘输入下一点的相对坐标(@40,10,50)，则等于确定了该点的绝对坐标为(60,40,100)。

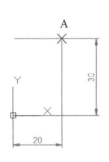

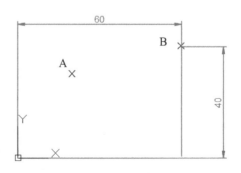

图 6-14   绝对坐标   图 6-15   相对坐标

3. 绝对极坐标

绝对坐标和相对坐标实际上都是二维线性坐标，一个点在二维平面上都可以用(x,y)来表示其位置。极坐标则是通过相对于极点的距离和角度来进行定位的。在默认情况下，AutoCAD 以逆时针方向来测量角度。水平向右为 0°（或 360°），垂直向上为 90°，水平向左为 180°，垂直向下为 270°。当前用户也可以自行设置角度方向，

绝对极坐标是以原点作为极点。用户可以输入一个长度距离，后面跟一个"<"符号，再加上一个角度，即表示绝对极坐标。绝对极坐标规定 X 轴正方向为 0°，Y 轴正方向为 90°。例如，点 A(40<30)表示点与原点的距离为 40，与 X 轴正方向的角度为 30°(这里的度数使用十进制度数表示法)。点 B(-40<-30)表示点与原点的距离为 40，点与原点的连线与 X 轴正方向成 30°角。这里距离值也为负值(这里用户应特别注意)，如图 6-16 所示。

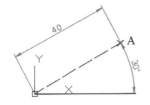 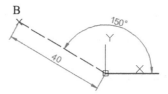

图 6-16　绝对极坐标

4. 相对极坐标

相对极坐标以相对于某一特定点的极径和偏移角度来表示。相对极坐标是以上一操作点作为极点，而不是以原点作为极点，这也是与绝对极坐标之间的区别。

用户可以使用((@1<a)的形式来表示相对极坐标。其中，@表示相对，1 表示极径，a 表示角度。例如，使用点 C(@30<45)，表示点 C 相对于上一操作点 A 的极径为 30、角度为 45°，如图 6-17 所示。

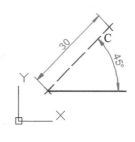

图 6-17　相对极坐标

6.2　使用动态输入

在 AutoCAD 2018 中，使用动态输入功能可以在指针位置显示标注输入和命令提示等信息，极大地方便了绘图。

6.2.1　启用指针输入

选择"工具"|"绘图设置"命令，打开"草图设置"对话框，在"草图设置"对话框

的"动态输入"选项卡中,选中"启用指针输入"复选框可以启用指针输入功能,如图 6-18 所示。用户可以在"动态输入"选项卡中的"指针输入"选项区域中单击"设置"按钮,然后使用打开的"指针输入设置"对话框设置指针的格式和可见性,如图 6-19 所示。

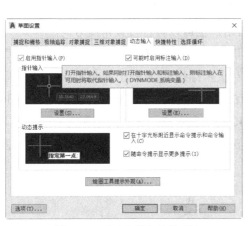

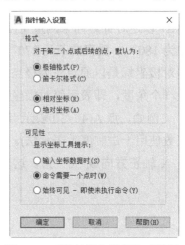

图 6-18　"动态输入"选项卡　　　　　图 6-19　"指针输入设置"对话框

6.2.2　启用标注输入

在"草图设置"对话框的"动态输入"选项卡中,选中"可能时启用标注输入"复选框可以启用标注输入功能。在"标注输入"选项区域中单击"设置"按钮,使用打开的"标注输入的设置"对话框可以设置标注的可见性,如图 6-20 所示。

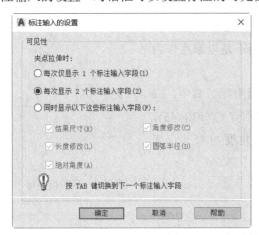

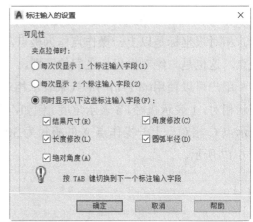

图 6-20　"标注输入的设置"对话框

6.2.3　显示动态提示

在"草图设置"对话框的"动态输入"选项卡中,选中"动态提示"选项区域中的"在十字光标附近显示命令提示和命令输入"复选框,可以在光标附近显示命令提示。单击"绘图工具提示外观"按钮,打开"工具提示外观"对话框,在该对话框中可以设置工具提示外观的颜色、大小和透明度等参数,如图 6-21 所示。

图 6-21　打开"工具提示外观"对话框

6.3　使用栅格、捕捉和正交

在绘制图形时，尽管可以通过移动光标来指定点的位置，但却很难精确指定点的某一位置。因此，要精确定位点，必须使用坐标或捕捉功能。本节将详细介绍使用 AutoCAD 提供的栅格、捕捉和正交功能精确定位点的方法。

6.3.1　启用和关闭捕捉和栅格功能

在 AutoCAD 2018 中，用户可以参考下面介绍的方法，在正在绘制的图形中打开或关闭栅格和捕捉功能。

打开或关闭"捕捉"和"栅格"功能有以下几种方法。

- 在 AutoCAD 程序窗口的状态栏中，单击"捕捉"和"栅格"按钮。
- 按 F7 键打开或关闭栅格，按 F9 键打开或关闭捕捉。
- 在快速访问工具栏中选择"显示菜单栏"命令，在弹出的菜单中选择"工具"|"绘图设置"命令，打开"草图设置"对话框，如图 6-22 所示。在"捕捉和栅格"选项卡中选中或取消选中"启用捕捉"和"启用栅格"复选框。

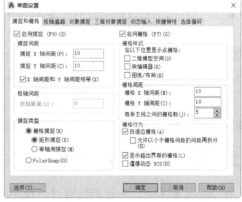

图 6-22　打开"草图设置"对话框

6.3.2　设置捕捉和栅格参数

利用"草图设置"对话框中的"捕捉和栅格"选项卡，可以设置捕捉和栅格的相关参数。主要选项的功能如下。

- "启用捕捉"复选框：用于设置打开或关闭捕捉方式。选中该复选框，可以启用捕捉功能。
- "捕捉间距"选项区域：用于设置捕捉间距、捕捉角度和捕捉基点坐标。
- "启用栅格"复选框：用于设置打开或关闭栅格的显示。选中该复选框，可以启用栅格功能。
- "栅格间距"选项区域：用于设置栅格间距。如果栅格的 X 轴和 Y 轴间距值为 0，则栅格采用捕捉 X 轴和 Y 轴间距的值。
- "栅格捕捉"单选按钮：选中该单选按钮，可以设置捕捉样式为栅格。当选中"矩形捕捉"单选按钮时，可将捕捉样式设置为标准矩形捕捉模式，光标可以捕捉一个矩形栅格；当选中"等轴测捕捉"单选按钮时，可将捕捉样式设置为等轴测捕捉模式，光标将捕捉到一个等轴测栅格，如图 6-23 所示。
- PolarSnap 单选按钮：选中该单选按钮，可以设置捕捉样式为极轴追踪。此时，在启用了极轴追踪或对象捕捉情况下指定点，光标将沿极轴角或对象捕捉追踪角度进行捕捉，这些角度是相对最后指定的点或最后获取的对象捕捉点计算的，并且在对话框左侧的"极轴间距"选项中的"极轴距离"文本框中可以设置极轴捕捉间距，如图 6-24 所示。

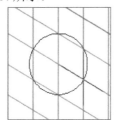
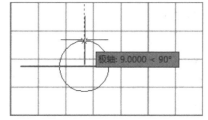

图 6-23　捕捉等轴测栅格　　　　　图 6-24　极轴捕捉间距

- "自适应栅格"复选框，用于限制缩放时栅格的密度。
- "允许以小于栅格间距的间距再拆分"复选框：用于是否能够以小于栅格间距的间距来拆分栅格。
- "显示超出界限的栅格"复选框：用于确定是否显示图限之外的栅格。
- "遵循动态 UCS"复选框：遵循动态 UCS 的 XY 平面而改变栅格平面。

使用捕捉和栅格功能绘制图形时，是以通过数栅格点的方式来确定图形线条的长度，在绘制图形之前，应首先设置好捕捉间距与栅格间距。

6.3.3　使用 GRID 和 SNAP 命令

在 AutoCAD 中，不仅可以通过"草图设置"对话框设置栅格和捕捉参数，还可以通过 GRID 与 SNAP 命令来设置。

1. 使用 GRID 命令

执行 GRID 命令时，其命令行显示如图 6-25 所示的提示信息。

图 6-25　执行 GRID 命令

默认情况下，需要设置栅格间距值。该间距不能设置得太小，否则将导致图形模糊及屏幕重画太慢，甚至无法显示栅格。该命令提示中其他选项的功能如下。

- "开(ON)" / "关(OFF)"选项：打开或关闭当前栅格。
- "捕捉(S)"选项：将栅格间距设置为由 SNAP 命令指定的捕捉间距。
- "主(M)"选项：设置每个主栅格线的栅格分块数。
- "自适应(D)"选项：设置是否允许以小于栅格间距的间距拆分栅格。
- "界限(L)"选项：设置是否显示超出界限的栅格。
- "跟随(F)"选项：设置是否跟随动态 UCS 的 XY 平面而改变栅格平面。
- "纵横向间距(A)"选项：设置栅格的 X 轴和 Y 轴间距值。

2. 使用 SNAP 命令

执行 SNAP 命令时，其命令窗口显示如下提示信息，如图 6-26 所示。

指定捕捉间距或 [开(ON)/关(OFF)/纵横向间距(A)/传统(L)/样式(S)/类型(T)] <10.0000>:

默认情况下，需要指定捕捉间距，并选择"开(ON)"选项，以当前栅格的分辨率、旋转角和样式激活捕捉模式；选择"关(OFF)"选项，关闭捕捉模式，但保留当前设置。此外，该命令提示中其他选项的功能如下。

- "纵横向间距(A)"选项：在 X 和 Y 方向上指定不同的间距。如果当前捕捉模式为等轴测，则不能使用该选项。
- "样式(S)"选项：设置"捕捉"栅格的样式为"标准"或"等轴测"。"标准"样式显示与当前 UCS 的 XY 平面平行的矩形栅格，X 间距与 Y 间距可能不同；"等轴测"样式显示等轴测栅格，栅格点初始化为 30°和 150°角。等轴测捕捉可以旋转，但不能有不同的纵横向间距值。等轴测包括上等轴测平面(30°和 150°角)、左等轴测平面(90°和 150°角)和右等轴测平面(30°和 90°角)。

图 6-26　命令窗口提示　　　　　　　　　图 6-27　正交模式

- "类型(T)"选项：指定捕捉类型为极轴或栅格。

6.3.4　使用正交模式

使用 ORTHO 命令，可以打开正交模式，用于控制是否以正交方式绘图。在正交模式下，可以方便地绘制出与当前 X 轴或 Y 轴平行的线段。打开或关闭正交方式有以下两种方法。

- 在 AutoCAD 程序窗口的状态栏中单击"正交"按钮。
- 按 F8 键打开或关闭。

打开正交功能后，输入的第 1 点是任意的，但移动光标准备指定第 2 点时，引出的引导线已不再是这两点之间的连线，而是起点到光标十字线的垂直线中较长的那段线，此时单击，引导线就会变成所绘的直线，如图 6-27 所示。

6.4　使用对象捕捉

在绘图过程中，经常要指定一些已有对象上的点，如端点、圆心和两个对象的交点等。如果只凭观察来拾取，不可能非常准确地找到这些点。为此，AutoCAD 2018 提供了对象捕捉功能，可以迅速、准确地捕捉到某些特殊点，从而精确地绘制图形。

6.4.1　打开对象捕捉模式

在 AutoCAD 中，用户可以通过"对象捕捉"工具栏和"草图设置"对话框等方式来设置对象捕捉模式。

1. 使用"对象捕捉"工具栏

在绘图过程中，当要求指定点时可以在快速访问工具栏中选择"显示菜单栏"命令。在弹出的菜单栏中选择"工具"|"工具栏"|AutoCAD|"对象捕捉"命令，显示"对象捕捉"工具栏，如图 6-28 所示。单击"对象捕捉"工具栏中相应的特征点按钮，再把光标移到要捕捉对象上的特征点附近，即可捕捉到相应的对象特征点。

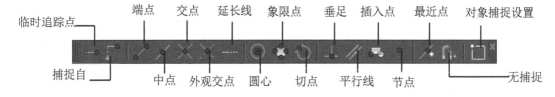

图 6-28　"对象捕捉"工具栏

"对象捕捉"工具栏中各种捕捉模式的功能说明如下。

- 临时追踪点：创建对象捕捉所使用的临时点。
- 捕捉自：从临时参照点偏移。
- 捕捉到端点：捕捉到线段或圆弧的最近端点。
- 捕捉到中点：捕捉到线段或圆弧等对象的中点。
- 捕捉到交点：捕捉到线段、圆弧或圆等对象之间的交点。

- 捕捉到外观交点：捕捉到两个对象的外观的交点。
- 捕捉到延长线：捕捉到直线或圆弧的延长线上的点。
- 捕捉到圆心：捕捉到圆或圆弧的圆心。
- 捕捉到象限点：捕捉到圆或圆弧的象限点。
- 捕捉到切点：捕捉到圆或圆弧的切点。
- 捕捉到垂足：捕捉到垂直于线、圆或圆弧上的点。
- 捕捉到平行线：捕捉到与指定线平行的线上的点。
- 捕捉到插入点：捕捉块、图形、文字或熟悉的插入点。
- 捕捉到节点：捕捉到节点对象。
- 捕捉到最近点：捕捉离拾取点最近的线段、圆、圆弧或点等对象上的点。
- 无捕捉：关闭对象捕捉模式。
- 对象捕捉设置：设置自动捕捉模式。

2. 使用自动捕捉功能

在绘图过程中，使用对象捕捉的频率非常高。为此，AutoCAD 提供了一种自动对象捕捉模式。

自动捕捉就是当把光标放在一个对象上时，系统自动捕捉到对象上所有符合条件的几何特征点，并显示相应的标记。如果把光标放在捕捉点上多停留一会，系统还会显示捕捉的提示。这样，在选择点之前，就可以预览和确认捕捉点。

要打开对象捕捉模式，可以选择"工具"|"绘图设置"命令，打开"草图设置"对话框。在"对象捕捉"选项卡中，选中"启用对象捕捉"复选框。然后在"对象捕捉模式"选项区域中选中相应复选框。单击"确定"按钮启用自动捕捉功能。当用户在 AutoCAD 中需要捕捉设定的对象时，鼠标将自动指向具体的目标，并显示特征点的名称，如图 6-29 所示。

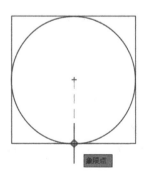

图 6-29　在"草图设置"对话框中设置对象捕捉模式

3. 对象捕捉快捷菜单

当要求指定点时，可以按下 Shift 键或者 Ctrl 键，右击打开对象捕捉快捷菜单，如图 6-30 所示。选择需要的子命令，再把光标移到要捕捉对象的特征点附近，即可捕捉到相应的对象特征点。

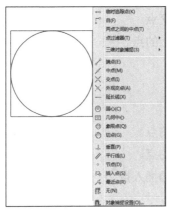 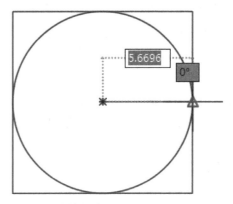

图 6-30　使用对象捕捉快捷菜单

注意:

在对象捕捉快捷菜单中,"点过滤器"子命令中的各命令用于捕捉满足指定坐标条件的点。除此之外的其他各项都与"对象捕捉"工具栏中的各种捕捉模式相对应。

6.4.2　运行和覆盖捕捉模式

在 AutoCAD 中,对象捕捉模式又可分为运行捕捉模式和覆盖捕捉模式。

- 在"草图设置"对话框的"对象捕捉"选项卡中,设置的对象捕捉模式始终处于运行状态,直到关闭为止,称为运行捕捉模式。
- 如果在点的命令窗口提示下输入关键词(如 MID、CEN、QUA 等),单击"对象捕捉"工具栏中的工具或在对象捕捉快捷菜单中选择相应命令,只临时打开捕捉模式,称为覆盖捕捉模式。它仅对本次捕捉点有效,在命令窗口中将显示一个"于"标记。

要打开或关闭运行捕捉模式,可单击状态栏上的"对象捕捉"按钮。设置覆盖捕捉模式后,系统将暂时覆盖运行捕捉模式。

6.5　使用自动追踪

在 AutoCAD 中,"自动追踪"功能可以按指定角度绘制对象,或者绘制与其他对象有特定关系的对象。自动追踪功能分"极轴追踪"和"对象捕捉追踪"两种。下面将分别进行介绍。

6.5.1　极轴追踪与对象捕捉追踪

极轴追踪是按事先给定的角度增量来追踪特征点。而对象捕捉追踪则按与对象的某种特定关系来追踪,这种特定的关系确定了一个未知角度。也就是说,如果事先知道要追踪的方向(角度),则使用极轴追踪;如果事先不知道具体的追踪方向(角度),但知道与其他对象的某种关系(如相交),则用对象捕捉追踪。极轴追踪和对象捕捉追踪可同时使用。

　　极轴追踪功能可以在系统要求指定一个点时，按预先设置的角度增量显示一条无限延伸的辅助线(这是一条虚线)，这时就可以沿辅助线追踪得到光标点。可在"草图设置"对话框的"极轴追踪"选项卡中对极轴追踪和对象捕捉追踪进行设置，如图 6-31 所示。

　　"极轴追踪"选项卡中主要选项的功能和含义如下。

- "启用极轴追踪"复选框：打开或关闭极轴追踪。也可以使用自动捕捉系统变量或按 F10 键来打开或关闭极轴追踪。

- "极轴角设置"选项区域：设置极轴角度。在"增量角"下拉列表框中可以选择系统预设的角度。如果该下拉列表框中的角度不能满足需要，可选中"附加角"复选框，然后单击"新建"按钮，在"附加角"列表中增加新角度。

- "对象捕捉追踪设置"选项区域：设置对象捕捉追踪。选中"仅正交追踪"单选按钮，可在启用对象捕捉追踪时，只显示获取的对象捕捉点的正交(水平/垂直)对象捕捉追踪路径；选中"用所有极轴角设置追踪"单选按钮，可以将极轴追踪设置应用到对象捕捉追踪。

- "极轴角测量"选项区域：设置极轴追踪对齐角度的测量基准。其中，选中"绝对"单选按钮，可以基于当前用户坐标系(UCS)确定极轴追踪角度；选中"相对上一段"单选按钮，可以基于最后绘制的线段确定极轴追踪角度。

图 6-31　设置"极轴追踪"选项卡

6.5.2　临时追踪点和捕捉自功能

　　在"对象捕捉"工具栏中，还有两个非常有用的对象捕捉工具，即"临时追踪点"和"捕捉自"工具。

- "临时追踪点"工具 ：可在一次操作中创建多条追踪线，并根据这些追踪线确定所要定位的点。

- "捕捉自"工具 ：在使用相对坐标指定下一个应用点时，"捕捉自"工具可以提示输入基点，并将该点作为临时参照点。这与通过输入前缀@使用最后一个点作为参照点类似。它不是对象捕捉模式，但经常与对象捕捉一起使用。

6.5.3　使用自动追踪功能

　　使用自动追踪功能可以快速、精确地定位点，在很大程度上提高了绘图效率。在

AutoCAD 2018 中，要设置自动追踪功能选项，可在打开的"草图设置"对话框后，单击该对话框右下角的"选项"按钮，打开"选项"对话框。在"草图"选项卡的"AutoTrack设置"选项区域中进行设置，如图 6-32 所示，其中主要选项的功能如下。

- "显示极轴追踪矢量"复选框：设置是否显示极轴追踪的矢量数据。
- "显示全屏追踪矢量"复选框：设置是否显示全屏追踪的矢量数据。
- "显示自动追踪工具提示"复选框：设置在追踪特征点时是否显示工具栏上的相应按钮的提示文字。

图 6-32   打开"选项"对话框设置自动追踪功能选项

【练习 6-1】在 AutoCAD 中使用自动追踪功能绘制图形。

(1) 在快速访问工具栏中选择"显示菜单栏"命令，在弹出的菜单中选择"工具"|"绘图设置"命令，打开"草图设置"对话框。

(2) 在"草图设置"对话框中选择"捕捉和栅格"选项卡，然后选中"启用捕捉"复选框。在"捕捉类型和样式"选项区域中选择 PolarSnap 单选按钮，在"极轴距离"文本框中设置"极轴距离"为 0.5，如图 6-33 所示。

(3) 选择"极轴追踪"选项卡，选中"启用极轴追踪"复选框，在"增量角"下拉列表框中输入 30，然后单击"确定"按钮，如图 6-34 所示。

(4) 在状态栏中单击"极轴追踪"、"对象捕捉"、"对象捕捉追踪"按钮，打开极轴追踪、对象捕捉和对象追踪功能。

图 6-33   "捕捉和栅格"选项卡   图 6-34   "极轴追踪"选项卡

（5）在快速访问工具栏中选择"显示菜单栏"命令，在弹出的菜单栏中选择"绘图"|"构造线"命令，在绘图窗口中绘制一条水平构造线和一条垂直构造线作为辅助线，如图6-35 所示。

（6）在菜单栏中选择"绘图"|"圆"|"半径"命令，捕捉辅助线的交点。当显示"交点"标记时，单击确定圆心，然后从辅助线的交点向右下角移动光标，追踪25个单位。此时，屏幕上显示"极轴:26.0000<300°"，如图6-35 所示。单击指定圆的半径。

图 6-35　绘制构造线　　　　　　　　　图 6-36　绘制圆

（7）使用相同的方法，绘制直径为25 的圆，如图6-37 所示。

（8）在"功能区"选项板中选择"默认"选项卡。在"绘图"面板中单击"矩形"按钮，并在"对象捕捉"工具栏中单击"临时追踪点"按钮。然后将指针沿着捕捉辅助线的交点向下追踪108个单位，当屏幕显示"交点:108.0000<270°"时单击，确定临时追踪点。

（9）将指针沿着临时追踪点水平向右追踪42 个单位，当屏幕显示"追踪点:42.0000<0°"时，如图6-38 所示。单击，确定一个角点，绘制长14 宽40 的矩形。

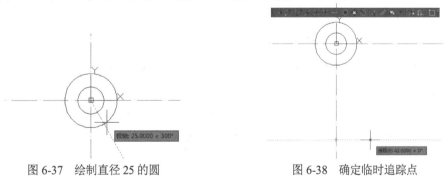

图 6-37　绘制直径25 的圆　　　　　　　图 6-38　确定临时追踪点

（10）在菜单栏中选择"绘图"|"圆"|"半径"命令，并在"对象捕捉"工具栏中单击"临时追踪点"按钮。然后将鼠标指针沿着捕捉矩形的右下角点向上追踪18 个单位，当屏幕显示"交点:18.0000<90°"时单击，确定临时追踪点。然后将指针向右移动，当屏幕显示"追踪点:30.0000<0°"时单击，确定圆的圆心。绘制一个半径为30 的圆，如图6-39 所示。

（11）在菜单栏中选择"绘图"|"射线"命令，捕捉上方半径为25 圆的切点。确定射线的起点，然后向右下方移动鼠标指针。当屏幕显示"极轴:19.0000<330°"时单击，绘制一条射线，如图6-40 所示。

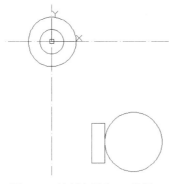

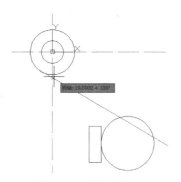

图 6-39　绘制半径为 30 的圆　　　　　　　　图 6-40　绘制射线

(12) 在菜单栏中选择"绘图"|"直线"命令，以矩形右上角顶点为起点，绘制一条任意长度的垂直直线，如图 6-41 所示。

(13) 在菜单栏中选择"绘图"|"圆"|"相切、相切、半径"命令，绘制与直线和射线相切的圆，其半径为 20，如图 6-42 所示。

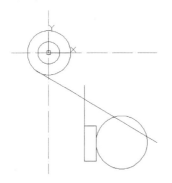

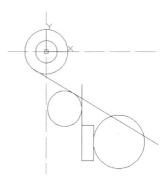

图 6-41　绘制直线　　　　　　　　　　图 6-42　绘制相切圆

(14) 重复以上操作，绘制半径为 35 的圆，并且圆心与辅助线交点的水平距离为 66，垂直距离为 28，如图 6-43 所示。

(15) 在菜单栏中选择"绘图"|"相切、相切、半径"命令，绘制与半径 35 的圆和直径为 50 的圆相切的圆，其半径为 85，如图 6-44 所示。

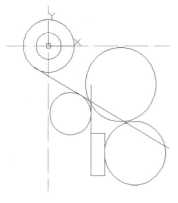

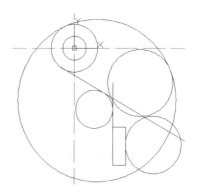

图 6-43　绘制半径为 35 的圆　　　　　　　图 6-44　绘制相切圆

(16) 在"功能区"选项板中选择"默认"选项卡，在"修改"面板中单击"修剪"按钮，对绘制的图形进行修剪，如图 6-45 所示。

(17) 最后，删除辅助线完成图形的绘制，如图 6-46 所示。

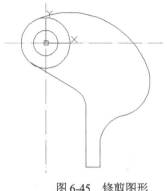
图 6-45　修剪图形

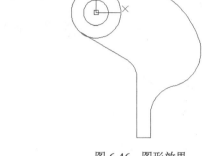
图 6-46　图形效果

6.6　提取对象上的几何信息

在创建图形对象时，系统不仅在屏幕上绘出该对象，同时还建立了关于该对象的一组数据，并将它们保存到图形数据库中。这些数据不仅包含对象的层、颜色和线型等信息，而且还包含对象的 X、Y、Z 坐标值等属性，如圆心或直线端点坐标等。在绘图操作或管理图形文件时，经常需要从各种图形对象获取各种信息。通过查询对象，可以从这些数据中获取大量有用的信息。

在 AutoCAD 2018 中，用户可以在快速访问工具栏中选择"显示菜单栏"命令，在弹出的菜单中选择"工具"|"查询"菜单中的子命令，如图 6-47 所示，提取对象上的几何信息。

6.6.1　获取距离和角度

在绘图过程中，如果按严格的尺寸输入，则绘出的图形对象具有严格的尺寸。但当采用在屏幕上拾取点的方式绘制图形时，一般当前图形对象的实际尺寸并不明显地反映出来。为此，AutoCAD 提供了对象上两点之间的距离和角度的查询命令 DIST。当在屏幕上拾取两个点时，DIST 命令返回两点之间的距离和在 XY 平面上的夹角。输入的两点可使用任意精确输入法。当用 DIST 命令查询对象的长度时，查询的是三维空间的距离，无论拾取的两个点是否在同一平面上，两点之间的距离总是基于三维空间的。使用 DIST 命令查询的最后一个距离值保存到系统变量中，如果需要查看该系统变量的当前值，可在命令窗口输入 DISTANCE 命令。

例如，要查询坐标(100,100)和(200,200)之间的距离，可以选择"工具"|"查询"|"距离"命令，在命令提示下依次输入第一点坐标(100,100)和第二点坐标(200,200)，系统在命令窗口显示刚刚输入的两点之间的距离和在 XY 平面的角度。

如图 6-48 所示，点(100,100)到(200,200)之间的距离为 141.4214，两点的连线与 X 轴正向夹角为 45 度，与 XY 平面的夹角为 0 度，这两点在 X 轴、Y 轴、Z 轴方向的增量分别为 100、100 和 0。

图 6-47   ＂查询＂子菜单

图 6-48   输入命令

6.6.2   获取区域信息

在快速访问工具栏中选择"显示菜单栏"命令，在弹出的菜单中选择"工具"|"查询"|"面积"命令(AREA)，可以获取图形的面积和轴承。

例如，要查询半径为 20 的圆的面积，可以在快速访问工具栏中选择"显示菜单栏"命令，在弹出的菜单中选择"工具"|"查询"|"面积"命令，然后在"指定第一个角点或[对象(O)/增加面积(A)/减少面积(S)]:"提示下输入 O，并选择该圆，将获取该圆的面积和周长，如图 6-49 所示。

图 6-49   获取圆的面积和周长信息

6.6.3   获取面域/质量特性

在 AutoCAD 中，用户还可以在快速访问工具栏中选择"显示菜单栏"命令，在弹出的菜单中选择"工具"|"查询"|"面域/质量特性"命令(MASSPROP)，来获取图形的面域和质量特性，如图 6-50 所示。

图 6-50 获取图形的面域和质量特性

6.6.4 列表显示对象信息

在快速访问工具栏中选择"显示菜单栏"命令,在弹出的菜单中选择"工具"|"查询"|"列表"命令(LIST),可以显示选定对象的特性数据。该命令可以列出任意 AutoCAD 对象的信息,所返回的信息取决于选择的对象类型,但有些信息是常驻的。对每个对象始终都显示的一般信息包括:对象类型、对象所在的当前层和对象相对于当前用户坐标系(X,Y,Z)空间位置。当一两个对象尚未设置成"随层"颜色和线型时,从显示信息中可以清楚地看出(若二者都设置为"随层",则此条目不被记录)。

另外,列表显示命令还增加了特殊信息,列表显示命令还可以显示厚度未设置 0 的对象厚度、对象在空间的高度(Z 坐标)和对象在 UCS 坐标中的延伸方向。

对某些类型的对象还增加了特殊信息,如对圆提供了直径、圆周长和面积信息,对直线提供了长度信息及在 XY 平面内的角度信息。为每种对象提供的信息都稍有差别,依具体对象而定。

例如在(0,0)点绘制一个半径为 10 的圆,在快速访问工具栏中选择"显示菜单栏"命令,在弹出的菜单中选择"工具"|"查询"|"列表"命令,然后选择该圆,按 Enter 键后在 AutoCAD 文本窗口中将显示相应的信息,如图 6-51 所示。

图 6-51 显示图形信息

如果一个图形包含多个对象,要获得整个图形的数据信息,可以使用 DVLIST 命令。执行该命令后,系统将在文本窗口中显示当前图形中包含的每个对象的信息。该窗口出现对象信息时,系统将暂停运行。此时按 Enter 键继续输出,按 Esc 键取消。

6.6.5　提示当前点坐标值

在 AutoCAD 中，在菜单栏中选择"工具"|"查询"|"点坐标"命令(ID)，可以显示图形中特定点的坐标值，也可以通过指定其坐标值可视化定位一个点。ID 命令的功能是，在屏幕在拾取一点，在命令行按下 X、Y、Z 形式显示所拾取点的坐标值。这样可以使 AutoCAD 在系统变量 LASTPOINT 中保持跟踪在图形中拾取的最后一点。当使用 ID 命令拾取点时，该点保存到系统变量 LASTPOINT 中。在后续命令中，只需输入@即可调用该点。

【练习 6-2】使用 ID 命令显示当前拾取点的坐标值，并以该点为圆心绘制一个半径为 20 的圆。

(1) 选择"工具"|"查询"|"点坐标"命令，在命令窗口提示下用鼠标在屏幕上拾取一个点，此时系统将显示该点的坐标，如图 6-52 所示。

(2) 选择"绘图"|"圆"|"圆心、半径"命令，并在命令输入@，调用刚才拾取的点作为圆心，如图 6-53 所示。

图 6-52　显示点坐标

图 6-53　输入命令

(3) 按下 Enter 键确认，在命令窗口提示下输入 20，按下 Enter 键确认，即可以拾取的点为圆心，绘制一个以 20 为半径的圆，如图 6-54 所示。

图 6-54　绘制圆

6.6.6　获取时间信息

在 AutoCAD 菜单栏中选择"工具"|"查询"|"时间"命令(TIME)，可以在 AutoCAD 文本窗口中生成一个报告，显示当前日期和时间、图形创建的日期和时间、最后一次更新的日期和时间以及图形在编辑器中的累计时间，如图 6-55 所示。

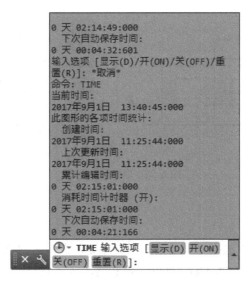

图 6-55　时间信息

6.6.7　查询对象状态

"状态"是指关于绘图环境及系统状态各种信息。在 AutoCAD 中，任何图形对象都包含着许多信息。例如，图形包含对象的数量、图形名称、图形界限及其状态(开或闭)、图形的插入基点、捕捉和网格设置、操作空间、当前图层、颜色、线型、标高和厚度、填充、栅格、正交、快速文字、捕捉和数字化仪的状态、对象捕捉模式、可用磁盘空间、内存可用空间、自由交换文件的空间等。了解这些状态数据，对于控制图形的绘制、显示、打印输出等都很有意义。

要了解对象包含的当前信息，可在快速访问工具栏中选择"显示菜单栏"命令，在弹出的菜单中选择"工具"|"查询"|"状态"命令(STATUS)，这时在 AutoCAD 文本窗口将显示图形的如下状态信息。

- 图形文件的路径、名称和包含的对象数。
- 模型空间或图纸空间的绘图界限、已利用的图形范围和显示范围。
- 插入基点。
- 捕捉分辨率(即捕捉间距)和栅格点分布间距。
- 当前空间(模型或图纸)、当前图层、颜色、线型、线宽、基面标高和延伸厚度。
- 填充、栅格、正交、快速文本、间隔捕捉和数字化板开关的当前设置。
- 对象捕捉的当前设置。
- 磁盘空间的使用情况。

打开一个图形后，选择"工具"|"查询"|"状态"命令，系统将自动打开窗口显示当前图形的状态，如图 6-56 所示。按下 Enter 键，继续显示文本，阅读完信息后，按下 F2 键返回到图形窗口。

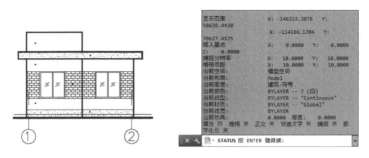

图 6-56　查询图形状态

6.6.8　设置变量

在快速访问工具栏中选择"显示菜单栏"命令，在弹出的菜单中选择"工具"|"查询"|"设置变量"命令(SETVAR)，可以观察和修改 AutoCAD 的系统变量。在 AutoCAD 中，系统变量可以实现许多功能。例如，AREA 记录了最后一个面积；SNAPMODE 用于记录捕捉的状态；DWGNAME 用于保存当前文件的名字。

系统变量存储与 AutoCAD 的配置文件或图形文件中，或根本不存储。任何与绘图环境或编辑器相关的变量通常存于配置文件中，其他的变量一部分存于图形文件中，另一部分不存储。如果在配置文件中存储了一个特殊的变量，那么它的设置就会在一幅图中执行之后，在另外的图形中也会得到执行。如果变量存储在图形文件中，则它的当前值仅依赖于当前的图形文件。

6.7　使用 CAL 计算

CAL 是一个功能很强的三维计算器，可以完成数学表达式和矢量表达式(点、矢量和数值的组合)的计算。它被集成在绘图编辑器中，可以不用使用桌面计算器。它的功能十分强大，除了包含标准的数学函数之外，还包含了一组专门用于计算点、矢量和 AutoCAD 几何图形的函数。可以在命令窗口执行 CAL 命令，例如，当用 CIRCLE 命令时会提示输入半径，此时便可以向 CAL 求助，来计算半径，而不用中断 CIRCLE 命令。

6.7.1　CAL 用作桌面计算器

在 AutoCAD 中，可以使用 CAL 命令计算关于加、减、乘和除的数学表达式。例如在命令窗口输入 CAL 命令，按下 Enter 键键，在命令窗口提示下输入 8/4+7，按下 Enter 键确认，即可显示表达式计算结果，如图 6-57 所示。

图 6-57　计算数据

如果在命令提示下直接输入 CAL 命令，则表达式的值就会显示到屏幕上。如果从某个 AutoCAD 命令中透明地执行 CAL，则所计算的结果将被解释为 AutoCAD 命令的一个输入值。

CAL 支持建立在科学/工程计算器之上的大多数标准函数，如表 6-1 所示。

表 6-1　常用标准函数

标 准 函 数	含　　义
Sin(角度)	返回角度的正弦值
Cos(角度)	返回角度的余弦值
Tang(角度)	返回角度的正切值
Asin(实数)	返回数的反正弦值
Acos(实数)	返回数的反余弦值
Atan(实数)	返回数的反正切值
Ln(实数)	返回数的自然对数值
Log(实数)	返回数的以 10 为底的对数值
Exp(实数)	返回 e 的幂值
Exp10(实数)	返回 10 的幂值
Sqr(实数)	返回数的平方值
Sqrt(实数)	返回数的平方根值
Abs(实数)	返回数的绝对值
Round(实数)	返回数的整数值(最近的整数)
Trunc(实数)	返回数的整数部分
R2d(角度)	将角度值从弧度转化为度
D2r(角度)	将角度值从度转化为弧度
Pi(角度)	常量 π (pi)

与 AutoLISP 函数不同，CAL 要求按十进制来输入角度，并按此返回角度值。用户可以输入一个复杂的表达式，并用必要的圆括号结束，CAL 将按 AOS(代数运算体系)规划计算表达式。

6.7.2　使用变量

与桌面计算器相似，可以把用 CAL 计算的结果存储到内存中。可以用数字、字母和其他除 "("、")"、"'"、" ""、";" 和空格之外的任何符号组合命名变量。

当 CAL 提示下通过渐入变量名来输入一个表达式时，其后跟上一个等号，然后是计算表达式。此时就建立了一个已命名的内存变量，并在其中输入了一个值。例如，为了在变量 FRACTION 中储存 7 被 12 除的结果，可以使用下面的命令。

```
命令:cal
>>表达式:FRACTION=7/12
```

为了在 CAL 表达式中使用变量的值，可以简单地在表达式中给出变量名。例如，要利用 FRACTION 的值，并将其除以 2，可以使用下面的命令。

```
命令:cal
>>表达式:FRACTION=/2
```

如果要在 AutoCAD 命令提示或某个 AutoCAD 命令的某一项提示下给出变量值，则可以用感叹号"！"作为前缀直接输入变量名。例如，如果要把存于变量 FRACTION 中的值作为一个新圆的半径，则可在 CIRCLE 命令的半径提示下，输入"！FRACTION"，如下所示。

```
指定圆的半径或[直径(D)]<2.8571>:!FRACTION
```

也可以利用变量值计算一个新值并代替原来的值。例如，如果要用 FRACTION 的值，将它用 2 除之后再存到 FRACTION 变量之中，可以使用下面的命令。

```
命令:cal
>>表达式:FRACTION= FRACTION /2
```

6.7.3　CAL 用作点和矢量计算器

点和矢量的表示都可以使用两个或三个实数的组合来表示(平面空间用两个实数，三维空间用三个实数来表示)。点用于定义空间中的位置，而矢量用于定义空间中的方向或位移。在 CAL 计算过程中，可以在计算表达式中使用点坐标。用户也可以用任何一种标准的 AutoCAD 格式来指定一个点，如表 6-2 所示，其中最普遍应用的是笛卡尔坐标和极坐标。

表 6-2　标准的 AutoCAD 坐标表示格式

坐 标 类 型	表 示 方 式
笛卡尔	[X，Y，Z]
极坐标	[距离<角度]
相对坐标	用@作为前缀，如[@距离<角度]

在使用 CAL 时，必须把坐标用"[　]"括起来。CAL 命令可以按如下方式对点进行标准的+、-、*、/运算，如表 6-3 所示。

表 6-3　CAL 命令可执行的标准运算

运 算 符	含 义
乘	数字*点坐标或点坐标*点坐标
除	点坐标/数字或点坐标/点坐标
加	点坐标+点坐标
减	点坐标-点坐标

　　包含点坐标的表达式也可以称为矢量表达式。在 AutoCAD 中，还可以通过求 X 和 Y 坐标的平均值来获得空间两点的中点坐标。例如要求点(5,4)和(2,8)的中点坐标，首先在命令窗口输入 CAL 命令，然后按下 Enter 键。在命令行 ">>>>表达式："提示下输入([5,4]+[2,8])/2，并按下 Enter 键，如图 6-58 所示。此时，即可在命令上方显示如图 6-59 所示的中点坐标。

图 6-58　输入表达式　　　　　　　　　　　图 6-59　显示中点坐标

6.7.4　在 CAL 中使用捕捉模式

　　在 AutoCAD 中，不仅可以对孤立的点进行运算，还可以使用 AutoCAD 捕捉模式作为算术表达式的一部分。AutoCAD 提示选择对象并返回相应捕捉点的坐标。在算术表达式中使用捕捉模式大大简化了相对其他对象的坐标输入。

　　使用捕捉模式时，只需输入它的 3 字符名，例如，使用圆形捕捉模式时只需输入"cen"。函数 CUR 可以通知 CAL 让用户拾取一个点。

　　【练习 6-3】　计算图 6-60 所示图形中两个圆心的中点坐标。

　　(1) 在快速访问工具栏中 "选择"显示菜单栏"命令，在弹出的菜单中选择"文件" | "打开"命令，打开如图 6-60 所示的图形窗口。

　　(2) 在命令窗口输入 CAL 命令，然后按下 Enter 键。

　　(3) 在命令窗口 ">>>>表达式："提示下输入(cur+cur)/2，然后按下 Enter 键。

　　(4) 在命令窗口 ">>>>输入点："提示下输入 cen，并按下 Enter 键。

　　(5) 在命令窗口 "CAL 于"提示下拾取小圆的圆心，捕捉对象。

　　(6) 在命令窗口 ">>>>输入点："提示下输入 cen，并按下 Enter 键。

　　(7) 在命令窗口 "CAL 于"提示下拾取大圆的圆心，捕捉对象即可显示圆的中心点坐标，如图 6-61 所示。

图 6-60　打开图形　　　　　　　图 6-61　显示两个圆的圆心中点坐标

　　用户也可以通过输入表 6-4 所示的 CAL 函数(而不是 CUR)，把对象捕捉包含到表达式之中。

表 6-4　CAL 函数

CAL 函数	等价的对象捕捉模式
end	Endpoint(端点)
ins	Insert(插入点)
int	Intersection(交点)
mid	Midpoint(中点)
cen	Center(圆心)
nea	Nearest(最近点)
nod	Node(节点)
qua	Quadrant(象限点)
per	Perpendicular(垂足)
tan	Tangent(切点)

6.7.5　利用 CAL 获取坐标点

AutoCAD 的 CAL 命令还提供了一系列函数用于获取坐标点，如下所示。

- W2u(P1)：将世界坐标系中表示的点 P1 转换到当前用户坐标系中。
- U2w(P1)：将当前用户坐标系中表示的点 P1 转换到世界坐标系中。
- Ill(P1,P2,P3,P4)：返回由(P1,P2)和(P3,P4)确定的两条直线的交点；ilp(P1,P2,P3,P4,P5)确定直线(p1,p2)和平面(p3,p4,p5)的交点。
- Ille：返回由 4 个端点定义的两条直线的交点，是 ill(cen,end,cen,end)的简化形式。
- Mee：返回两个端点间的中点。
- Pld(P1,P2,DIST)：返回直线(P1,P2)上距离 P1 为 dist 的点。当 DIST=0 时，返回 P1，当 DIST 为负值时，返回的点将位于 P1 之前；如果 DIST 等于(P1，P2)间的距离，则返回 P2；如果 DIST 大于(P1,P2)间的距离，则返回点落在 P2 之后。
- Plt(P1,P2,T)：返回直线(P1,P2)上距离 P1 为一个 T 的点。T 是从 P1 到所求点的距离与 P1，P2 间距的比值。当 T=0 时，返回 P1；当 T=1 时，返回 P2；如果 T 为负值，则返回点位于 P1 之前；如果 T 大于 1，则返回点位于 P2 之后。
- Rot(P,Origin,Ang)：绕经过点 Origin 的 Z 轴旋转点 P，转角为 Ang。
- Rot(P,AxP1,AxP2,Ang)：以直线(AxP1,AxP2)为旋转点 P，转角为 Ang。

此外，还可以在表达式中使用@字符来获得 CAL 计算得到的最后一个点的坐标。

6.8　思考练习

1. 简述世界坐标系和用户坐标系的区别。

2. 在 AutoCAD 2018 中，如何设置捕捉和栅格？

3. 在 AutoCAD 2018 中，如何使用极轴追踪和对象捕捉追踪？

第7章　编辑二维图形

AutoCAD 利用各类基本绘图工具绘制图形时，通常会由于作图需要或误操作产生多余的线条，因此需要对图形进行必要的修改，使设计的图形达到工作的需求。此时，可以利用 AutoCAD 2018 提供的图形编辑工具对现有图形进行复制、移动、镜像、阵列、修剪等操作，修改已有图形或通过已有图形构造新的复杂图形。

7.1　选择二维图形对象

在 AutoCAD 中执行编辑操作，通常情况下需要首先选择编辑的对象，然后再进行相应的编辑操作。这样所选择的对象便构成一个集合，成为选择集。用户可以用一般的方法进行选择，也可以使用夹点工具对图形进行简单的编辑。

7.1.1　选择对象的方法

在 AutoCAD 中，选择对象的方法很多。例如，可以通过单击对象逐个拾取；利用矩形窗口或交叉窗口选择；选择最近创建的对象、前面的选择集或图形中的所有对象；向选择集中添加对象或从中删除对象。

在命令窗口输入 SELECT 命令，按 Enter 键，并且在命令窗口的"选择对象："提示下输入"？"，将显示如下的提示信息。

```
命令:select
选择对象:?
*无效选择*
需要点或窗口(W)/上一个(L)/窗交(C)/框(BOX)/全部(ALL)/栏选(F)/圈围(WP)/圈交(CP)/编组(G)/
添加(A)/删除(R)/多个(M)/前一个(P)/放弃(U)/自动(AU)/单个(SI)/子对象/对象
```

根据提示信息，输入其中的大写字母即可指定对象选择模式。例如，设置矩形窗口的选择模式，在命令窗口的"选择对象："提示下输入 W 即可。常用的选择模式主要有以下几种。

- 直接选择对象：可以直接选择对象，此时光标变为一个小方框(即拾取框)，利用该方框可逐个拾取所需对象。该方法每次只能选取一个对象。
- 窗口(W)：可以通过绘制一个矩形区域来选择对象。当指定了矩形窗口的两个对角点时，所有部分均位于这个矩形窗口内的对象将被选中，不在该窗口内或只有部分在该窗口内的对象则不被选中，如图 7-1 所示。

- 上一个(L)：选取图形窗口内可见元素中最后创建的对象。不管使用多少次"上一个(L)"选项，都只有一个对象被选中。
- 窗交(C)：使用交叉窗口选择对象，与使用窗口选择对象的方法类似，但全部位于窗口之内或与窗口边界相交的对象都将被选中。在定义交叉窗口的矩形窗口时，系统使用虚线方式显示矩形，以区别于窗口选择方法，如图 7-2 所示。

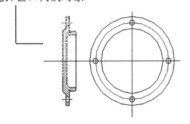

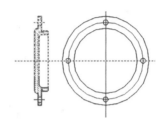

图 7-1　窗口选取   图 7-2　窗交选取

- 框(BOX)：选择矩形(由两点确定)内部或与之相交的所有对象。
- 全部(ALL)：选择模型空间或当前布局中除冻结图层或锁定图层上的对象之外的所有对象。
- 栏选(F)：选择与选择线相交的所有对象。栏选方法与圈交方法相似，只是栏选对象不闭合，如图 7-3 所示。
- 圈围(WP)：选择多边形(通过待选对象周围的点定义)中的所有对象。该多边形可以为任意形状，但不能与自身相交或相切，如图 7-4 所示。
- 圈交(CP)：选择多边形(通过在待选对象周围指定点来定义)内部或与之相交的所有对象。该多边形可以为任意形状，但不能与自身相交或相切。
- 编组(G)：使用组名称来选择一个已定义的对象编组。

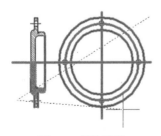

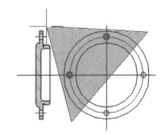

图 7-3　栏选选取   图 7-4　圈围选取

7.1.2　快速选择

快速选择图形对象功能可以快速选择具有特定属性的图形对象，并能在选择集中添加或删除图形对象，从而创建一个符合用户指定对象类型和对象特性的选择集。快速选择命令主要有以下几种调用方法。

- 选择"工具"|"快速选择"命令。
- 在"默认"选项卡的"实用工具"面板中单击"快速选择"按钮 。

● 在命令窗口中执行 QSELECT 命令。

在执行以上任意一种操作后，将打开"快速选择"对话框，设置该对话框中选择对象的属性后，单击"确定"按钮即可选择相同属性的对象，如图 7-5 所示。

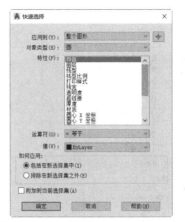

图 7-5　打开"快速选择"对话框

"快速选择"对话框中各选项的功能如下。

● "应用到"下拉列表框：选择过滤条件的应用范围，可以应用于整个图形，也可以应用于当前选择集中。如果有当前选择集，则"当前选择"选项为默认选项；如果没有当前选择集，则"整个图形"选项为默认选项。

● "选择对象"按钮 ：单击该按钮将切换至绘图窗口中，可以根据当前所指定的过滤条件进行选择对象操作。选择完毕后，按 Enter 键结束选择，并返回至"快速选择"对话框中，同时 AutoCAD 会将"应用到"下拉列表框中的选项设置为"当前选择"。

● "对象类型"下拉列表框：用于指定需要过滤的对象类型。

● "特性"列表框：指定作为过滤条件的对象特性。

● "运算符"下拉列表框：控制过滤的范围。运算符包括=、< >、>、<、全部选择等。其中 > 和 < 运算符对某些对象特性是不可用的。

● "值"下拉列表框：设置过滤的特性值。

● "如何应用"选项区域：选中其中的"包括在新选择集中"单选按钮，则由满足过滤条件的对象构成选择集；选中"排除在新选择集之外"单选按钮，则由不满足过滤条件的对象构成选择集。

● "附加到当前选择集"复选框：用于指定由 QSELECT 命令所创建的选择集是追加到当前选择集中，还是替代当前选择集。

【练习 7-1】使用快速选择功能选择符合要求的圆弧。

(1) 在菜单栏中选择"工具"|"快速选择"命令，打开"快速选择"对话框。

(2) 在"应用到"下拉列表框中，选择"整个图形"选项；在"对象类型"下拉列表框中，选择"圆"选项。

(3) 在"特性"列表框中选择"半径"选项，在"运算符"下拉列表框中选择"= 等于"选项，然后在"值"文本框中输入数值 7，表示选择图形中所有半径为 7 的圆弧。

(4) 在"如何应用"选项区域中选中"包括在新选择集中"单选按钮，按设定条件创建新的选择集，如图 7-6 所示。

(5) 设置完成后，单击"确定"按钮，系统将选中图形中所有符合要求的图形对象，如图 7-7 所示。

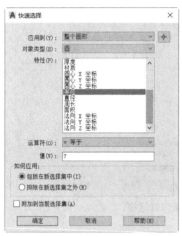

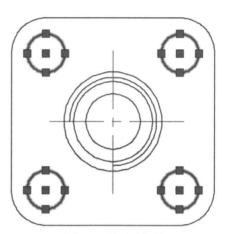

图 7-6　设置选择条件　　　　　　　　图 7-7　显示选择效果

7.1.3　过滤选择

在命令窗口提示下输入 FILTER 命令，将打开"对象选择过滤器"对话框。可以使用对象的类型(如直线、圆及圆弧等)、图层、颜色、线型或线宽等特性作为条件，过滤选择符合设定条件的对象，如图 7-8 所示。

图 7-8　打开"对象选择过滤器"对话框

在"对象选择过滤器"对话框下面的列表框中显示了当前设置的过滤条件。主要选项的功能如下。

- "选择过滤器"选项区域：用于设置选择的条件。
- "编辑项目"按钮：单击该按钮，可以编辑过滤器列表框中选中的项目。
- "删除"按钮：单击该按钮，可以删除过滤器列表框中选中的项目。
- "清除列表"按钮：单击该按钮，可以删除过滤器列表框中的所有项目。
- "命名过滤器"选项区域：用于选择已命名的过滤器。

【练习 7-2】选择如图 7-9 所示的所有半径为 7 和 12.5 的圆或圆弧。

(1) 在命令提示下，输入 FILTER 命令，并按 Enter 键，打开"对象选择过滤器"对话框。

(2) 在"选择过滤器"区域的下拉列表框中，选择"** 开始 OR"选项，并单击"添加到列表"按钮，将其添加至过滤器列表框中，表示以下各项目为逻辑"或"关系，如图 7-10 所示。

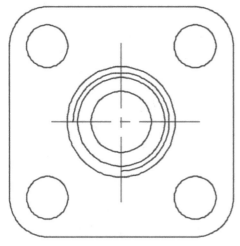

图 7-9　图形

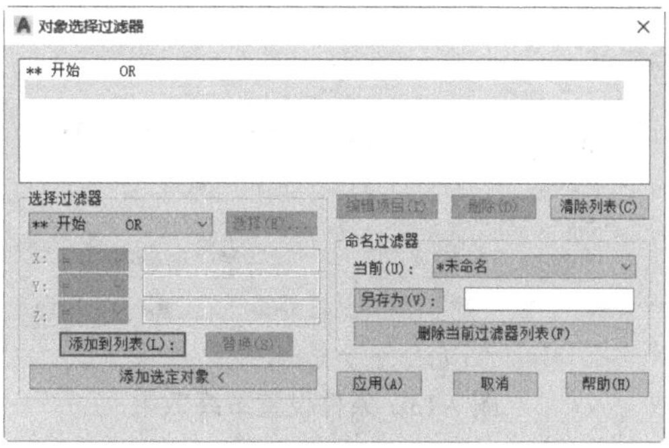

图 7-10　"对象选择过滤器"对话框

(3) 在"选择过滤器"区域的下拉列表框中，选择"圆半径"选项，并在 X 后面的下拉列表框中选择=，在对应的文本框中输入 7，表示将圆的半径设置为 7。

(4) 单击"添加到列表"按钮，将设置的圆半径过滤器添加至过滤器列表框中，此时列表框中将显示"圆半径=7.000000"和"对象=圆"两个选项。

(5) 在"选择过滤器"区域的下拉列表框中选择"圆弧半径"，并在 X 后面的下拉列表框中选择=，在对应的文本框中输入 12.5，然后将其添加至过滤器列表框中，如图 7-11 所示。

(6) 为确保只选择半径为 7 和 12.5 的圆或圆弧，需要删除过滤器"对象=圆"和"对象=圆弧"。可以在过滤器列表框中选择"对象=圆"和"对象=圆弧"，然后单击"删除"按钮，删除后的效果如图 7-12 所示。

图 7-11　添加条件 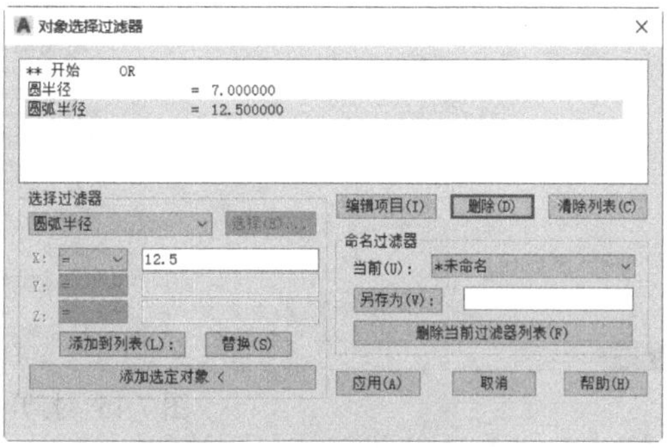　　　　　　　图 7-12　删除多余条件

(7) 在过滤器列表框中单击"圆弧半径=12.5"下面的空白区，并在"选择过滤器"选项区域的下拉列表框中选择"** 结束 OR"选项，然后单击"添加到列表"按钮，将其添加至过滤器列表框中，表示结束逻辑"或"关系。对象选择过滤器设置完毕，如图7-13 所示。

(8) 单击"应用"按钮，并在绘图窗口中使用窗口选择法框选所有图形，然后按 Enter 键，系统将过滤出满足条件的对象并将其选中，效果如图 7-14 所示。

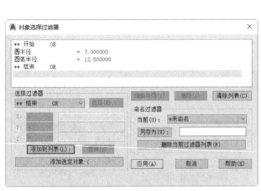

图 7-13 条件设置最终效果

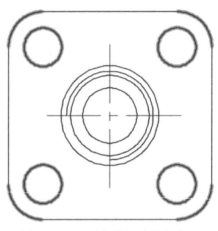

图 7-14 显示选择结果(虚线部分)

7.1.4 构造选择集

通过设置选择集的各个选项，用户可以根据自己的使用习惯对 AutoCAD 拾取框、夹点显示以及选择视觉效果等方面的选项进行详细的设置，从而提高选择对象时的准确性和速度，达到提高绘图效率和精确度的目的。

在命令窗口中输入 OPTIONS 指令，按下 Enter 键打开"选项"对话框。然后在该对话框中选中"选择集"选项卡，如图 7-15 所示。

图 7-15 打开"选项"对话框

"选择集"选项卡中各选项的含义如下。

1. 拾取框和夹点大小

拾取框就是十字光标中部用于确定拾取对象的方形图框。夹点是图形对象被选中后处于对象端部、中点或控制点等处的矩形或圆锥形实心标识。通过拖动夹点，即可对图形对象的长度、位置或弧度等进行手动调整。其各自的大小都可以通过该选项卡中的相应选项进行详细的调整。

(1) 调整拾取框大小

进行图形的点选时，只有处于拾取框内的图形对象才可以被选取。因此，在绘制较为简单的图形时，可以将拾取框调大，以便于图形对象的选取；反之，绘制复杂图形对象时，适当地调小拾取框的大小，可以避免图形对象的误选取。

在"拾取框大小"选项区域中拖动滑块，即可以改变拾取框的大小，并且在拖动滑块的过程中，其左侧的调整框预览图标将动态显示调整框的大小，效果如图 7-16 所示。

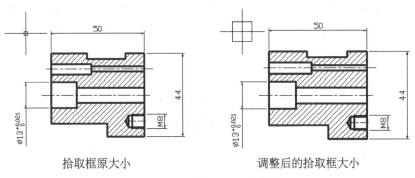

图 7-16　调整拾取框大小效果

(2) 调整夹点大小

夹点不仅可以标识图形对象的选取情况，还可以通过拖动夹点的位置对选取的对象进行相应的编辑。但需要注意的是：夹点在图形中的显示大小是恒定不变的，也就是说当选择的图形对象被放大或缩小时，只有对象本身的显示比例被调整，而夹点的大小不变。

利用夹点编辑图形时，适当地将夹点调大可以提高选取夹点的方便性。此时，如果图形对象较小，夹点出现重叠的现象，采用将图形放大的方法可以避免该现象的发生。夹点的调整方法与拾取框大小的调整方法相同，如图 7-17 所示。

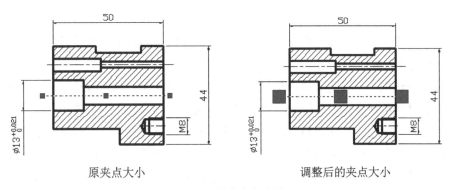

图 7-17　调整夹点大小效果

2. 选择集预览

选择集预览就是当光标的拾取框移动到图形对象上时，图形对象以加粗或虚线的形式显示预览效果。通过选中该选项区域中的两个复选框，可以调整图形预览与工具之间的关联方式，或利用"视觉效果设置"按钮，对预览样式进行详细的调整。

(1) 命令处于活动状态时

选中"命令处于活动状态时"复选框后，只有当某个命令处于激活状态，并且命令窗口中显示"选取对象"提示时，将拾取框移动到图形对象上，该对象才会显示选择预览。

(2) 未激活任何命令时

"未激活任何命令时"复选框的作用与上述复选框相反，选中该复选框后，只有没有任何命令处于激活状态时，才可以显示选择预览。

(3) 视觉效果设置

选择集的视觉效果包括被选择对象的线型、线宽以及选取区域的颜色、透明度等。用户可以根据个人的使用习惯进行相应的调整。单击"视觉效果设置"按钮，将打开"视觉效果设置"对话框，如图 7-18 所示。

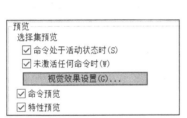
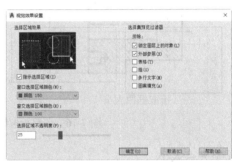

图 7-18　打开"视觉效果设置"对话框

在"视觉效果设置"对话框中，"选择区域效果"选项区域的作用是：在进行多个对象的选取时，采用区域选择的方法可以大幅度地提高对象选取的效率。用户可以通过设置该选项区域中的各选项，调整选择区域的颜色、透明度以及区域显示的开启、关闭情况。

3. 选择集模式

"选择集模式"选项区域中包括 6 种用于定义选择集和命令之间的先后执行顺序、选择集的添加方式以及在定义与组或填充对象有关选择集时的各类详细设置。

(1) 先选择后执行

选中该复选框，可以定义选择集与命令之间的先后次序。选中该复选框，表示需要先选择图形对象再执行操作，被执行的操作对之前选择的对象会产生相应的影响。

如利用"偏移"工具编辑对象时，可以先选择要偏移的对象，再利用"偏移"工具对图形进行偏移操作。这样可以在调用修改工具并选择对象后省去了按 Enter 键的操作，简化了操作步骤。但是并非所有命令都支持"先选择后执行"模式。例如，"打断"、"圆角"和"倒角"等这些命令，需要先激活工具再定义选择集。

(2) 用 Shift 键添加到选择集

该复选框用来定义向选择集中添加图形对象时的添加方式。默认情况下，该复选框处于禁用状态。此时要向选择集中添加新对象时，直接选取新对象即可。当启用该复选框后，将激活一个附加选择方式，即在添加新对象时，需要按住 Shift 键才能将多个图形对象添加到选择集中。

如果需要取消选择集中的某个对象，无论在两种模式中的任何一种模式下，按住 Shift 键选取该对象均可。

(3) 对象编组

启用该复选框后，选择组中的任意一个对象时，即可选择组中的所有对象。将 PICKSTYLE 系统变量设置为 1 时可以设置该选项。

(4) 关联图案填充

主要用在选择填充图形的情况。当启用该复选框时，如果选择关联填充的对象，则填充边界的对象也被选中。将 PICKSTYLE 系统变量设置为 2 时可以设置该选项。

(5) 隐含选择窗口中的对象

当启用该复选框后，可以在绘图区使用鼠标进行拖动或使用定义对角点的方式定义选择区域，进行对象的选择。当禁用该复选框后，则无法使用定义选择区域的方式定义选择对象。

(6) 允许按住并拖动对象

该复选框用于定义选择窗口的定义方式。当启用该复选框后，单击指定窗口的一点后进行拖动，在第二点位置释放鼠标，即可确定选择窗口的大小和位置。当禁用该复选框后，需要在选择窗口的起点和终点分别单击，才能定义选择窗口的大小和位置。

7.1.5　编组对象

在 AutoCAD 中，可以将图形对象进行编组以创建一种选择集，使编辑对象变得更为灵活。在命令窗口提示下输入 GROUP，并按 Enter 键，将显示如下提示信息。

> GROUP 选择对象或 [名称(N)/说明(D)]:

其选项的功能如下。

◉　"名称(N)"选项：设置对象编组的名称。

◉　"说明(D)"选项：设置对象编组的说明信息。

若要取消对象编组，可以在菜单栏中选择"工具"|"解除编组"命令即可。

【练习 7-3】将如图 7-19 所示中的所有圆创建为一个对象编组 Circle。

(1) 在命令窗口提示下输入 GROUP 命令，按 Enter 键，然后输入 N 并按 Enter 键。

(2) 在命令窗口的"GROUP 输入编组名或[?]: "提示信息下输入 Circle，指定编组的名称为 Circle。

(3) 按下 Enter 键，在命令窗口的"GROUP 选择对象或 [名称(N)/说明(D)]: "提示下，选择如图 7-19 所示图形中的所有圆。

(4) 按 Enter 键结束对象选择，完成对象编组。此时，如果单击编组中的任意对象，所有其他对象也同时被选中，如图 7-20 所示。

图 7-19　选中圆

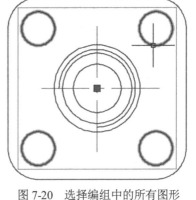

图 7-20　选择编组中的所有图形

7.2　复制二维图形对象

在 AutoCAD 中，零件图上的轴类或盘类零件往往具有对称结构，并且这些零件上的孔特征又常常是均匀分布的。此时，便可以利用相关的复制工具，以现有的图形对象作为源对象，绘制出与源对象相同或相似的图形。在此操作中经常需要使用复制、镜像、偏移和阵列等命令，这些命令可以在很短的时间内完成相同或相对图形的绘制。

7.2.1　复制图形

复制主要用于绘制具有两个或两个以上重复图形，并且各重复图形的相对位置不存在一定规律性图形的绘制。该工具是 AutoCAD 绘图中的常用工具，复制操作可以省去重复绘制相同图形的步骤，大大提高了绘图效率。

复制命令主要有以下几种调用方法。

● 选择"修改"|"复制"命令。
● 在"默认"选项卡的"修改"面板中单击"复制"按钮 。
● 在命令窗口中执行 COPY 或 CO 命令。

在执行复制命令后，将提示选择要复制的图形对象，再分别指定复制的基点和第二点，即可对图形对象进行复制操作，效果如图 7-21 所示。

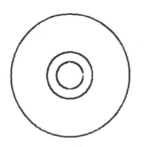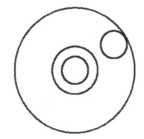

图 7-21　复制中心圆

执行该命令时，命令窗口将显示"指定基点或[位移(D)/模式(O)/多个(M)] <位移>："提示信息。如果只需要创建一个副本，直接指定位移的基点和位移矢量(相对于基点的方向和大小)；如果需要创建多个副本，而复制模式为单个时，只要输入 M，设置复制模式为多个，然后在"指定第二个点或[退出(E)/放弃(U)<退出>："提示下，通过连续指定位移的第二点来创建该对象的其他副本，直至按 Enter 键结束。

7.2.2　镜像图形

镜像工具常用于结构规则，且具有对称特点的图形绘制，如轴、轴承座和槽轮等零件图形。绘制这类对称图形时，只需要绘制对象的一半或几分之一，然后将图形对象的其他部分对称复制即可。

在绘制该类图形时，可以先绘制出处于对称中线一侧的图形轮廓线。然后单击"镜像"按钮，选取绘制的图形轮廓线为源对象后右击，接下来指定对称中心线上的两点以确定镜像中心线，按下 Enter 键即可完成镜像操作，效果如图 7-22 所示。

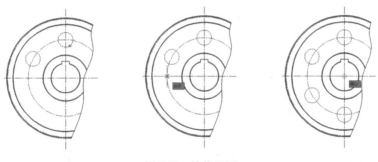

图 7-22　镜像视图

默认情况下，对图形执行镜像操作后，系统仍然保留源对象。如果对图形进行镜像操作后需要将源对象删除，只需要在选取源对象并指定镜像中心线后，在命令窗口中输入字母 Y，然后按下 Enter 键，即可完成删除源对象的镜像操作。

在 AutoCAD 中，使用系统变量 MIRRTEXT 可以控制文字对象的镜像方向。如果 MIRRTEXT 的值为 1，则文字对象完全镜像，镜像出来的文字变得不可读，如图 7-23 (b) 所示；如果 MIRRTEXT 的值为 0，则文字对象方向不镜像，如图 7-23 (a)所示(其中 AB 为镜像线)。

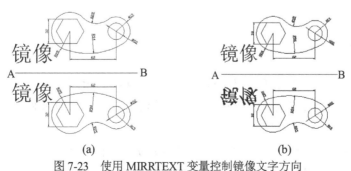

(a)　　　　　　　　　　　(b)

图 7-23　使用 MIRRTEXT 变量控制镜像文字方向

7.2.3 偏移图形

利用"偏移"工具可以创建出与源对象成一定距离并且形状相同或类似的新对象。对于直线而言，可以绘制出与其平行的多个相同副本对象；对于圆、椭圆、矩形以及由多段线围成的图形而言，则可以绘制出一定偏移距离的同心圆或近似的图形。

1. 定距偏移

该偏移方式是系统默认的偏移类型。它根据输入的偏移距离数值为偏移参照，指定的方向为偏移方向，偏移复制出源对象的副本对象。

单击"偏移"按钮 ，根据命令窗口提示输入偏移距离，并按 Enter 键，然后选取图中的源对象。在对象的偏移侧单击，即可完成定距偏移操作，如图 7-24 所示。

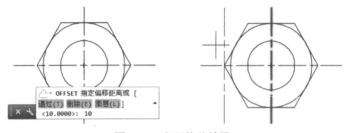

图 7-24 定距偏移效果

2. 通过点偏移

该偏移方式能够以图形中现有的端点、各节点、切点等点对象为源对象的偏移参照，对图形执行偏移操作。

单击"偏移"按钮 ，在命令窗口中输入字母 T，并按下 Enter 键，然后选取图中的偏移源对象后指定通过点，即可完成该偏移操作，如图 7-25 所示。

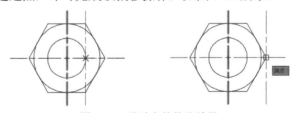

图 7-25 通过点的偏移效果

3. 删除源对象偏移

系统默认的偏移操作是在保留源对象的基础上偏移出新图形对象。但如果仅以源图形对象为偏移参照，偏移出新图形对象后需要将源对象删除，即可利用删除源对象偏移的方法。

单击"偏移"按钮 ，在命令窗口中输入字母 E，并根据命令窗口提示输入字母 Y 后按 Enter 键。然后按上述偏移操作进行图形偏移时即可将源对象删除，效果如图 7-26 所示。

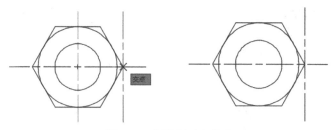

图 7-26　删除源对象偏移

4. 变图层偏移

在默认情况下，进行对象偏移操作时，偏移出新对象的图层与源对象的图层相同。通过变图层偏移操作，可以将偏移出的新对象图层转换为当前层，从而可以避免修改图层的重复性操作，大幅度地提高绘图速度。

先将所需图层置为当前层，单击"偏移"按钮🔲，在命令窗口中输入字母 L，根据命令提示输入字母 C 并按 Enter 键。然后按上述偏移操作进行图形偏移时，偏移出的新对象图层即与当前图层相同。

【练习 7-4】使用"偏移"命令，绘制六边形地板砖。

(1) 在"功能区"选项板中选择"默认"选项卡，然后在"绘图"面板中单击"多边形"按钮，绘制一个内接于半径为 12 的假想圆的正六边形，如图 7-27 所示。

(2) 在"默认"选项卡的"修改"面板中单击"偏移"按钮🔲，发出 OFFSET 命令。在"指定偏移距离或 [通过(T)/删除(E)/图层(L)] <5.0000>："提示下，输入偏移距离 1，并按 Enter 键。在"选择要偏移的对象，或 [退出(E)/放弃(U)] <退出>："提示下，选中正六边形。在"指定要偏移的那一侧上的点，或 [退出(E)/多个(M)/放弃(U)] <退出>："提示下，在正六边形的内侧单击，确定偏移方向，将得到偏移正六边形，如图 7-28 所示。

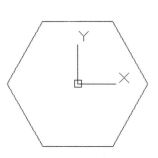

图 7-27　绘制六边形

图 7-28　使用偏移命令绘制正六边形

(3) 在"选择要偏移的对象，或 [退出(E)/放弃(U)] <退出>："提示下，选中偏移的正六边形。输入偏移距离 3，并按 Enter 键，将得到第二个偏移的正六边形，如图 7-29 所示。

(4) 在"选择要偏移的对象，或 [退出(E)/放弃(U)] <退出>："提示下，选中第二个偏移的正六边形。输入偏移距离 1，并按 Enter 键，将得到第三个偏移的正六边形，如图 7-30 所示。

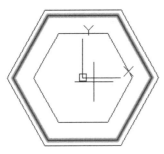
　　　　图 7-29　第 2 个偏移的正六边形

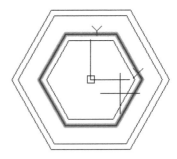
　　　　图 7-30　第 3 个偏移的正六边形

　　(5) 在"默认"选项卡中单击"直线"按钮，分别绘制正六边形的 3 条对角线，如图 7-31 所示。

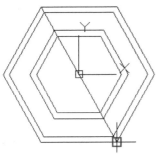
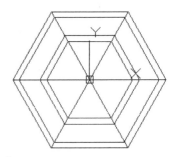

图 7-31　绘制对角线

　　(6) 在"修改"面板中单击"偏移"按钮 ，发出 OFFSET 命令。将绘制的两条直线分别向两边各偏移 1，效果如图 7-32 所示。

　　(7) 在"修改"面板中单击"修剪"按钮，对图形中的多余线条进行修剪，最终的图形效果如图 7-33 所示。

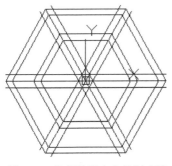
　　图 7-32　使用偏移命令绘制直线

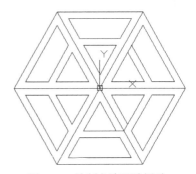
　　图 7-33　绘制六边形地板砖

7.2.4　阵列图形

　　绘制多个在 X 轴或在 Y 轴上的等间距分布，或围绕一个中心旋转，或沿着路径均匀分布的图形时，可以使用阵列工具。在绘制孔板、法兰等具有均布特征的图形时，利用该工具可以大量减少重复性图形的绘制操作，并提高绘图的准确性。

1. 矩形阵列

所谓矩形阵列，是指在 X 轴、Y 轴或者 Z 方向上等间距绘制多个相同的图形。选择"修改"|"阵列"|"矩形阵列"命令，或单击"修改"工具栏中的"矩形阵列"按钮 ，或在命令窗口中输入 ARRAYRECT 命令，即可执行"矩形阵列"命令。命令窗口提示信息如下。

```
命令: _arrayrect
选择对象: 指定对角点: 找到 1 个//选择需要阵列的对象
选择对象://按 Enter 键，完成选中
类型 = 矩形　关联 = 是
为项目数指定对角点或 [基点(B)/角度(A)/计数(C)] <计数>: a//设置行轴的角度
指定行轴角度<0>: 30//输入角度 30
为项目数指定对角点或 [基点(B)/角度(A)/计数(C)] <计数>: c//使用计数方式创建阵列
输入行数或[表达式(E)] <4>: 3//输入阵列行数
输入列数或[表达式(E)] <4>: 4//输入阵列列数
指定对角点以间隔项目或 [间距(S)] <间距>: s//设置行间距和列间距
指定行之间的距离或 [表达式(E)] <16.4336>: 15//输入行间距
指定列之间的距离或 [表达式(E)] <16.4336>: 20//输入列间距
按 Enter 键接受或 [关联(AS)/基点(B)/行(R)/列(C)/层(L)/退出(X)] <退出>://按 Enter 键，完成阵列
```

除了通过指定行数、行间距、列数和列间距方式创建矩形阵列以外，还可以通过"为项目数指定对角点"选项在绘图区通过移动光标指定阵列中的项目数，再通过"间距"选项来设置行间距和列间距。如表 7-1 所示列出了主要参数的含义。

表 7-1　矩形阵列参数含义

参　数	含　义
基点(B)	表示指定阵列的基点
角度(A)	输入 A，命令窗口要求指定行轴的旋转角度
计数(C)	输入 C，命令窗口要求分别指定行数和列数的方式产生矩形阵列
间距(S)	输入 S，命令窗口要求分别指定行间距和列间距
关联(AS)	输入 AS，用于指定创建的阵列项目是否作为关联阵列对象，或是作为多个独立对象
行(R)	输入 R，命令窗口要求编辑行数和行间距
列(C)	输入 C，命令窗口要求编辑列数和列间距
层(L)	输入 L，命令窗口要求指定在 Z 轴方向上的层数和层间距

2. 环形阵列

所谓环形阵列，是指围绕一个中心创建多个相同的图形。选择"修改"|"阵列"|"环形阵列"命令，或单击"修改"工具栏中的"环形阵列"按钮 ，或在命令窗口中输入 ARRAYPOLAR 命令，即可执行"环形阵列"命令。命令窗口提示信息如下。

```
命令: _arraypolar
选择对象: 指定对角点: 找到 3 个//选择需要阵列的对象
选择对象://按 Enter 键，完成选择
类型 = 极轴　关联 = 是
```

> 指定阵列的中心点或 [基点(B)/旋转轴(A)]://拾取阵列中心点
> 输入项目数或 [项目间角度(A)/表达式(E)] <4>: 6//输入项目数为 6
> 指定填充角度(+=逆时针、-=顺时针)或 [表达式(EX)] <360>://直接按 Enter 键，表示填充角度为
> 360 度
> 按 Enter 键接受或 [关联(AS)/基点(B)/项目(I)/项目间角度(A)/填充角度(F)/行(ROW)/层(L)/旋转项目(ROT)/
> 退出(X)] <退出>://按 Enter 键，完成环形阵列

在 AutoCAD 2018 中，"旋转轴"表示指定由两个指定点定义的自定义旋转轴，对象绕旋转轴阵列。"基点"选项用于指定阵列的基点，"行"选项用于编辑阵列中的行数和行间距之间的增量标高，"旋转项目"选项用于控制在排列项目时是否旋转项目。

【练习 7-5】创建一个环形阵列。

(1) 在 AutoCAD 中绘制一个大圆和一个小圆，然后在"修改"面板中单击"环形阵列"按钮，如图 7-34 所示。

(2) 在命令窗口提示中选取绘图区中的小圆，如图 7-35 所示。

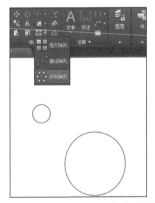

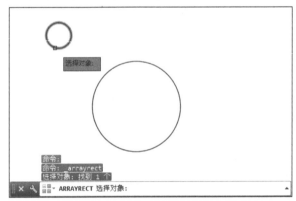

图 7-34　单击"环形阵列"按钮　　　　　　图 7-35　选取小圆

(3) 按下 Enter 键，然后选取大圆圆心为阵列中心点，如图 7-36 所示。

(4) 在命令窗口提示中，用户可以通过设置环形阵列的项目、项目间角度和填充角度来完成环形阵列的操作，如图 7-37 所示。

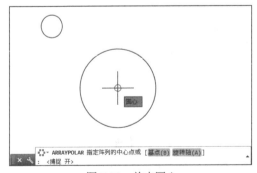

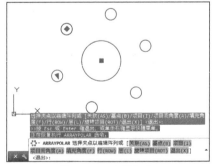

图 7-36　单击圆心　　　　　　　　　　图 7-37　环形阵列

3. 路径阵列

所谓路径阵列，是指沿路径或部分路径均匀分布对象副本。路径可以是直线、多段线、

三维多段线、样条曲线、螺旋、圆弧、圆或椭圆。选择"修改"|"阵列"|"路径阵列"命令，或单击"修改"面板中的"路径阵列"按钮▇，或在命令窗口中输入 ARRAYPATH 命令，即可执行"路径阵列"命令。

命令窗口提示信息如下：

> 命令: _arraypath
> 选择对象: 找到 1 个//选择需要阵列的对象
> 选择对象://按 Enter 键，完成选择
> 类型 = 路径　关联 = 是
> 选择路径曲线://选择路径曲线
> 输入沿路径的项数或 [方向(O)/表达式(E)] <方向>: o//输入 o，用于设置选定对象是否需要相对于路径起始方向重新定向
> 指定基点或 [关键点(K)] <路径曲线的终点>://指定阵列对象的基点
> 指定与路径一致的方向或 [两点(2P)/法线(NOR)] <当前>://按 Enter 键，表示按当前方向阵列，"两点"表示指定两个点来定义与路径的起始方向一致的方向，"法线"表示对象对齐垂直于路径的起始方向
> 输入沿路径的项目数或 [表达式(E)] <4>: 8//输入阵列的项目数
> 指定沿路径的项目之间的距离或 [定数等分(D)/总距离(T)/表达式(E)] <沿路径平均定数等分(D)>: d//输入 d，表示在路径曲线上定数等分对象副本
> 按 Enter 键接受或 [关联(AS)/基点(B)/项目(I)/行(R)/层(L)/对齐项目(A)/Z 方向(Z)/退出(X)] <退出>://按 Enter 键，完成路径阵列

7.3　调整图形对象的位置

移动、旋转和缩放工具都是在不改变被编辑图形具体形状的基础上对图形的放置位置、角度以及大小进行重新调整，以满足最终的设计要求。该类工具常用于在装配图或将图块插入图形的过程中，对单个零部件图形或块的位置和角度进行调整。

7.3.1　移动和旋转图形

移动和旋转操作都是对象的重定位操作，两者的不同之处在于：前者是对图形对象的位置进行调整，方向和大小不变；后者是对图形对象的方向进行调整，位置和大小不变。

1. 移动操作

该操作可以在指定的方向上按指定的距离移动对象，在指定移动基点、目标点时，不仅可以在图中拾取现有点作为移动参照，还可以利用输入坐标值的方法定义出参照点的具体位置。

单击"移动"按钮▇，选取要移动的对象并指定基点，然后根据命令窗口提示指定第二个点或输入相对坐标来确定目标点，即可完成移动操作，如图 7-38 所示。

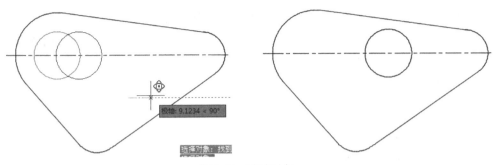

图 7-38　移动对象

2. 旋转操作

旋转是指将对象绕指定点旋转任意角度，以旋转点到旋转对象之间的距离和指定的旋转角度为参照，调整图形的放置方向和位置。

(1) 一般旋转

一般旋转方法用于旋转图形对象。原对象将按指定的旋转中心和旋转角度旋转至新位置，并且将不保留对象的原始副本。

单击"旋转"按钮，选取旋转对象并指定旋转基点，然后根据命令窗口提示输入旋转角度，按下 Enter 键，即可完成旋转对象操作，如图 7-39 所示。

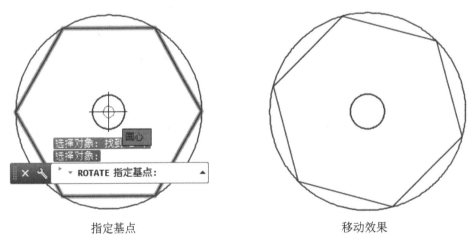

指定基点　　　　　　　　　　　　　　　　移动效果

图 7-39　旋转对象

(2) 复制旋转

使用"复制旋转"方法进行对象的旋转时，不仅可以将对象的放置方向调整一定的角度，还可以在旋转出新对象的同时，保留原对象图形。可以说该方法集旋转和复制操作于一体。

按照上述相同的旋转操作方法指定旋转基点后，在命令窗口中输入字母 C，然后指定旋转角度，按下 Enter 键，即可完成复制旋转操作，如图 7-40 所示。

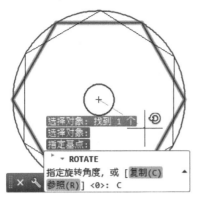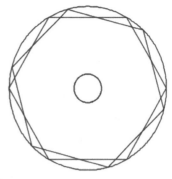

图 7-40　复制旋转

7.3.2　缩放图形

利用缩放图形工具可以将图形对象以指定的缩放基点为缩放参照，放大或缩小一定比例，创建出与源对象成一定比例且形状相同的新图形对象。在 AutoCAD 中，比例缩放可以分为以下 3 种缩放类型。

1. 参数缩放

该缩放类型可以通过指定缩放比例因子的方式，对图形对象进行放大或缩小。当输入的比例因子大于 1 时将放大对象，小于 1 时将缩小对象。

单击"缩放"按钮■，选择缩放对象并指定缩放基点，然后在命令窗口中输入比例因子，按 Enter 键即可，如图 7-41 所示。

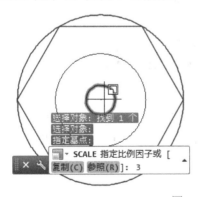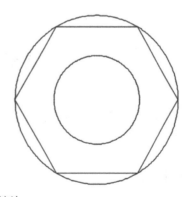

图 7-41　参数缩放

2. 参照缩放

该缩放方式是以指定参照长度和新长度的方式，由系统自动计算出两长度之间的比例数值，从而定义出图像的缩放因子，对图形进行缩放操作。当参照长度大于新长度时，图形将被缩小；反之将对图形执行放大操作。

按照上述方法指定缩放基点后，在命令窗口中输入字母 R，并按下 Enter 键，然后根据命令窗口提示依次定义出参照长度和新长度，按 Enter 键即可完成参照缩放操作，如图 7-42 所示。

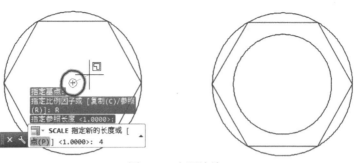

图 7-42　参照缩放

3. 复制缩放

该缩放类型可以在保留原图形对象不变的情况下，创建出满足缩放要求的新图形对象。利用该方法进行图形的缩放，在指定缩放基点后，需要在命令窗口中输入字母 C，然后利用设置缩放参数或参照的方式定义图形的缩放因子，即可完成复制缩放操作，如图 7-43 所示。

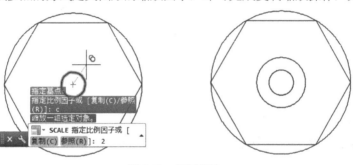

图 7-43　复制缩放

7.4　调整图形对象的形状

拉伸、拉长工具和夹点应用的操作原理比较相似。它们都是在不改变现有图形位置的情况下对单个或多个图形进行拉伸或缩减，从而改变被编辑对象的整体形状。

7.4.1　拉伸图形

执行拉伸操作能够将图形中的一部分拉伸、移动或变形，而其余部分则保持不变，是一种十分灵活的调整图形大小的工具。选取拉伸对象时，可以使用"交叉窗口"的方式选取对象。全部处于窗口中的图形不作变形而只作移动，与选择窗口边界相交的对象将按移动的方向进行拉伸变形。

拉伸命令主要有以下几种调用方法。

- 选择"修改"|"拉伸"命令。
- 在"默认"选项卡的"修改"面板中单击"拉伸"按钮．
- 在命令窗口中执行 STRETCH 或 S 命令。

1. 指定基点拉伸图形

该拉伸方式是系统默认的拉伸方式，按照命令窗口提示指定一点为拉伸点，命令窗口将显示"指定第二个点或<使用第一个点作为位移>："的提示信息。此时，在绘图区指定第二点，系统将按照这两点间的距离执行拉伸操作。例如，将如图 7-44(a)所示图形右半部分拉伸，可以在"功能区"选项板中选择"默认"选项卡，并在"修改"面板中单击"拉伸"按钮。然后使用"窗口"方式选择右半部分的图形，并指定辅助线的交点为基点，拖动即可随意拉伸图形，如图 7-44(b)所示。

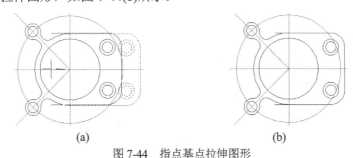

(a)　　　　　　　　　　　　　　(b)

图 7-44　指点基点拉伸图形

2. 指定位移量拉伸图形

该拉伸方式是指将对象按照指定的位移量进行拉伸，而其余部分并不改变。选取拉伸对象后，输入字母 D，然后输入位移量并按下 Enter 键，系统将按照指定的位移量进行拉伸操作，效果如图 7-45 所示。

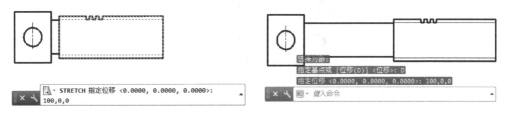

图 7-45　指定位移量拉伸图形

7.4.2　拉长图形

在 AutoCAD 中，拉伸和拉长工具都可以改变对象的大小。它们不同的地方在于拉伸操作可以一次框选多个对象，不仅改变对象的大小，同时改变对象的形状；而拉长操作只改变对象的长度，并且不受边界的局限。可以拉长的对象包括直线、弧线和样条曲线等。

拉长命令主要有以下几种调用方法。

● 选择"修改"|"拉长"命令。

● 在"默认"选项卡的"修改"面板中单击"拉长"按钮。

● 在命令窗口中执行 LENGTHEN 命令。

在 AutoCAD 中执行"拉长"命令后，命令窗口将提示"选择要测量的对象或[增量(DE)/

百分比(P)/总计(T)/动态(DY)]：”的提示信息。此时，指定一种拉长方式，并选取要拉长的对象，即可以该方式进行相应的拉长操作。各类拉长方式的设置方法如下。

1. 增量

增量是指以指定的增量修改对象的长度，并且该增量从距离选择点最近的端点处开始测量。其执行方式是：在命令窗口中输入字母 DE，命令窗口将显示“输入长度增量或[角度(A)]<0.0000>：”的提示信息。此时，输入长度值，并选取对象，系统将以指定的增量修改对象的长度，效果如图 7-46 所示。

图 7-46　以指定增量拉长对象

2. 百分比

百分比是指以相对于原长度的百分比来修改直线或圆弧的长度。其执行方式是：在命令窗口中输入字母 P，命令窗口将提示“输入长度百分数<100.0000>：”的提示信息。此时，如果输入参数值小于 100 则缩短对象，大于 100 则拉长对象，效果如图 7-47 所示。

图 7-47　以百分比形式拉长对象

3. 总计

总计是指通过指定从固定端点处测量的总长度的绝对值来设置选定对象的长度。其执行方式是：在命令窗口中输入字母 T，然后输入对象的总长度，并选取要修改的对象。此时，选取的对象将按照设置的总长度相应地缩短或拉长，效果如图 7-48 所示。

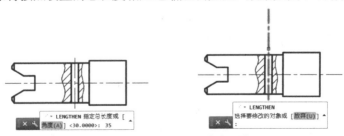

图 7-48　按输入的总长拉长对象

4. 动态

AutoCAD 允许动态地改变直线或圆弧的长度。该方式通过拖动选定对象的端点之一来改变其长度，并且其他端点保持不变。其执行方式是：在命令窗口中输入字母 DY，并选取对象；然后进行拖动，对象将随之拉长或缩短，如图 7-49 所示。

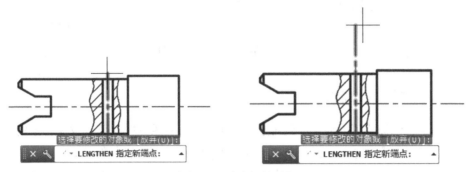

图 7-49　动态拉长对象

7.4.3 使用夹点编辑对象

当选取一图形对象时，对象周围将出现蓝色的方框，即为夹点。在 AutoCAD 中，夹点是一种集成的编辑模式，提供了一种方便快捷的编辑操作途径。例如，使用夹点可以将对象进行拉伸、移动、旋转、缩放及镜像等操作。

1. 使用夹点拉伸对象

在不执行任何命令的情况下选择对象并显示其夹点，然后单击其中一个夹点，进入编辑状态。此时，AutoCAD 自动将其作为拉伸的基点，进入"拉伸"编辑模式，命令窗口将显示如下提示信息。

> ** 拉伸 **
> 指定拉伸点或 [基点(B)/复制(C)/放弃(U)/退出(X)]:

其选项的功能如下。

- "基点(B)"选项：重新确定拉伸基点。
- "复制(C)"选项：允许确定一系列的拉伸点，以实现多次拉伸。
- "放弃(U)"选项：取消上一次操作。
- "退出(X)"选项：退出当前的操作。

默认情况下，指定拉伸点(可以通过输入点的坐标或者直接用鼠标指针拾取点)后，AutoCAD 将把对象拉伸或移动至新的位置。对于某些夹点，移动时只能移动对象而不能拉伸对象，如文字、块、直线中点、圆心、椭圆中心和点对象上的夹点。

如图 7-50 所示，选取一条中心线将显示其夹点，然后选取底部夹点，并打开正交功能，向下拖动即可改变垂直中心线的长度。

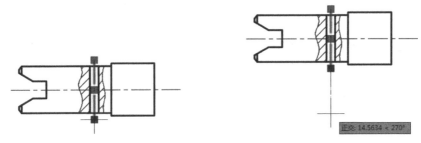

图 7-50   拖动夹点拉伸中心线长度

2. 使用夹点移动和复制对象

使用夹点移动模式可以编辑单元对象或一组对象。利用该模式可以改变对象的放置位置，而不改变其大小和方向。如果在移动时按住 Ctrl 键，则可以复制对象。

如图 7-51 所示，选取一个圆轮廓将显示其夹点，然后选取圆心处夹点，并输入 MO 进入移动模式。接着按住 Ctrl 键选取圆心处夹点，向右拖动至合适位置单击，即可复制一个圆。

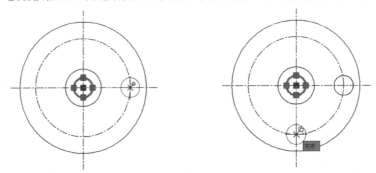

图 7-51   利用夹点复制圆

3. 使用夹点旋转对象

用户可以使对象绕基点旋转，并能够编辑对象的旋转方向。在夹点编辑模式下指定基点后，输入字母 RO 即进入旋转模式，旋转的角度可以通过输入角度值精确定位，也可以通过指定点位置来实现。

如图 7-52 所示，框选一个图像，并指定一个基点，然后输入字母 RO 进入旋转模式，并设置旋转角度为 90°，即可旋转所选图形。

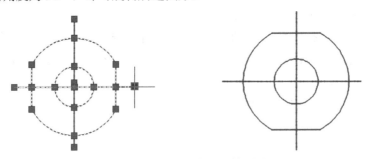

图 7-52   利用夹点旋转视图

4. 使用夹点缩放对象

在夹点编辑模式下指定基点后，输入字母 SC 进入缩放模式，可以通过定义比例因子或缩放参照的方式缩放对象。当比例因子大于 1 时放大对象；当比例因子大于 0 而小于 1 时缩小对象，效果如图 7-53 所示。

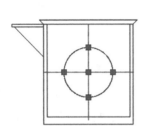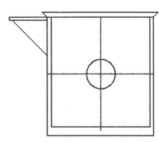

图 7-53　使用夹点缩放视图

5. 使用夹点镜像对象

使用夹点镜像对象是指以指定两夹点的方式定义出镜像中心线，从而进行图形的镜像操作。利用夹点镜像图形时，镜像后既可以删除原对象，也可以保留原对象。

进入夹点编辑模式后单击选中顶部的夹点，连续按下 4 次 Enter 键确认，在命令窗口提示下单击捕捉底端的夹点，按下 Enter 键确认，再按下 Esc 键，图形效果如图 7-54 所示。

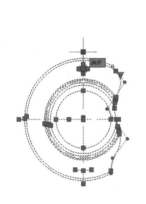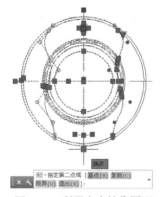

图 7-54　利用夹点镜像图形

【练习 7-6】使用夹点编辑功能，绘制零件图形。

(1) 在"功能区"选项板中选择"默认"选项卡，然后在"绘图"面板中单击"直线"按钮，绘制一条水平直线和一条垂直直线作为辅助线。

(2) 在菜单栏中选择"工具"|"新建 UCS"|"原点"命令，将坐标系原点移至辅助线的交点处，如图 7-55 所示。

(3) 选择所绘制的垂直直线，并单击两条直线的交点，将其作为基点，在命令窗口的"指定拉伸点或[基点(B)/复制(C)/放弃(U)/退出(X)]:"提示下中输入 C，移动并复制垂直直线，然后在命令窗口中输入(120,0)，即可得到另一条垂直的直线，如图 7-56 所示。

图 7-55 绘制水平和垂直直线　　　图 7-56 使用夹点的拉伸功能绘制垂直直线

(4) 在"功能区"选项板中选择"默认"选项卡，然后在"绘图"面板中单击"多边形"按钮，以左侧垂直直线与水平直线的交点为中心点，绘制一个半径为 15 的圆的内接正六边形，如图 7-57 所示。

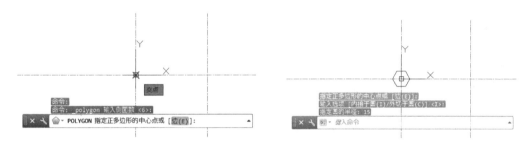

图 7-57 绘制正六边形

(5) 在"功能区"选项板中选择"默认"选项卡，然后在"绘图"面板中单击"圆心、直径"按钮，以右侧垂直直线与水平直线的交点为圆心，绘制一个直径为 65 的圆，如图 7-58 所示。

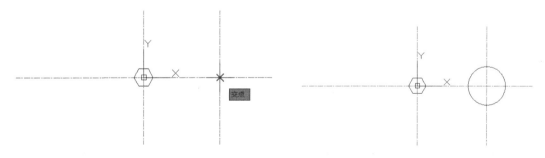

图 7-58 绘制直径为 65 的圆

(6) 选择右侧所绘的圆，并单击该圆的最上端夹点，将其作为基点(该点将显示为红色)，在命令窗口中输入 C，并在拉伸的同时复制图形，然后在命令窗口中输入(50, 0)，即可得到一个直径为 100 的拉伸圆，如图 7-59 所示。

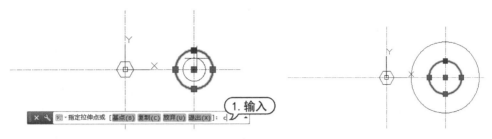

图 7-59　使用夹点的拉伸功能绘制圆

(7) 在"功能区"选项板中选择"默认"选项卡，然后在"绘图"面板中单击"圆心、直径"按钮，以六边形的中心点为圆心，绘制一个直径为 45 的圆，如图 7-60 所示。

(8) 选择所绘制的水平直线，并单击直线上的夹点，将其作为基点，在命令窗口中输入 C，移动并复制水平直线，然后在命令窗口中输入(@0,9)，即可得到一条水平的直线，如图 7-61 所示。

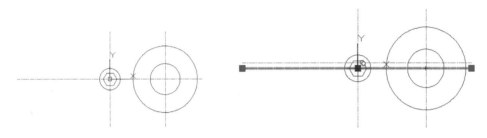

图 7-60　绘制直径为 45 的圆　　　　　　　图 7-61　绘制水平直线

(9) 选择右侧的垂直直线，并单击直线上的夹点，将其作为基点，在命令窗口中输入 C，移动并复制垂直直线，然后在命令窗口中输入(@-38,0)，即可得到另一条垂直直线，如图 7-62 所示。

(10) 在"功能区"选项板中选择"默认"选项卡，然后在"修改"面板中单击"修剪"按钮，修剪直线，如图 7-63 所示。

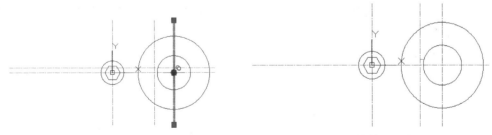

图 7-62　绘制垂直直线　　　　　　　　图 7-63　修剪后的效果

(11) 选择修剪后的直线，在命令窗口中输入 MI，镜像所选的对象，在水平直线上任意选择两点作为镜像线的基点，然后在"要删除源对象吗？"命令提示下，输入 N，最后按下 Enter 键，即可得到镜像的直线，如图 7-64 所示。

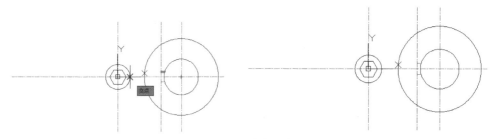

图 7-64   镜像直线

(12) 在"功能区"选项板中选择"默认"选项卡，然后在"绘图"面板中单击"相切、相切、半径"按钮，以直径为 45 和 100 的圆为相切圆，绘制半径为 160 的圆，如图 7-65 所示。

(13) 在"功能区"选项板中选择"默认"选项卡，然后在"修改"面板中单击"修剪"按钮，修剪绘制的相切圆，效果如图 7-66 所示。

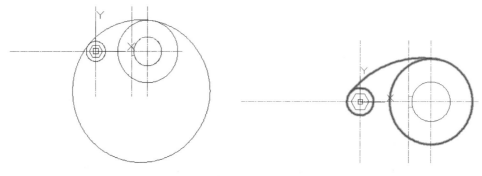

图 7-65   绘制相切圆   图 7-66   修剪相切圆

(14) 选择修剪后的圆弧，在命令窗口中输入 MI，镜像所选的对象，然后在水平直线上任意选择两点作为镜像线的基点，并在"要删除源对象吗？"命令提示下，输入 N，最后按下 Enter 键，即可得到镜像的圆弧，如图 7-67 所示。

(15) 在"功能区"选项板中选择"默认"选项卡，然后在"修改"面板中单击"修剪"按钮，对图形进行修剪，效果如图 7-68 所示。

(16) 在菜单栏中选择"工具" | "新建 UCS" | "世界"命令，恢复世界坐标系，关闭绘图窗口。

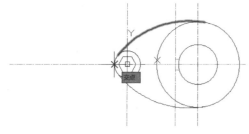

图 7-67   镜像圆弧

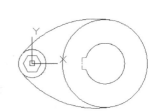

图 7-68   修剪后的图形

7.5 修改二维图形对象

在完成对象的基本绘制后，往往需要对相关对象进行编辑和修改操作，使其实现预期的设计要求。在 AutoCAD 中，用户可以通过修剪、延伸、创建倒角和圆角等常规操作来完成绘制对象的编辑工作。

7.5.1 修剪和延伸图形

修剪和延伸工具的共同点都是以图形中现有的图形对象为参照，以两个图形对象间的交点为切割点或延伸终点，对与其相交或成一定角度的对象进行去除或延伸操作。

1. 修剪图形

利用"修剪"工具可以将某些对象作为编辑和删除边界内的指定对象。利用该工具编辑图形对象时，首先需要选择可定义修剪边界的对象，可作为修剪边的对象包括直线、圆弧、圆、椭圆和多段线等对象。默认情况下，选择修剪对象后，系统将以该对象为边界，将修剪对象上位于拾取点一侧的部分图形切除。

单击"修剪"按钮▇，选取边界曲线并右击，然后选取图形中要去除的部分，即可将多余的图形对象去除。效果如图 7-69 所示。

图 7-69　修剪线段

此外，还可以选择"修改"|"删除"命令，或者在命令窗口中执行 ERASE 或 E 命令进行修剪。在使用"修剪"命令对图形对象进行修剪时，命令窗口中各主要选项的含义如下。

- 全部选择：使用该选项将选择所有可见图形作为修剪边界。
- 按住 Shift 键选择要延伸的对象：按住 Shift 键，然后选择所需的线条，即可在执行修剪命令时将图形对象进行延伸操作。
- 栏选(F)：使用该选项后，在屏幕上绘制直线，与直线相交的线条将会被选中。
- 窗交(C)：在 AutoCAD 中提供了窗交选择方式，即可以直接使用交叉方式选择多条被修剪的线条。
- 投影(P)：指定修剪对象时使用的投影模式，在三维绘图中才会用到该选项。
- 边(E)：确定是在另一对象的隐含边处修剪对象，还是仅修剪对象到与它在三维空间中相交的区域。在三维绘图中进行修剪时才会用到该选项。
- 删除(R)：删除选定的对象。

2. 延伸图形

延伸操作的成型原理同修剪相反。进行该操作时将以现有的图形对象作为边界，将其他对象延伸至该对象上。延伸对象时，如果按住 Shift 键的同时选取对象，则执行修剪操作。

单击"延伸"按钮，选取延伸边界后右击，然后选取需要延伸的对象，系统将自动将选取对象延伸至所指定的边界上。效果如图 7-70 所示。

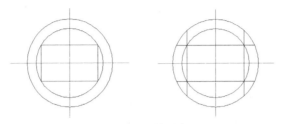

图 7-70　延伸对象

7.5.2　创建圆角

为了便于铸件造型时拔模，防止铁水冲坏转角处，并防止冷却时产生缩孔和裂缝，将铸件或锻件的转角处制成圆角，即铸造或锻造圆角。在 AutoCAD 中，圆角是指通过一个指定半径的圆弧来光滑地连接两个对象的特征。其中，可以执行倒角操作的对象有圆弧、圆、椭圆、椭圆弧、直线等。此外，直线、构造线和射线在相互平行时也可以进行倒圆角操作。

单击"圆角"按钮 ，命令窗口将显示"选择第一个对象或[放弃(U)/多段线(P)/半径(R)/修剪(T)/多个(M)]："的提示信息。下面将分别介绍常用圆角方式的设置方法。

1. 指定半径绘制圆角

该方法是绘图中最常用的创建圆角方式。选择"圆角"工具后，输入字母 R，并设置圆角半径值，然后依次选取操作对象，即可获得圆角效果，如图 7-71 所示。

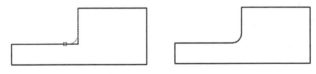

图 7-71　指定半径绘制圆角

2. 不修剪圆角

选择"圆角"工具后，输入字母 T 可以指定相应的圆角类型，即设置倒圆角后是否保留原对象。可以选择"不修剪"选项，获得不修剪的圆角效果。

【练习 7-7】在 AutoCAD 中绘制汽车轮胎。

(1) 在"功能区"选项板中选择"默认"选项卡，然后在"绘图"面板中单击"构造线"按钮，绘制一条经过点(100,100)的水平辅助线和一条经过点(100,100)的垂直辅助线，如图 7-72 所示。

(2) 在"绘图"面板中单击"圆心、半径"按钮，以点(100,100)为圆心，绘制半径为 5 的圆，如图 7-73 所示。

图 7-72　绘制辅助线　　　　　　　　　图 7-73　绘制半径为 5 的圆

(3) 在"绘图"面板中单击"圆心、半径"按钮，绘制小圆的 4 个同心圆，半径分别为 10、40、45 和 50，如图 7-74 所示。

(4) 在"修改"面板中单击"偏移"按钮，将水平辅助线分别向上、向下偏移 4，如图 7-75 所示。

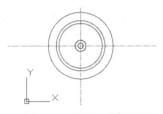 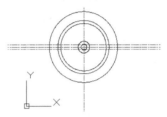

图 7-74　绘制 4 个同心圆　　　　　　　图 7-75　偏移水平辅助线

(5) 在"绘图"面板中单击"直线"按钮，在两圆之间捕捉辅助线与圆的交点绘制直线，并且删除两条偏移的辅助线，如图 7-76 所示。

(6) 在"绘图"面板中单击"圆心、半径"按钮，以点(93,100)为圆心，绘制半径为 1 的圆，如图 7-77 所示。

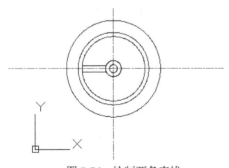 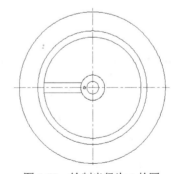

图 7-76　绘制两条直线　　　　　　　　图 7-77　绘制半径为 1 的圆

(7) 在"修改"面板中单击"圆角"按钮。在"选择第一个对象或[放弃(U)/多段线(P)/半径(R)/修剪(T)/多个(M)]："提示下，输入 R，并指定圆角半径为 3，按 Enter 键。在"选择第一个对象或[放弃(U)/多段线(P)/半径(R)/修剪(T)/多个(M)]："提示下，选中半径为 40 的圆。在"选择第二个对象，或按住 Shift 键选择要应用角点的对象："提示下，选中直线，完成圆角的操作，如图 7-78 所示。

(8) 使用同样的方法，将直线与圆相交的其他 3 个角都倒成圆角，效果如图 7-79 所示。

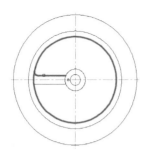

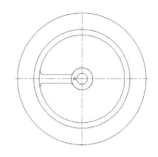

图 7-78　选中圆与直线   图 7-79　圆角处理

(9) 在"修改"面板中单击"阵列"下拉按钮，选择"环形阵列"选项。在命令窗口"选择对象："提示下，选中如图 7-80 所示的圆弧、直线和圆。

(10) 在命令窗口"指定阵列的中心点或[基点(B)/旋转轴(A)]："提示下，指定坐标点(100,100)为中心点。此时，将按照默认设置自动阵列选中的对象，效果如图 7-81 所示。

(11) 选中阵列的对象，将自动打开"阵列"选项卡。在该选项卡中可以对阵列的对象进行具体的参数设置。

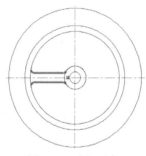

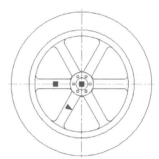

图 7-80　选择对象   图 7-81　阵列对象

7.5.3　创建倒角

为了便于装配，并且保护零件表面不受损伤，一般在轴端、孔口、抬肩和拐角处加工出倒角(即圆台面)，这样可以去除零件的尖锐刺边，避免刮伤。在 AutoCAD 中利用"倒角"工具◣可以很方便地绘制倒角结构造型，并且执行倒角操作的对象可以是直线、多段线、构造线、射线或三维实体。

1. 多段线倒角

若选择的对象是多段线，那么可以方便地对整体多段线进行倒角。在命令窗口中输入字母 P，然后选择多段线，系统将以当前倒角参数对多段线进行倒角操作。

2. 指定半径绘制倒角

该方式指以输入直线与倒角线之间的距离定义倒角。如果两个倒角距离都为零，那么倒角操作将修剪或延伸这两个对象，直到它们相接，但不创建倒角线。

在命令窗口中输入字母 D，然后依次输入两个倒角距离，并分别选取两条倒角边，即可获得倒角效果。如图 7-82 所示，依次指定两个倒角距离均为 6，然后选取两条倒角边，此时将显示相应的倒角效果。

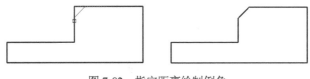

图 7-82　指定距离绘制倒角

3. 指定角度绘制倒角

该方式通过指定倒角的长度以及它与第一条直线形成的角度来创建倒角。在命令窗口中输入字母 A，然后分别输入倒角的长度和角度，并依次选取两个对象即可获得倒角效果。

4. 指定是否修剪倒角

在默认情况下，对象在倒角时需要修剪，但也可以设置为保持不修剪的状态。在命令窗口中输入字母 T 后，选择"不修剪"选项，然后按照上面介绍的方法设置倒角参数即可，效果如图 7-83 所示。

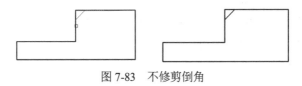

图 7-83　不修剪倒角

7.5.4　使用打断工具

在 AutoCAD 中，用户可以使用打断工具使对象保持一定间隔。该类打断工具包括"打断"和"打断于点"这两种类型。此类工具可以在一个对象上去除部分线段，创建出间距效果，或者以指定分割点的方式将其分割为两部分。

1. 打断

打断是删除部分或将对象分解成两部分，并且对象之间可以有间隙，也可以没有间隙。可以打断的对象包括直线、圆、圆弧、椭圆等。

默认情况下，以选择对象时的拾取点作为第 1 个断点，同时还需要指定第 2 个断点。如果直接选取对象上的另一点或者在对象的一端之外拾取一点，系统将删除对象上位于两个拾取点之间的部分。如果选择"第一点(F)"选项，可以重新确定第 1 个断点。

在确定第 2 个打断点时，如果在命令窗口输入@，可以使第 1 个、第 2 个断点重合，从而将对象一分为二。如果对圆、矩形等封闭图形使用打断命令时，AutoCAD 将沿逆时针方向把第 1 断点到第 2 断点之间的那段圆弧或直线删除。例如，在如图 7-84 所示的图形中，使用打断命令时，顺次单击点 A 和 B 与顺次单击点 B 和 A 产生的效果是不同的。

图 7-84　打断图形

在默认情况下，系统总是删除从第一个打断点到第二个打断点之间的部分，并且在对圆和椭圆等封闭图形进行打断时，系统将按照逆时针方向删除从第一打断点到第二打断点之间的对象。

2. 打断于点

打断于点是打断命令的后续命令，它是将对象在一点处断开生成两个对象。一个对象在执行过打断于点命令后，从外观上看不出什么差别。但当选取该对象时，可以发现该对象已经被打断成两个部分。

单击"打断于点"按钮，然后选取一个对象，并在该对象上单击指定打断点的位置，即可将该对象分割为两个对象。

例如，在如图 7-85 所示图形中，若要从点 C 处打断圆弧，可以执行"打断于点"命令，并选择圆弧，然后单击点 C 即可。

图 7-85　打断于点

7.6　思考练习

1. 在 AutoCAD 2018 中，选择对象的方法有哪些？
2. 如何使用夹点编辑对象？
3. "拉伸"命令与"拉长"命令有何区别？

第8章　使用文字与表格

文字和表格是 AutoCAD 图形中重要的元素，同时也是机械制图和工程制图中不可缺少的组成部分。文字可用对图形中不便于表达的内容加以说明，使图形更完整、清晰，表格则可以通过行与列以一种简洁的形式提供信息。本章将主要介绍在 AutoCAD 2018 中使用文字与表格的操作。

8.1　设置文字样式

在 AutoCAD 中，所有文字都有与之相关联的文字样式。在创建文字注释和尺寸标注时，AutoCAD 通常使用当前的文字样式。用户也可以根据具体要求重新设置文字样式或创建新的样式。文字样式包括文字"字体"、"高度"、"宽度系数"、"倾斜角"、"反向"、"倒置"以及"垂直"等参数。

8.1.1　创建文字样式

在快速访问工具栏中选择"显示菜单栏"命令，在弹出的菜单栏中选择"格式"|"文字样式"命令(或在"功能区"选项板中选择"注释"选项卡，在"文字"面板中单击Standard下拉列表框，然后选择"管理文字样式"选项)，打开"文字样式"对话框，如图 8-1 所示。利用该对话框可以修改或创建文字样式，并设置文字的当前样式。

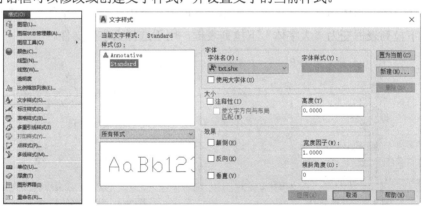

图 8-1　打开"文字样式"对话框

在"文字样式"对话框中，可以执行显示文字样式的名称、创建新的文字样式、为已有的文字样式重命名以及删除文字样式等操作。该对话框中各部分选项的功能如下所示。

- "样式"列表：列出了当前可以使用的文字样式，默认文字样式为 Standard (标准)。
- "置为当前"按钮：单击该按钮，可以将选择的文字样式设置为当前的文字样式。

● "新建"按钮：单击该按钮，AutoCAD 将打开"新建文字样式"对话框，如图 8-2 所示。在该对话框的"样式名"文本框中输入新建文字样式名称后，单击"确定"按钮，可以创建新的文字样式。新建文字样式将显示在"样式"下拉列表框中。

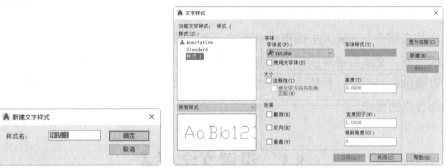

图 8-2　新建文字样式

● "删除"按钮：单击该按钮，可以删除所选择的文字样式，但无法删除已经被使用了的文字样式和默认的 Standard 样式。

注意：

如果要重命名文字样式，可在"样式"列表中右击要重命名的文字样式，然后在弹出的快捷菜单中选择"重命名"命令即可，但无法重命名默认的 Standard 样式。

8.1.2　设置字体和大小

"文字样式"对话框的"字体"选项区域用于设置文字样式使用的字体属性。其中，"字体名"下拉列表框用于选择字体，如图 8-3 所示；"字体样式"下列表框用于选择字体格式，如斜体、粗体和常规字体等，如图 8-4 所示。选中"使用大字体"复选框，"字体样式"下拉列表框变为"大字体"下拉列表框，用于选择大字体文件。

图 8-3　设置字体

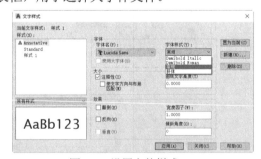

图 8-4　设置字体样式

"文字样式"对话框中的"大小"选项区域用于设置文字样式使用的字高属性。其中，"注释性"复选框用于设置文字是否为注释性对象，"高度"文本框用于设置文字的高度。如果将文字的高度设为 0，在使用 TEXT 命令标注文字时，命令窗口将显示"指定高度："提示，要求指定文字的高度。如果在"高度"文本框中输入了文字高度，AutoCAD 将按此高度标注文字，而不再提示指定高度。

8.1.3　设置文字效果

在"文字样式"对话框中的"效果"选项区域中，用户可以设置文字的显示效果。

- "颠倒"复选框：用于设置是否将文字倒过来书写，如图 8-5 所示。
- "反向"复选框：用于设置是否将文字反向书写，如图 8-6 所示。

图 8-5　文字颠倒

图 8-6　文字反向

- "垂直"复选框：用于设置是否将文字垂直书写，但垂直效果对汉字字体无效。
- "宽度因子"文本框：用于设置文字字符的高度和宽度之比。当宽度比例为 1 时，将按系统定义的高宽比书写文字；当宽度比例小于 1 时，字符会变窄；当宽度比例大于 1 时，字符会变宽，如图 8-7 所示。
- "倾斜角度"文本框：用于设置文字的倾斜角度。角度为 0 时不倾斜，角度为正值时向右倾斜，角度为负值时向左倾斜，如图 8-8 所示。

图 8-7　文字宽度

图 8-8　文字倾斜

8.1.4　预览与应用文字样式

在"文字样式"对话框的"预览"选项区域中，用户可以预览所选择或所设置的文字样式效果。在设置完文字样式后，单击"应用"按钮即可应用文字样式，然后单击"关闭"按钮，关闭"文字样式"对话框。

【练习 8-1】定义新文字样式为 text1，字高为 5，向右倾斜角变为 20°。

(1) 在快速访问工具栏中选择"显示菜单栏"命令。在弹出的菜单中选择"格式"|"文字样式"命令，打开"文字样式"对话框。

(2) 单击"新建"按钮，打开"新建文字样式"对话框。在"样式名"文本框中输入 text1，如图 8-9 所示。然后单击"确定"按钮，AutoCAD 返回到"文字样式"对话框。

(3) 在"字体"选项区域中的"字体"下拉列表中选择 geniso12.shx。然后选中"使用大字体"复选框，并在"大字体"下拉列表框中选择 gbcbig.shx 字体。在"高度"文本框中输入 3，在"倾斜角度"文本框中输入 15，然后单击"应用"按钮应用该文字样式，单击"关闭"按钮关闭"文字样式"对话框，并将文字样式 text1 置为当前样式，如图 8-10 所示。

图 8-9　新建文字样式

图 8-10　设置字体

8.2　书写单行文字

在 AutoCAD 2018 中，使用如图 8-11 所示的"文字"工具栏和"注释"选项卡中的"文字"面板都可以创建和编辑文字。对于单行文字来说，每一行都是一个文字对象，因此可以用来创建文字内容比较简短的文字对象(如标签)，并且可以进行单独编辑。

图 8-11　"文字"面板和"文字"工具栏

8.2.1　创建单行文字

在快速访问工具栏中选择"显示菜单栏"命令，在弹出的菜单中选择"绘图"|"文字"|"单行文字"命令；单击"文字"工具栏中的"单行文字"按钮▲；或在"功能区"选项板中选择"注释"选项卡，在"文字"面板中单击"单行文字"按钮▲，都可以在图形中创建单行文字对象。

执行"创建单行文字"命令时，AutoCAD 提示如下信息。

当前文字样式: Standard　当前文字高度: 2.5000

指定文字的起点或 [对正(J)/样式(S)]:

1. 指定文字的起点

默认情况下，通过指定单行文字行基线的起点位置创建文字。AutoCAD 为文字行定义了顶线、中线、基线和底线这 4 条线，用于确定文字行的位置。这 4 条线与文字串的关系如图 8-12 所示。

图 8-12　文字标注参考线定义

如果当前文字样式的高度设置为 0，系统将显示"指定高度："提示信息，要求指定文字高度，否则不显示该提示信息，而直接使用"文字样式"对话框中设置的文字高度。然后系统显示"指定文字的旋转角度<0>："提示信息，要求指定文字的旋转角度。文字旋转角度是指文字行排列方向与水平线的夹角，默认角度为0°。输入文字旋转角度，或按 Enter 键使用默认角度0°，最后输入文字即可。用户也可以切换到 Windows 的中文输入方式下，输入中文文字。

2. 设置对正方式

在系统显示"指定文字的起点或[对正(J)/样式(S)]："提示信息后输入 J，可以设置文字的排列方式。

输入选项[对齐(A)/调整(F)/中心(C)/中间(M)/右(R)/左上(TL)/中上(TC)/右上(TR)/左中(ML)/正中(MC)/右中(MR)/左下(BL)/中下(BC)/右下(BR)]:

在 AutoCAD 2018 中，系统为文字提供了多种对正方式，显示效果如图 8-13 所示。

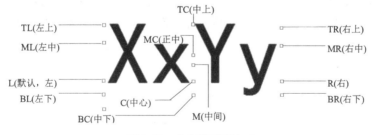

图 8-13　文字的对正方式

以上提示中的各选项含义如下。

- 对齐(A)：要求确定所标注文字行基线的始点与终点位置。
- 调整(F)：此选项要求用户确定文字行基线的始点、终点位置以及文字的字高。
- 中心(C)：此选项要求确定一点，AutoCAD 把该点作为所标注文字行基线的中点，即所输入文字的基线将以该点为参照居中对齐。
- 中间(M)：此选项要求确定一点，AutoCAD 把该点作为所标注文字行的中间点，即以该点作为文字行在水平、垂直方向上的中点。

● 右(R)：此选项要求确定一点，AutoCAD 把该点作为文字行基线的右端点。

在与"对正(J)"选项对应的其他提示中，"左上(TL)"、"中上(TC)"和"右上(TR)"选项分别表示将以所确定点作为文字行顶线的始点、中点和终点；"左中(ML)"、"正中(MC)"、"右中(MR)"选项分别表示将以所确定点作为文字行中线的始点、中点和终点；"左下(BL)"、"中下(BC)"、"右下(BR)"选项分别表示将以所确定点作为文字行底线的始点、中点和终点。如图 8-14 显示了上述文字对正示例。

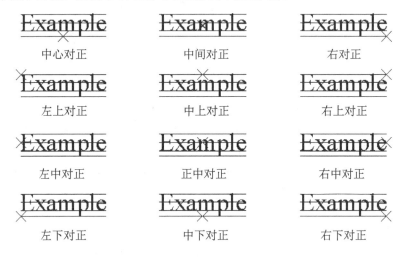

图 8-14   文字对正示例

注意：

在输入文字的过程中，可以随时改变文字的位置。如果在输入文字的过程中想改变后面输入的文字位置，可先将光标移到新位置并按拾取键，原标注行结束，标志出现在新确定的位置后可以在此继续输入文字。但在标注文字时，不论采用哪种文字排列方式，输入文字时，在屏幕上显示的文字都是按左对齐的方式排列，直到结束 TEXT 命令后，才按指定的排列方式重新生成文字。

3. 设置当前文字样式

在系统显示"指定文字的起点或 [对正(J)/样式(S)]："提示信息下输入 S，可以设置当前使用的文字样式。选择该选项时，命令行显示如下提示信息。

> **输入样式名或 [?] <Mytext>：**

注意：

用户直接输入文字样式的名称或输入问号(?)，这时在"AutoCAD 文本窗口"中将显示当前图形已有的文字样式。

例如打开一个图形文件后，在命令窗口中输入 DTEXT 命令，然后按下 Enter 键，显示如图 8-15 所示的命令窗口提示，捕捉图形上合适的端点，然后按下 Enter 键，输入"液体存储罐"，按下 Enter 键确认，然后按下 Esc 键退出即可创建单行文字，如图 8-15 所示。

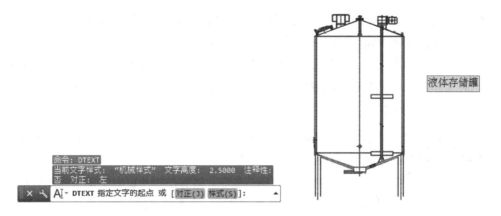

图 8-15 创建单行文字

8.2.2 使用文字控制符

在实际设计绘图中，往往需要标注一些特殊的字符。例如，在文字上方或下方添加画线或标注"°"、"±"、"φ"等符号。这些特殊字符不能从键盘上直接输入，因此 AutoCAD 提供了相应的控制符，以实现这些标注要求。

AutoCAD 的控制符由两个百分号(%%)及在后面紧接一个字符构成，常用的控制符如表 8-1 所示。

表 8-1 AutoCAD 常用的标注控制符

控 制 符	功 能
%%O	打开或关闭文字上画线
%%U	打开或关闭文字下画线
%%D	标注度(°) 符号
%%P	标注正负公差(±)符号
%%C	标注直径(φ)符号

在 AutoCAD 的控制符中，%%O 和%%U 分别是上画线和下画线的开关。第 1 次出现此符号时，可打开上画线或下画线；第 2 次出现该符号时，则会关掉上画线或下画线。

注意:

在"输入文字:"提示下，输入控制符时，这些控制符也临时显示在屏幕上。当结束文本创建命令时，这些控制符将从屏幕上消失，转换成相应的特殊符号。

8.2.3 编辑单行文字

编辑单行文字包括编辑文字的内容、对正方式及缩放比例，可以在快速访问工具栏中选择"显示菜单栏"命令，在弹出的菜单栏中选择"修改"|"对象"|"文字"中的命令进行设置。各命令的功能如下。

- "编辑"命令(DDEDIT)：选择该命令，然后在绘图窗口中单击需要编辑的单行文字，进入文字编辑状态，可以重新输入文本内容。
- "比例"命令(SCALETEXT)：选择该命令，然后在绘图窗口中单击需要编辑的单行文字，此时需要输入缩放的基点以及指定新高度、匹配对象(M)或缩放比例(S)。命令窗口提示如下。

> SCALETEXT [现有(E)/左对齐(L)/居中(C)/中间(M)/右对齐(R)/左上(TL)/中上(TC)/右上(TR)/左中(ML)/正中(MC)/右中(MR)/左下(BL)/中下(BC)/右下(BR)] <现有>：

- "对正"命令(JUSTIFYTEXT)：选择该命令，然后在绘图窗口中单击需要编辑的单行文字，此时可以重新设置文字的对正方式。命令窗口提示如下。

> JUSTIFYTEXT [左对齐(L)/对齐(A)/布满(F)/居中(C)/中间(M)/右对齐(R)/左上(TL)/中上(TC)/右上(TR)/左中(ML)/正中(MC)/右中(MR)/左下(BL)/中下(BC)/右下(BR)] <左对齐>：

8.3 书写多行文字

"多行文字"又称为段落文字，是一种更易于管理的文字对象，可以由两行以上的文字组成，而且各行文字都是作为一个整体处理。在机械制图中，常使用多行文字功能创建较为复杂的文字说明，如图样的技术要求。

8.3.1 创建多行文字

在快速访问工具栏中选择"显示菜单栏"命令，在弹出的菜单栏中选择"绘图"|"文字"|"多行文字"命令(或在"功能区"选项板中选择"注释"选项卡，在"文字"面板中单击"多行文字"按钮圖)。然后在绘图窗口中指定一个用来放置多行文字的矩形区域，将打开"文字格式"输入窗口和"文字编辑器"选项卡。利用它们可以设置多行文字的样式、字体及大小等属性，如图 8-16 所示。

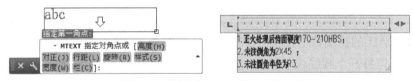

图 8-16　创建多行文字的文字输入窗口

1. 设置缩进、制表位和多行文字宽度

在文字输入窗口的标尺上右击，从弹出的标尺快捷菜单中选择"段落"命令，打开"段落"对话框，如图 8-17 所示，可以从中设置缩进和制表位位置。其中，在"制表位"选项区域中可以设置制表位的位置。单击"添加"按钮可以设置新制表位，单击"清除"按钮可清除列表框中的所有设置；在"左缩进"选项区域的"第一行"文本框和"悬挂"文本框中可以设置首行和段落的左缩进位置；在"右缩进"选项区域的"右"文本框中可以设置段落右缩进的位置。

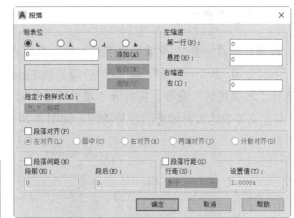

图 8-17　打开"段落"对话框

注意:

在标尺快捷菜单中选择"设置多行文字宽度"命令,可以打开"设置多行文字宽度"对话框,在"宽度"文本框中可以设置多行文字的宽度。

2. 输入文字

在多行文字的文字输入窗口中,可以直接输入多行文字,也可以在文字输入窗口中右击,从弹出的快捷菜单中选择"输入文字"命令,将已经在其他文字编辑器中创建的文字内容直接导入到当前图形中。

【练习 8-2】在 AutoCAD 2018 打开的图形中创建多行文字。

(1) 在"功能区"选项板中选择"注释"选项卡,然后在"文字"面板中单击"多行文字"按钮A。

(2) 在绘图窗口中拖动并创建一个用于放置多行文字的矩形区域。

(3) 在"文字编辑器"选项卡的"样式"面板的"样式"下拉列表框中设置文字样式,然后在"文字高度"下拉列表框中设置文字高度,如图 8-18 所示。

(4) 设置完成后,在文字输入窗口中输入需要创建的多行文字内容,然后在"文字编辑器"选项卡的"关闭"面板中单击"关闭文字编辑器"按钮。输入文字后的最终效果如图 8-19 所示。

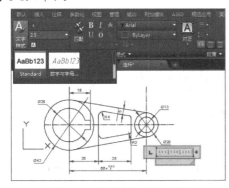

图 8-18　绘制多行文字区域

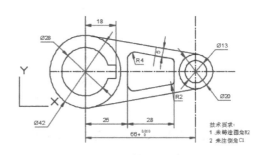

图 8-19　多行文字效果

8.3.2 创建堆叠文字

如果要创建堆叠文字(堆叠文字是一种垂直对齐的文字或分数)，可分别输入分子和分母，中间使用 "/"、"#" 或"^"分隔。按 Enter 键，单击 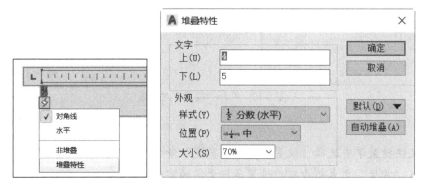 按钮，在弹出的快捷菜单中选择"堆叠特性"命令，将打开"堆叠特性"对话框。在其中可以设置在输入如 x/y、x#y 和 x^y 等表达式时堆叠的各种特性，如图 8-20 所示。

图 8-20 打开"堆叠特性"对话框

注意:

单击"堆叠特性"对话框中的"自动堆叠"按钮，可以打开"自动堆叠特性"对话框，在其中可以设置自动堆叠的特性。

8.3.3 编辑多行文字

要编辑创建的多行文字，可以在快速访问工具栏中选择"显示菜单栏"命令，在弹出的菜单中选择"修改"|"对象"|"文字"|"编辑"命令，并单击创建的多行文字，打开多行文字编辑窗口。然后参照多行文字的设置方法，修改并编辑文字(也可以在绘图窗口中双击输入的多行文字后编辑文字)，如图 8-21 所示。

图 8-21 编辑多行文字

或者在文字输入窗口中右击，将弹出一个快捷菜单，通过该菜单可以对多行文本进行更多的设置，如图 8-22 所示。

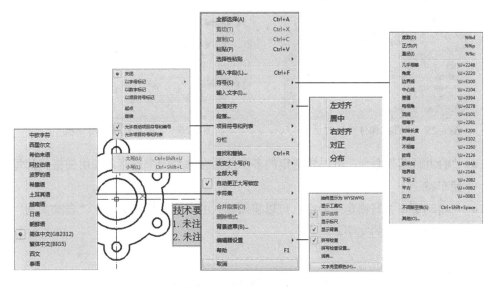

图 8-22　多行文字的选项菜单

在多行文字选项菜单中，主要命令的功能如下。

- "插入字段"命令：选择该命令将打开"字段"对话框，可以选择需要插入的字段，如图 8-23 所示。
- "符号"命令：选择该命令的子命令，可以在实际设计绘图中插入一些特殊的字符，如度数、正/负和直径等符号。如果选择"其他"命令，将打开"字符映射表"对话框，可以插入其他特殊字符，如图 8-24 所示。

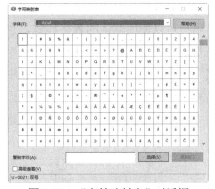

图 8-23　"字段"对话框　　　　　　　图 8-24　"字符映射表"对话框

- "段落对齐"命令：选择该命令的子命令，可以设置段落的对齐方式，包括左对齐、居中、右对齐、对正和分布这五种对齐方式。
- "项目符号和列表"命令：可以使用字母、数字作为段落文字的项目符号。
- "查找和替换"命令：选择该命令将打开"查找和替换"对话框，如图 8-25 所示。可以搜索或同时替换指定的字符串，也可以设置查找的条件，如是否全字匹配、是否区分大小写等。
- "背景遮罩"命令：选择该命令将打开"背景遮罩"对话框，可以设置是否使用背景遮罩、边界偏移因子(1~5)，以及背景遮罩的填充颜色，如图 8-26 所示。

图 8-25 "查找和替换"对话框   图 8-26 "背景遮罩"对话框

- "合并段落"命令：可以将选定的多个段落合并为一个段落，并用空格代替每段的回车符。
- "自动更正大写锁定"命令：可以将新输入的文字转换成大写，"自动大写"命令不会影响已有的文字。

8.4 创建表格

在 AutoCAD 2018 中，用户可以使用创建表格命令创建表格，还可以从 Microsoft Excel 中直接复制表格，并将其作为 AutoCAD 表格对象粘贴到图形中，也可以从外部直接导入表格对象。此外，还可以输出来自 AutoCAD 的表格数据，以供在其他应用程序中使用。

8.4.1 新建表格样式

表格样式控制一个表格的外观，用于保证字体、颜色、文本、高度和行距等格式符合要求。用户可以使用默认的表格样式，也可以根据需要自定义表格样式。

在快速访问工具栏中选择"显示菜单栏"命令，在弹出的菜单栏中选择"格式"|"表格样式"命令；或在"功能区"选项板中选择"注释"选项卡，在"表格"面板中单击右下角的 按钮，打开"表格样式"对话框，如图 8-27 所示。单击"新建"按钮，可以使用打开的"创建新的表格样式"对话框创建新的表格样式，如图 8-28 所示。

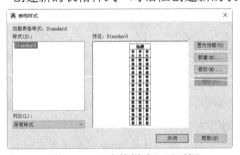

图 8-27 "表格样式"对话框   图 8-28 "创建新的表格样式"对话框

在"新样式名"文本框中输入新的表格样式名，在"基础样式"下拉列表中选择默认的表格样式、标准样式或者任何已经创建的样式，新样式将在该样式的基础上进行修改。然后单击"继续"按钮，将打开"新建表格样式"对话框。用户可以通过它指定表格的行格式、表格方向、边框特性和文本样式等内容，如图 8-29 所示。

图 8-29　"新建表格样式"对话框

8.4.2　设置表格的数据、标题和表头

在"新建表格样式"对话框中，可以在"单元样式"选项区域的下拉列表框中选择"数据"、"标题"和"表头"选项来分别设置表格的数据、标题和表头对应的样式。其中，"标题"选项卡如图 8-30 所示，"表头"选项卡如图 8-31 所示。

图 8-30　"标题"选项卡　　　　　　　　图 8-31　"表头"选项卡

"新建表格样式"对话框中 3 个选项的内容基本相似，可以分别指定单元基本特性、文字特性和边界特性。

- "常规"选项卡：设置表格的填充颜色、对齐方向、格式、类型及页边距等特性。
- "文字"选项卡：设置表格单元中的文字样式、高度、颜色和角度等特性。
- "边框"选项卡：单击边框设置按钮，可以设置表格的边框是否存在。当表格具有边框时，还可以设置表格的线宽、线型、颜色和间距等特性。

【练习 8-3】创建表格样式 NewStyle，具体要求如下。

- 表格中的文字字体为"宋体"。
- 表格中数据的文字高度为 10。
- 表格中数据的对齐方式为正中。
- 其他选项都为默认设置。

(1) 在"功能区"选项板中选择"注释"选项卡，在"表格"面板中单击"表格样式"按钮，打开"表格样式"对话框。单击"新建"按钮，打开"创建新的表格样式"对话框。然后在"新样式名"文本框中输入表格样式名 NewStyle，单击"继续"按钮，如图 8-32 所示。

(2) 打开"新建表格样式"对话框，然后在"单元样式"选项区域的下拉列表框中选择"数据"选项，如图 8-33 所示。

图 8-32　"创建新的表格样式"对话框　　　　图 8-33　"新建表格样式"对话框

(3) 在"单元样式"选项区域中选择"文字"选项卡，如图 8-34 所示。

(4) 单击"文字样式"下拉列表框后面的▢▢▢按钮，打开"文字样式"对话框。在"字体"选项区域的"字体名"下拉列表框中选择"宋体"选项，如图 8-35 所示。然后单击"应用"按钮和"关闭"按钮，返回"新建表格样式"对话框。

图 8-34　选择"文字"选项卡　　　　　　图 8-35　"文字样式"对话框

(5) 在"文字高度"文本框中输入文字高度为 10，如图 8-36 所示。

(6) 在"单元样式"选项区域中选择"常规"选项卡，在"特性"选项区域的"对齐"下拉列表框中选择"正中"选项，如图 8-37 所示。

(7) 单击"确定"按钮，关闭"新建表格样式"对话框。然后单击"关闭"按钮，关闭"表格样式"对话框即可完成设置。

图 8-36　输入文字高度　　　　　　　　图 8-37　设置对齐

8.4.3　管理表格样式

　　在 AutoCAD 中，还可以使用"表格样式"对话框来管理图形中的表格样式。在该对话框的"当前表格样式"后面，显示当前使用的表格样式(默认为 Standard)；在"样式"列表中显示了当前图形所包含的表格样式；在"预览"窗口中显示了选中表格的样式；在"列出"下拉列表中，可以选择"样式"列表是显示图形中的所有样式还是正在使用的样式。

　　此外，在"表格样式"对话框中，还可以单击"置为当前"按钮，将选中的表格样式设置为当前使用的表格样式；单击"修改"按钮，在打开的"修改表格样式"对话框中修改选中的表格样式，如图 8-38 所示；单击"删除"按钮，删除选中的表格样式。

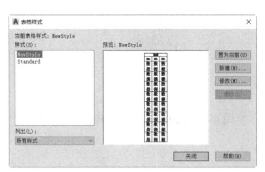

图 8-38　打开"修改表格样式"对话框

8.4.4　插入表格

　　在快速访问工具栏中选择"显示菜单栏"命令。在弹出的菜单栏中选择"绘图"|"表格"命令，可以打开 "插入表格"对话框，在"表格样式"选项区域中，可以从"表格样式"下拉列表框中选择表格样式，或单击其后的 按钮，打开"表格样式"对话框，创建新的表格样式，如图 8-39 所示。

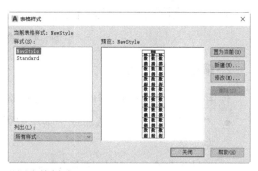

图 8-39　选择与设置表格样式

　　在"插入方式"选项区域中，选中"指定插入点"单选按钮，可以在绘图窗口中的某点插入固定大小的表格；选中"指定窗口"单选按钮，可以在绘图窗口中通过拖动表格边框来创建任意大小的表格。

　　在"列和行设置"选项区域中，可以通过改变"列"、"列宽"、"数据行数"和"行高"文本框中的数值来调整表格的外观大小。

8.4.5　编辑表格和单元格

在 AutoCAD 2018 中，还可以使用表格的快捷菜单来编辑表格。当选中整个表格时，其快捷菜单如图 8-40 所示；当选中表格单元格时，其快捷菜单如图 8-41 所示。

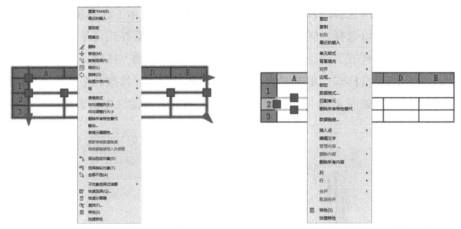

图 8-40　选中整个表格时的快捷菜单　　　　图 8-41　选中表格单元格时的快捷菜单

1. 编辑表格

从表格的快捷菜单中可以看到，可以对表格进行剪切、复制、删除、移动、缩放和旋转等简单操作，还可以均匀调整表格的行、列大小，删除所有特性替代。当选择"输出"命令时，可以打开"输出数据"对话框，以.csv 格式输出表格中的数据。

当选中表格后，在表格的四周、标题行上将显示许多夹点，可以通过拖动这些夹点来编辑表格，如图 8-42 所示。

图 8-42　拖动表格的夹点

2. 编辑表格单元格

使用表格单元格快捷菜单可以编辑表格单元格，其主要命令选项的功能说明如下。

- "对齐"命令：在该命令子菜单中可以选择表格单元的对齐方式，如左上、左中、左下等。
- "边框"命令：选择该命令将打开"单元边框特性"对话框，可以设置单元格边框的线宽、颜色等特性，如图 8-43 所示。
- "匹配单元"命令：用当前选中的表格单元格式(源对象)匹配其他表格单元(目标对象)，此时鼠标指针变为刷子形状，单击目标对象即可进行匹配。
- "插入点"命令：选择该命令的子命令，可以从中选择插入到表格中的块、字段和公式。例如，选择"块"命令，将打开"在表格单元中插入块"对话框。可以从中设置插入的块在表格单元中的对齐方式、比例和旋转角度等特性，如图 8-44 所示。

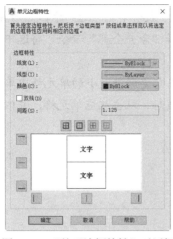

图 8-43 "单元边框特性"对话框　　图 8-44 "在表格单元中插入块"对话框

● "合并"命令：当选中多个连续的表格元格后，使用该子菜单中的命令，可以全部、按列或按行合并单元格。

【练习 8-4】绘制一个带文字内容的表格。

(1) 在"功能区"选项板中选择"注释"选项卡，然后在"表格"面板中单击右下角的按钮，打开"表格样式"对话框。单击"新建"按钮，在打开的"创建新的表格样式"对话框中创建新表格样式 Table1，如图 8-45 所示。

(2) 单击"继续"按钮，打开"新建表格样式：Table1"对话框，在"单元样式"选项区域的下拉列表框中选择"数据"选项，将"对齐"方式设置为"正中"，如图 8-46 所示；将"线宽"设置为 0.3 mm；然后设置字体为"楷体_GB2312"，高度为 5 mm。

图 8-45 创建新的表格样式　　　　　　图 8-46 设置对齐方式

(3) 单击"确定"按钮，返回"表格样式"对话框，在"样式"列表框中选中创建的新样式 Table1，单击"置为当前"按钮。单击"关闭"按钮，关闭"表格样式"对话框。

(4) 在"功能区"选项板中选择"注释"选项卡，然后在"表格"面板中单击"表格"按钮，打开"插入表格"对话框。

(5) 在"插入方式"选项区域中选中"指定插入点"单选按钮；在"列和行设置"选项区域中分别设置"列数"和"数据行数"文本框中的数值为 7 和 6；在"设置单元样式"选项区域中设置所有的单元样式都为"数据"，如图 8-47 所示。

(6) 单击"确定"按钮，在绘图窗口中插入一个 6 行 7 列的表格。选中表格第 1 列的第 2、3、4、5 行单元格。在"功能区"选项板选择"表格单元"选项卡，然后在"合并"面板中单击"合并单元"按钮，从弹出的菜单中选择"合并全部"命令，将选中的表格单元格合并为一个表格单元格。

(7) 使用同样的方法，合并其他单元格，然后在需要调整大小的单元格中单击控制点进行拉伸操作，设置单元格的行高或列宽。调整完成后，双击相应单元格，并依次输入各个单元格的内容，如图 8-48 所示。

图 8-47　"插入表格"对话框

样品名称	型号规格	检验项目	单位	规定值	检验结果
备注					

图 8-48　表格效果

8.5　思考练习

1. 在 AutoCAD 2018 中如何创建单行文字和多行文字？

2. 在 AutoCAD 2018 中如何插入表格？

3. 创建如图 8-49 所示的表格。

图 8-49　创建表格

第9章　设置图案填充和面域

在绘制和编辑图形时，执行图案填充和面域操作都是为了表达当前图形部分或全部的结构特征。它们对图形的表达和辅助绘图起着非常重要的作用。

9.1　使用图案填充

重复绘制某些图案以填充图形中的一个区域，从而表达该区域的特征，这种填充操作称为图案填充。图案填充的应用非常广泛，例如，在机械工程图中，可以使用图案填充表达一个剖切的区域，也可以使用不同的图案填充来表达不同的零部件或者材料。

9.1.1　创建图案填充

使用传统的手工方式绘制阴影线时，必须依赖绘图者的眼睛，并正确使用丁字尺和三角板等绘图工具，逐一绘制每一条线。这样不仅工作量大，并且角度和间距都不太精确，影响画面的质量。利用 AutoCAD 提供的"图案填充"工具，只需要定义好边界，系统将自动进行相应的填充操作。

在 AutoCAD 2018 中，图案填充是在"图案填充和渐变色"选项卡中进行的，打开该选项卡的方法有以下几种。

- 选择"绘图"|"图案填充"命令。
- 在"默认"选项卡的"绘图"面板中单击"图案填充"按钮。
- 在命令窗口中执行 BHATCH 或 BH 命令。

在 AutoCAD 中单击"图案填充"按钮，将打开"图案填充创建"选项卡，如图 9-1 所示。用户在该选项板中可以分别设置填充图案的类型、填充比例、角度和填充边界等。

图 9-1　"图案填充创建"选项卡

1. 设定填充图案的类型

创建图案填充，用户首先需要设置填充图案的类型。用户既可以使用系统预定义的图案样式进行图案填充，也可以自定义一个简单的或创建更加复杂的图案样式进行图案填充。

在"特性"选项板的"图案填充类型"下拉列表中提供了 4 种图案填充类型，如图 9-2 所示。其各自的功能如下。

- 实体：选择该选项，则填充图案为 SOLID(纯色)图案。

- 渐变色：选择该选项，可以设置双色简单的填充图案。
- 图案：选择该选项，可以使用系统提供的填充图案样式(这些图案保存在系统的 acad.pat 和 acadiso.pat 文件中)。当选择该选项后，就可以在"图案"选项板的"图案填充图案"列表框中选择系统提供的图案类型，如图 9-3 所示。

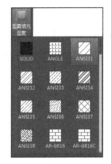

图 9-2　填充图案的 4 种类型　　　　　图 9-3　"图案填充图案"列表框

- 用户定义：利用当前线型定义由一组平行线或相互垂直的两组平行线组成的图案。例如，在图 9-4 中选取该填充图案类型后，若在"特性"选项板中单击"交叉线"按钮，则填充图案将由平行线变为交叉线。

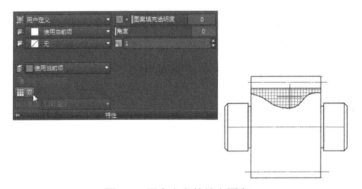

图 9-4　用户定义的填充图案

2. 设置图案填充的比例和角度

当指定好图形的填充图案后，用户还需要设置合适的填充比例和适合的剖面线旋转角度，否则所绘制剖面线的线与线之间的间距不是过疏就是过密。AutoCAD 提供的填充图案通过比例因子和角度的调整后能够满足使用者的各种填充要求。

(1) 设置剖面线的比例

剖面线比例的设置直接影响到最终的填充效果。当用户处理较大的填充区域时，如果设置的比例因子太小，由于单位距离中有太多的线，则所产生的图案就像是使用实体填充的一样。这样不仅不符合设计要求，还增加了图形文件的容量。但如果使用了过大的填充比例，可能由于剖面线间距太大而不能在区域中插入任何一个图案，从而观察不到剖面线的效果。

在 AutoCAD 中，预定义剖面线图案的默认缩放比例是 1。若绘制剖面线时没有指定特殊值，系统将以默认比例值绘制剖面线。如果要输入新的比例值，可以在"特效"选项板的"填充图案比例"文本框中输入新的比例值，以增大或减小剖面线的间距，如图 9-5 所示。

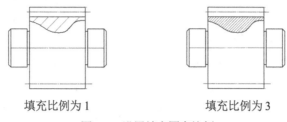

填充比例为 1　　　　　　　　　填充比例为 3

图 9-5　设置填充图案比例

(2) 设置剖面线的角度

除了剖面线的比例可以设置以外，剖面线的角度也可以进行控制。剖面线角度的数值大小直接决定了剖面区域中线的放置方向。

在"特效"选项板的"图案填充角度"文本框中可以输入剖面线的角度数值，也可以拖动左侧的滑块来控制角度的大小(但要注意，在该文本框中所设置的角度并不是剖面线与 X 轴的倾斜角度，而是剖面线以 45 度线方向为起始位置的转动角度)。如图 9-6 所示为当分别输入角度值为 45 度和 90 度时，剖面线将逆时针旋转至新的位置，它们与 X 轴的夹角将分别为 90 度和 135 度。

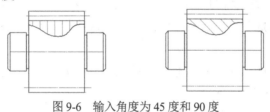

图 9-6　输入角度为 45 度和 90 度

3. 指定填充边界

剖面线一般总是绘制在一个对象或几个对象所围成的区域中，如一个圆、一个矩形、几条线段或圆弧所围成的形状多样的区域中。即：剖面线的边界线必须是首尾相连的一条闭合线，并且构成边界的图形对象应在端点处相交。

在 AutoCAD 中，指定填充边界线主要有以下两种方法。

● 在闭合区域中选取一点，系统将自动搜索闭合线的边界。

● 通过选取对象来定义边界线。

(1) 选取闭合区域定义填充边界

在图形不复杂的情况下，经常通过在填充区域内指定一点来定义边界。此时，系统将寻找包含该点的封闭区域进行填充操作。

在"图案填充创建"选项卡中单击"拾取点"按钮，可以在要填充的区域内任意指定一点，软件以虚线形式显示该填充边界，效果如图 9-7 所示。如果拾取点不能形成封闭边界，则会显示错误提示信息。

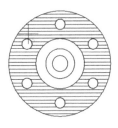

在目标区域中单击　　　　　　　　图案填充效果

图 9-7　拾取内部点填充图案

此外，在"边界"选项板中单击"删除边界对象"按钮，可以取消系统自动选取或用户所选的边界，将多余的对象排除在边界集之外，以形成新的填充区域，如图 9-8 所示。

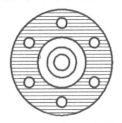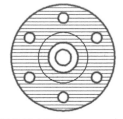

图 9-8　删除多余图形边界的填充效果

(2) 选取边界对象定义填充边界

该方式通过选取填充区域的边界线来确定填充区域。该区域仅为单击的区域，并且必须是封闭的区域，未被选取的边界不在填充区域内(这种方式常用在多个或多重嵌套的图形需要进行填充时)。

单击"选择边界对象"按钮，然后选取如图 9-9 所示的封闭边界对象，即可将对象所围成的区域进行相应的填充操作。

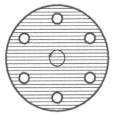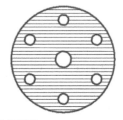

图 9-9　选取边界填充图案

注意：

如果在指定边界时系统提示未找到有效的边界，则说明所选区域边界尚未完全封闭。此时可以采用两种方法。一种是利用"延长"、"拉伸"或"修剪"工具对边界重新修改，使其完全闭合。另一种是利用多段线将边界重新描绘。

【练习 9-1】在 AutoCAD 中对零件图形进行图案填充处理。

(1) 在 AutoCAD 中打开如图 9-10 所示的零件图形后，在"默认"选项板中单击"图案填充"按钮，显示"图案填充创建"选项卡。

(2) 在"特性"选项板中单击"图案填充类型"下拉列表按钮。在弹出的下拉列表中

选中"图案"选项,然后单击"图案填充图案"按钮。在下拉列表中选中 ANSI31 选项,
如图 9-11 所示。

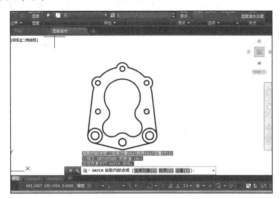

图9-10　打开图形文件

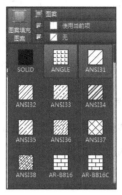

图9-11　选择图案填充选项

(3) 在"特性"选项板的"填充图案比例"文本框中输入参数 1,然后单击绘图区中的
图形,显示剖面线效果,如图 9-12 所示。

(4) 在"特效"选项板的"图案填充角度"文本框中输入剖面线的角度数值 135,如图
9-13 所示。

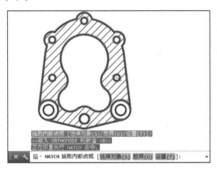

图9-12　输入比例

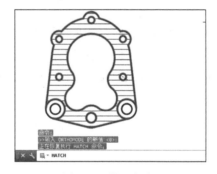

图9-13　输入角度

(5) 在"边界"选项板中单击"拾取点"按钮,然后在图案填充区域内任意一点单击,
如图 9-14 所示。

(6) 单击"边界"选项板中的"删除边界对象"按钮,在需要去掉的图案填充边界上
单击,此时图案填充效果如图 9-15 所示。

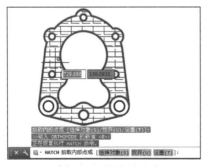

图9-14　拾取填充

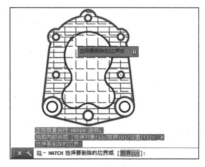

图9-15　删除边界对象

9.1.2 使用孤岛填充

在进行图案填充时，通常将位于一个已定义好的填充区域内的封闭区域称为孤岛。使用 AutoCAD 提供的孤岛操作可以避免在填充图案时覆盖一些重要的文本注释或标记等属性。在"图案填充创建"选项卡中，选择"选项"选项板中的"孤岛检测"选项，在其下拉列表中提供了以下 3 种孤岛显示方式。

1. 普通孤岛检测

系统将从最外边界向里填充图案，遇到与之相交的内部边界时断开填充图案，遇到下一个内部边界时再继续填充，其效果如图 9-16 所示。

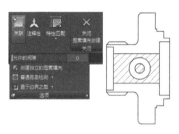

图 9-16   普通孤岛填充样式效果

以普通方式填充时，如果填充边界内有诸如文字、属性这样的特殊对象，且在选择填充边界时也选择了它们，填充时图案填充在这些对象处会自动断开。这就像用一个比它们略大的看不见的框保护起来一样，以使这些对象更加清晰，如图 9-17 所示。

图 9-17   包含特殊对象的图案填充

2. 外部孤岛检测

"外部孤岛检测"选项是系统默认选项。选择该选项后，AutoCAD 将从最外边向里填充图案，遇到与之相交的内部边界时断开填充图案，不再继续向里填充，如图 9-18 所示。

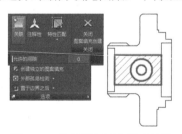

图 9-18   外部孤岛填充样式效果

3. 忽略孤岛检测

选择"忽略孤岛检测"选项后，AutoCAD 将忽略边界内的所有孤岛对象，所有内部结构都将被填充图案覆盖，效果如图 9-19 所示。

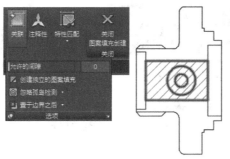

图 9-19　忽略孤岛填充样式效果

9.1.3　使用渐变色填充

在绘图时，有些图形在填充时需要用到一种或多种颜色(尤其在绘制装潢、美工等图纸时)，需要用到"渐变色图案填充"功能。利用该功能可以对封闭区域进行适当的渐变色填充，从而实现比较好的颜色修饰效果。根据填充效果的不同，可以分为单色填充和双色填充这两种填充方式。

1. 单色填充

单色填充指的是从较深着色调到较浅色调平滑过渡的单色填充。通过设置角度和明暗数值可以控制单色填充的效果。

在"特性"选项板的"图案填充类型"下拉列表框中选择"渐变色"选项，并设置"渐变色 1"的颜色。然后单击"渐变色 2"左侧的按钮，禁用"渐变色 2"的填充。接下来，指定渐变色角度，设置单色渐变明暗的数值，并在"原点"选项板中单击"居中"按钮。此时，选取填充区域，即可完成单色居中渐变色填充，如图 9-20 所示。

　　设置填充选项　　　　　　　　　　　　填充效果

图 9-20　单色居中渐变色填充

注意：

"居中"按钮用于指定对称的渐变配置。如果禁用该功能，渐变填充将朝左上方变化，创建的光源在对象左边的图案。

2. 双色填充

双色填充是指在两种颜色之间平滑过渡的双色渐变填充效果。要创建双色填充，只需要在"特征"选项板中分别设置"渐变色 1"和"渐变色 2"的颜色类型，然后设置填充参数，并拾取填充区域内部的点即可。若启用"居中"功能，则渐变色 1 将向渐变色 2 居中显示渐变效果，如图 9-21 所示。

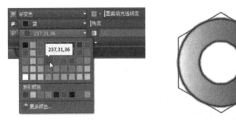

图 9-21　双色渐变色填充

9.1.4　编辑图案填充

通过执行编辑填充图案操作，不仅可以修改已经创建的填充图案，还可以指定一个新的图案替换以前生成的图案。具体包括对图案的样式、比例(或间距)、颜色、关联性以及注释性等选项的操作。

1. 编辑填充参数

在"默认"选项卡的"修改"选项板中单击"编辑图案填充"按钮，然后在绘图区选择要修改的填充图案，即可打开"图案填充编辑"对话框，如图 9-22 所示。在该对话框中不仅可以修改图案、比例、旋转角度和关联性等设置，还可以修改、删除及重新创建边界("渐变色"选项卡的编辑情况类同)。

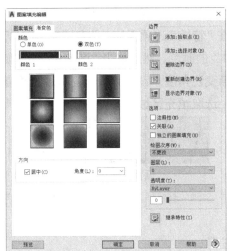

图 9-22　"图案填充编辑"对话框

2. 编辑图案填充边界与可见性

图案填充边界除了可以由"图案填充编辑"对话框中的"边界"选项区域和孤岛操作编辑以外，用户还可以单独地进行边界定义。

在"绘图"选项板中单击"边界"按钮，将打开"边界创建"对话框。然后在该对话框的"对象类型"下拉列表中选择"多段线"选项，并单击"拾取点"按钮，重新选取图案边界即可，如图 9-23 所示。

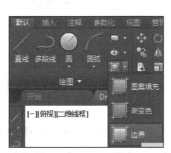

图 9-23　打开"边界创建"对话框

此外，图案填充的可见性是可以控制的。用户可以在命令窗口中输入 FILL 指令，将其设置为关闭填充显示，接下来按下 Enter 键确认。然后在命令窗口中输入 REGEN 指令对图形进行更新，效果如图 9-24 所示。

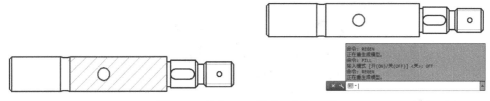

图 9-24　输入 FILL 指令控制可见性

在 AutoCAD 中，使用"修剪"命令，可以修剪其他对象一样对填充图案进行修剪，具体方法如下。

【练习 9-2】在 AutoCAD 中对零件图形进行设置，修剪图案填充。

(1) 在 AutoCAD 中打开零件图形后，在命令窗口中输入 TRIM 命令，按下 Enter 键，如图 9-25 所示。

(2) 在命令窗口提示下选择图案填充对象，如图 9-26 所示。

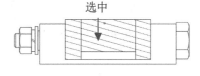

图 9-25　输入 TRIM 命令　　　　　　　图 9-26　选择图案填充

(3) 按下 Enter 键确认，选择中间的图案填充区域，按下 Enter 键确认后，即可修剪图案填充，如图 9-27 所示。

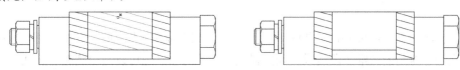

图 9-27　修剪图案填充

9.1.5　绘制圆环和宽线

圆环、宽线与二维填充图形都属于填充图形对象。如果要显示填充效果，可以使用 FILL 命令，并将填充模式设置为"开(ON)"。

1. 绘制圆环

绘制圆环是创建填充圆环或实体填充圆的一个捷径。在 AutoCAD 中，圆环实际上是由具有一定宽度的多段线封闭形成的。

要创建圆环，可以在快速访问工具栏中选择"显示菜单栏"命令。在弹出的菜单栏中选择"绘图"|"圆环"命令(DONUT)，或在"功能区"选项板中选择"默认"选项卡，在"绘图"面板中单击"圆环"按钮◎，指定它的内径和外径。然后通过指定不同的圆心来连续创建直径相同的多个圆环对象，直到按 Enter 键结束命令。如果要创建实体填充圆，应将内径值设定为 0。

圆环对象与圆不同，通过拖动其夹点只能改变形状而不能改变大小，如图 9-28 所示。

图 9-28　通过拖动夹点改变圆环形状

2. 绘制宽线

绘制宽线需要使用 PLINE 命令，其使用方法与"直线"命令相似，绘制的宽线图形类似填充四边形。

在 AutoCAD 中，如果要调整绘制的宽线，可以先选择该宽线，然后拉伸其夹点即可，如图 9-29 所示。

图 9-29　调整宽线

9.2　使用面域

在 AutoCAD 中，可以将由某些对象围成的封闭区域转换为面域。这些封闭区域可以是圆、椭圆、封闭的二维多段线或封闭的样条曲线等对象，也可以是由圆弧、直线、二维多段线、椭圆弧、样条曲线等对象构成的封闭区域。此外，面域还可以作为三维建模的基础对象直接参与渲染，并且还能从面域中获取相关的图形信息。

9.2.1　创建面域

面域是具有一定边界的二维闭合区域。它是一个面对象，其内部可以包含孔特征。虽然从外观来说，面域和一般的封闭线框没有区别，但实际上面域就像是一张没有厚度的纸，除了包括边界外，还包括边界内的平面。创建面域的条件是必须保证二维平面内各个对象间首尾连接成封闭图形，否则无法创建为面域。

在"绘图"选项板中单击"面域"按钮，然后框选一个二维封闭图形并按下 Enter键，即可将该图形创建为面域。接下来，将视觉样式切换为"概念"样式，并查看创建的面域，效果如图 9-30 所示。

框选该封闭线框　　　　　　　　切换视觉样式观察面域效果

图 9-30　将封闭的二维图形转化为面域

此外，在"绘图"选项板中单击"边界"按钮，将打开"边界创建"对话框。在该对话框的"对象类型"下拉列表中选择"面域"选项，然后单击"拾取点"按钮。在绘图区指定的封闭区域内单击，也可以将封闭区域转化为面域，如图 9-31 所示。

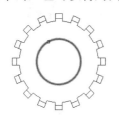 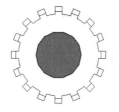

图 9-31　将封闭区域转化为面域

9.2.2　面域的布尔运算

布尔运算是数学上的一种逻辑运算。执行该操作可以对实体和共面的面域进行剪切、添加以及获取交叉部分等操作。在 AutoCAD 中绘制较为复杂的图形时，线条间的修剪、删除等操作都比较烦琐。此时，如果将封闭的线条创建为面域，进而通过面域间的布尔运算来绘制各种图形，将大大降低绘图的难度，从而提高绘图效率。

1. 并集运算

并集运算就是将所有参与运算的面域合并为一个新的面域。运算后的面域与合并前的面域位置没有任何关系。

要执行并集操作，用户可以首先将绘图区中的多边形和圆等图形对象分别创建为面域，然后在命令窗口中输入 UNION 指令，并分别选取两个面域。接下来，按下 Enter 键，即可获得并集运算效果，如图 9-32 所示。

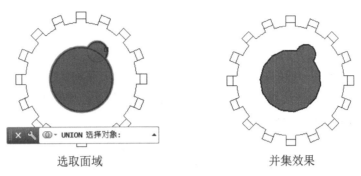

选取面域　　　　　　　　　　　　　并集效果

图 9-32　并集运算

2. 差集运算

差集运算是指从一个面域中减去一个或多个面域，从而获得一个新的面域。当所指定去除的面域和被去除的面域不同时，所获得的差集效果也会不同。

在命令窗口中输入 SUBTRACT 指令，然后选取面域为要去除的面域并右击。接下来，选取圆面域为要去除的面域，然后右击，即可获得面域求差效果，如图 9-33 所示。

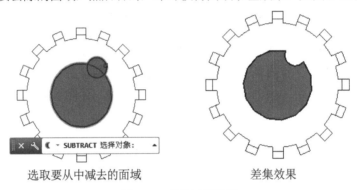

选取要从中减去的面域　　　　　　　　　差集效果

图 9-33　差集运算效果

3. 交集运算

通过交集运算可以获得各个相交面域的公共部分。要注意的是只有两个面域相交，两者间才会有公共部分，这样才能进行交集运算。

在命令窗口中输入 INTERSECT 指令，然后依次选取多边形面域并右击，即可获得面域求交集效果，如图 9-34 所示。

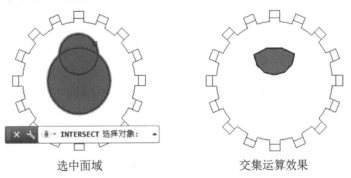

选中面域　　　　　　　　　　　　　交集运算效果

图 9-34　交集运算效果

9.3　查询图形信息

图形信息是间接表达图形组成的一种方式。它不仅可以反映图形的组成元素，也可以直接反映各图形元素的尺寸参数、图形元素之间的位置关系，以及由图形元素围成的区域的面积、周长等特性。利用"查询"工具获取三维零件的这些图形信息，便可以按照所获得的尺寸，指导用户轻松完成零件设计。

9.3.1　查询距离和半径

在二维图形中获取两点间的距离可以利用"线性标注"工具获得。但对于三维零件的空间两点距离，利用"线性标注"工具比较繁琐。此时，用户可以使用"查询"工具快速获取空间两点之间的距离信息。

通过在"视图"选项卡中的"工具栏"功能调出"查询"工具栏。在"查询"工具栏中单击"距离"按钮，或直接输入快捷命令 DIST，然后依次选取三维模型的两个端点 A 和 B，在命令窗口显示的提示信息中将显示两点的距离信息，如图 9-35 所示。

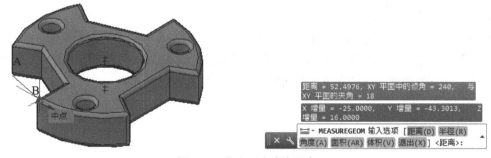

图 9-35　指定两点查询距离

另外，要获取二维图形中圆或圆弧，三维模型中圆柱体、孔和倒圆角对象的尺寸，可以利用"半径"工具进行查询。此时系统将显示所选对象的半径和直径尺寸。

在"查询"工具栏中单击"半径"按钮，然后选取相应的弧形对象，则在打开的命令窗口提示信息中将显示该对象的半径和直径数值，如图 9-36 所示。

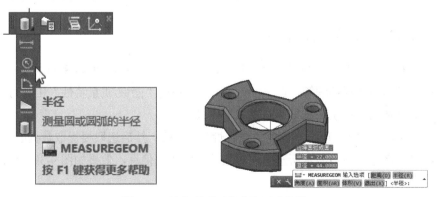

图 9-36　选取弧形对象获取尺寸信息

9.3.2　查询角度和面积

要获取二维图形中两个图元间夹角角度，三维模型中的楔体、连接板这些倾斜件的尺寸，可以利用"角度"工具进行查询，在"查询"工具栏中单击"角度"按钮，然后分别选取楔体的两条边，则在打开的命令窗口提示信息中将显示楔体的角度，如图 9-37 所示。

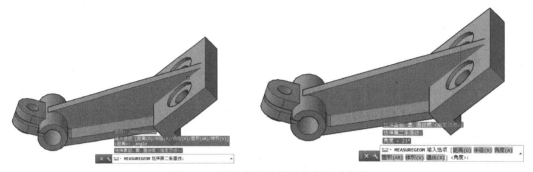

图 9-37　选取楔体边获取角度尺寸信息

在菜单栏中选择"工具"|"查询"|"面积"命令(AREA)，可以获取图形的面积和轴承。

例如，要查询半径为 20 的圆的面积，可以在菜单栏中选择"工具"|"查询"|"面积"命令，然后在"指定第一个角点或[对象(O)/增加面积(A)/减少面积(S)/退出(x)]："提示下输入 O，并选择该圆，将获取该圆的面积和周长，如图 9-38 所示。

图 9-38　获取圆的面积和周长信息

9.3.3　面域和质量特性查询

面域对象除了具有一般图形对象的属性以外，还具有平面体所特有的属性，如质量特性、质心、惯性矩和惯性积等。在 AutoCAD 中，利用"面域/质量特性"工具可以一次性获得实体的整体信息，从而指导用户完成零件设计。

在"查询"工具栏中单击"面域/质量特性"按钮，然后选取要提取数据的面域对象。此时系统将在命令窗口中显示所选面域对象的特性数据信息，效果如图 9-39 所示。

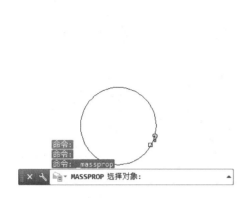
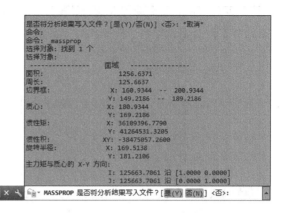

图 9-39　提取面域对象的特性数据信息

9.3.4　显示图形时间和状态

在制图过程中若有必要，用户可以将当前图形状态和修改时间以文本的形式显示。这两种查询方式同样显示在命令窗口提示信息中。

1. 显示时间

显示时间用于显示绘制图形的日期和时间统计信息。利用该功能，不仅可以查看图形文件的创建日期，还可以查看文件创建所消耗的总时间。

在命令窗口中输入 TIME 指令，将显示如图 9-40 所示的文件时间和日期信息。该提示窗口中显示当前时间、创建时间和上次更新时间等信息。

在窗口提示列表中显示的各时间或日期的功能如下。

- 当前时间：表示当前的日期和时间。
- 创建时间：表示创建当前图形文件的日期和时间。
- 上次更新时间：最近一次更新当前图形的日期和时间。
- 累积编辑时间：自图形建立时间起编辑当前图形所用的总时间。
- 消耗时间计时器：在用户进行图形编辑时运行，该计时器可由用户任意开、关或复位清零。
- 下次自动保存时间：表示下一次图形自动存储时的时间。

2. 显示当前图形的状态

状态显示主要用于显示图形的统计信息、模式和范围等内容。利用该功能可以详细查看图形组成元素的一些基本属性，例如线宽、线型及图层状态等。

要查看状态显示，用户可以在命令窗口中输入 STATUS 指令，然后在命令窗口提示信息中将显示想要的状态信息，如图 9-41 所示。

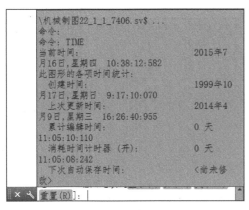

图 9-40　显示文件时间和日期

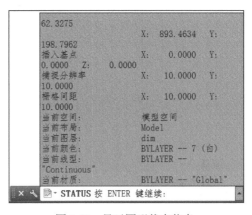

图 9-41　显示图形状态信息

9.3.5　列表显示对象信息

在菜单栏中选择"工具"|"查询"|"列表"命令(LIST)，可以显示选定对象的特性数据。该命令可以列出任意 AutoCAD 对象的信息，所返回的信息取决于选择的对象类型，但有些信息是常驻的。对每个对象始终都显示的一般信息包括：对象类型、对象所在的当前层和对象相对于当前用户坐标系(X,Y,Z)的空间位置。当一两个对象尚未设置成"随层"颜色和线型时，从显示信息中可以清楚地看出(若二者都设置为"随层"，则此条目不被记录)。

另外，列表显示命令还可以显示厚度未设置 0 的对象厚度、对象在空间的高度(Z 坐标)和对象在 UCS 坐标中的延伸方向。

对某些类型的对象还增加了特殊信息，如对圆提供了直径、圆周长和面积信息，对直线提供了长度信息及在 XY 平面内的角度信息。为每种对象提供的信息都稍有差别，依具体对象而定。

例如在(0,0)点绘制一个半径为 10 的圆，在菜单栏中选择"工具"|"查询"|"列表"命令，然后选择该圆，按 Enter 键后在"AutoCAD 文本窗口"中将显示相应的信息，如图 9-42 所示。

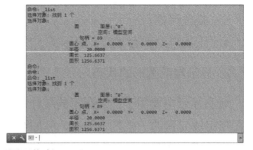

图 9-42　显示图形信息

如果一个图形包含多个对象，要获得整个图形的数据信息，可以使用 DVLIST 命令。执行该命令后，系统将在文本窗口中显示当前图形中包含的每个对象的信息。该窗口出现对象信息时，系统将暂停运行。此时按 Enter 键继续输出，按 Esc 键取消。

9.3.6　显示当前点坐标

在 AutoCAD 中，在快速访问工具栏中选择"显示菜单栏"命令，在弹出的菜单栏中选择"工具"|"查询"|"点坐标"命令(ID)，可以显示图形中特定点的坐标值，也可以通过指定其坐标值定位一个点。ID 命令的功能是，在屏幕上拾取一点，在命令窗口按 X、Y、Z 形式显示所拾取点的坐标值。这样可以使 AutoCAD 在系统变量 LASTPOINT 中保持跟踪在图形中拾取的最后一点。当使用 ID 命令拾取点时，该点保存到系统变量 LASTPOINT 中。在后续命令中，只需输入@即可调用该点。

【练习 9-3】　使用 ID 命令显示当前拾取点的坐标值，并以该点为圆心绘制一个半径为 20 的圆。

(1) 在快速访问工具栏中选择"显示菜单栏"命令，在弹出的菜单栏中选择"工具"|"查询"|"点坐标"命令。

(2) 在命令窗口提示下用鼠标在屏幕上拾取一个点，此时系统将显示该点的坐标，如图 9-43 所示。

(3) 在菜单栏中选择"绘图"|"圆"|"圆心、半径"命令，并在命令窗口中输入@，调用刚才拾取的点作为圆心。

(4) 在"指定圆的半径或[直径(D)]<20.0000>："提示下输入 20，然后按下 Enter 键，即可以拾取的点为圆心，绘制一个半径为 20 的圆，如图 9-44 所示。

图 9-43　显示拾取点坐标　　　　　　　　图 9-44　绘制半径为 20 的圆

9.3.7　查询对象状态

"状态"是指关于绘图环境及系统状态的各种信息。在 AutoCAD 中，任何图形对象都包含着许多信息。例如，当图形包含对象的数量、图形名称、图形界限及其状态(开或闭)、图形的插入基点、捕捉和网格设置、操作空间、当前图层、颜色、线型、标高和厚度、填充、栅格、正交、快速文字、捕捉和数字化仪的状态、对象捕捉模式、可用磁盘空间、内存可用空间、自由交换文件的空间等。了解这些状态数据，对于控制图形的绘制、显示、打印输出等都很有意义。

要了解对象包含的当前信息，可以在快速访问工具栏中选择"显示菜单栏"命令，在弹出的菜单中选择"工具"|"查询"|"状态"命令(STATUS)，这时在"AutoCAD 文本窗口"将显示图形的如下状态信息：

- 图形文件的路径、名称和包含的对象数；

- 模型空间或图纸空间的绘图界限、已利用的图形范围和显示范围；
- 插入基点；
- 捕捉分辨率(即捕捉间距)和栅格点分布间距；
- 当前空间(模型或图纸)、当前图层、颜色、线型、线宽、基面标高和延伸厚度；
- 填充、栅格、正交、快速文字、间隔捕捉和数字化仪开关的当前设置；
- 对象捕捉的当前设置；
- 磁盘空间的使用情况。

选择"工具"|"查询"|"状态"命令，系统将自动打开如图 9-45 所示的窗口显示当前图形的状态。按下 Enter 键，继续显示文本，阅读完信息后，按下 F2 键返回到图形窗口。

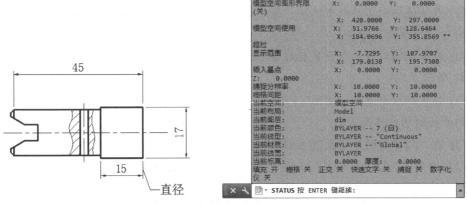

图 9-45　查询图形状态

9.4　思考练习

1. 简述孤岛填充的 3 种方式。
2. 简述面域布尔运算的 3 种方式。
3. 如何提示当前点坐标？

第10章 添加尺寸标注

在图形设计中，尺寸标注是绘图设计工作中的一项重要内容。AutoCAD 包含了一套完整的尺寸标注命令和实用程序，可以轻松完成图纸中要求的尺寸标注。例如，使用 AutoCAD 中的"直径"、"半径"、"角度"、"线性"、"圆心标记"等标注命令，可以对直径、半径、角度、直线及圆心位置等进行标注。本章将重点介绍标注 AutoCAD 图形尺寸的相关知识。

10.1 尺寸标注的规则和组成

尺寸标注对传达有关设计元素的尺寸和材料等信息有着非常重要的作用，而在对图形进行标注前，应先了解尺寸标注的组成、类型、规则及步骤等。

10.1.1 尺寸标注的规则

在 AutoCAD 中，对绘制的图形进行尺寸标注时应遵循以下规则。

- 物体的真实大小应以图样上所标注的尺寸数值为依据，与图形的大小及绘图的准确度无关。
- 图样中的尺寸以 mm 为单位时，不需要标注计量单位的代号或名称。如果采用其他单位，则必须注明相应计量单位的代号或名称，如°、m 及 cm 等。
- 图样中所标注的尺寸默认为该图样所表示的物体的最后完工尺寸，否则应另加说明。

10.1.2 尺寸标注的组成

在机械制图或其他工程绘图中，一个完整的尺寸标注应由标注文字、尺寸线、尺寸界线、尺寸线的端点符号(箭头)及起点等组成，如图 10-1 所示。

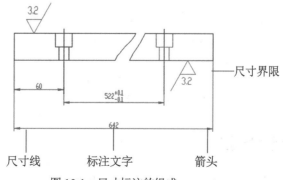

图 10-1 尺寸标注的组成

- 标注文字：表明图形的实际测量值。标注文字可以只反映基本尺寸，也可以带尺寸公差。标注文字应按标准字体书写，同一张图纸上的字高要一致。在图中遇到图线时需要将图线断开。如果图线断开影响图形表达，则需要调整尺寸标注的位置。

- 尺寸线：表明标注的范围。AutoCAD 通常将尺寸线放置在测量区域中。如果空间不足，则将尺寸线或文字移到测量区域的外部，取决于标注样式的放置规则。尺寸线是一条带有双箭头的线段，一般分为两段，可以分别控制其显示。对于角度标注，尺寸线是一段圆弧。尺寸线应使用细实线绘制。

- 尺寸线的端点符号(箭头)：箭头显示在尺寸线的末端，用于指出测量的开始和结束位置。AutoCAD 默认使用闭合的填充箭头符号。此外，AutoCAD 还提供了多种箭头符号，以满足不同的行业需要，如建筑标记、小斜线箭头、点和斜杠等。

- 起点：尺寸标注的起点是尺寸标注对象标注的定义点，系统测量的数据均以起点为计算点。起点通常是尺寸界线的引出点。

- 尺寸界线：从标注起点引出的标明标注范围的直线，可以从图形的轮廓线、轴线和对称中心线引出。同时，轮廓线、轴线及对称中心线也可以作为尺寸界线。尺寸界线也应使用细实线绘制。

10.1.3　尺寸标注的类型

AutoCAD 2018 提供了十余种标注工具以供标注图形对象，使用它们可以进行角度、直径、半径、线性、对齐、连续及基线等标注，如图 10-2 所示。

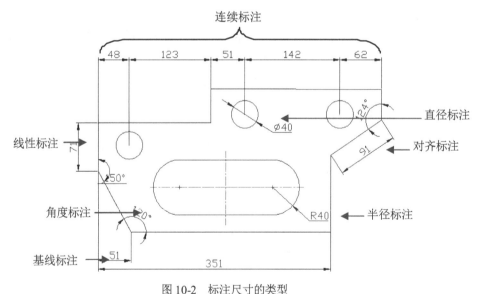

图 10-2　标注尺寸的类型

10.1.4　创建尺寸标注的步骤

在 AutoCAD 中对图形进行尺寸标注的基本步骤如下。

(1) 在菜单栏中选择"格式"|"图层"命令，在打开的"图层特性管理器"对话框中

创建一个独立的图层，用于尺寸标注。

(2) 在菜单栏中选择"格式"|"文字样式"命令，在打开的"文字样式"对话框中创建一种文字样式，用于尺寸标注。

(3) 在菜单栏中选择"格式"|"标注样式"命令，在打开的"标注样式管理器"对话框设置标注样式。

(4) 使用对象捕捉和标注等功能，对图形中的元素进行标注。

下面用一个具体实例介绍标注的步骤。

【练习 10-1】在 AutoCAD 2018 中标注图形尺寸。

(1) 在快速访问工具栏中选择"显示菜单栏"命令，然后在弹出的菜单栏中选择"格式"|"图层"命令，并在打开的"图层特性管理器"对话框中创建一个独立的图层，用于尺寸标注，如图 10-3 所示。

(2) 在菜单栏中选择"格式"|"文字样式"命令，并使用打开的"文字样式"对话框创建一种文字样式，用于尺寸标注。

(3) 接下来，在快捷工具栏中选择"显示菜单栏"命令，然后在弹出的菜单中选择"格式"|"标注样式"命令，并在打开的"标注样式管理器"对话框设置标注样式，如图 10-4 所示。

(4) 使用对象捕捉和标注等功能，对图形中的元素进行标注。

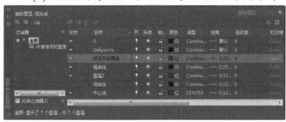

图 10-3　创建图层

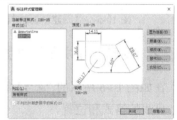

图 10-4　"标注样式管理器"对话框

10.2　创建与设置标注样式

在 AutoCAD 中，使用标注样式可以控制标注的格式和外观，建立强制执行的绘图标准，并有利于对标注格式及用途进行修改。本节将介绍使用"标注样式管理器"对话框创建标注样式的方法。

10.2.1　创建标注样式

要在 AutoCAD 2018 中创建标注样式，可以在快捷工具栏中选择"显示菜单栏"命令。在弹出的菜单栏中选择"格式"|"标注样式"命令(或在"功能区"选项板中选择"注释"选项卡，在"标注"面板中单击"标注样式" ↘按钮)，打开"标注样式管理器"对话框，如图 10-4 所示。

在"标注样式管理器"对话框中，单击"新建"按钮，可以在打开的"创建新标注样式"对话框中创建新标注样式，如图 10-5 所示。该对话框中各选项的功能如下。

- "新样式名"文本框：用于输入新标注样式的名字。
- "基础样式"下拉列表框：用于选择一种基础样式，新样式将在该基础样式上进行修改。
- "用于"下拉列表框：用于指定新建标注样式的适用范围。可适用的范围有"所有标注"、"线性标注"、"角度标注"、"半径标注"、"直径标注"、"坐标标注"和"引线和公差"等。

在"创建新标注样式"对话框中设置了新样式的名称、基础样式和适用范围等参数后，单击该对话框中的"继续"按钮，将打开"新建标注样式"对话框。在该对话框中，用户可以创建标注中的直线、符号、箭头、文字和单位等内容，如图 10-6 所示。

图 10-5 "创建新标注样式"对话框   图 10-6 "新建标注样式"对话框

10.2.2 设置尺寸线和尺寸界线

在如图 10-6 所示的"新建标注样式"对话框中，使用"线"选项卡可以设置尺寸线和尺寸界线的格式和位置。

1. 尺寸线

在"线"选项卡的"尺寸线"选项区域中，可以设置尺寸线的颜色、线宽、超出标记和基线间距等属性。

- "颜色"下拉列表框：用于设置尺寸线的颜色。默认情况下，尺寸线的颜色随块。用户也可以使用变量 DIMCLRD 设置。
- "线型"下拉列表框：用于设置尺寸界线的线型，该选项没有对应的变量。
- "线宽"下拉列表框：用于设置尺寸线的宽度。默认情况下，尺寸线的线宽也是随块，也可以使用变量 DIMLWD 设置。
- "超出标记"文本框：当尺寸线的箭头采用倾斜、建筑标记、小点、积分或无标记等样式时，使用该文本框可以设置尺寸线超出尺寸界线的长度，如图 10-7 所示。

图 10-7 超出标记为 0 与不为 0 时的效果对比

● "基线间距"文本框：进行基线尺寸标注时可以设置各尺寸线之间的距离，如图 10-8 所示。

● "隐藏"选项：通过选中"尺寸线 1"或"尺寸线 2"复选框，可以隐藏第 1 段或第 2 段尺寸线及其相应的箭头，如图 10-9 所示。

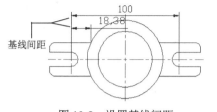 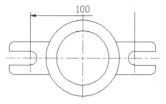

　　　　图 10-8　设置基线间距　　　　　　　　　图 10-9　隐藏尺寸线效果

2. 尺寸界线

在"尺寸界线"选项区域中，可以设置尺寸界线的颜色、线宽、超出尺寸线的长度、起点偏移量和隐藏控制等属性。

● "颜色"下拉列表框：该下拉列表框用于设置尺寸界线的颜色，也可以用变量 DIMCLRE 设置。

● "线宽"下拉列表框：该下拉列表框用于设置尺寸界线的宽度，也可以用变量 DIMLWE 设置。

● "尺寸线 1 的线型"和"尺寸界线 2 的线型"下拉列表框：用于设置尺寸界线的线型。

● "超出尺寸线"文本框：用于设置尺寸界线超出尺寸线的距离，也可以用变量 DIMEXE 设置，如图 10-10 所示。

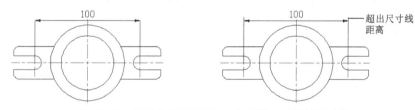

图 10-10　超出尺寸线距离为 0 与不为 0 时的效果对比

● "起点偏移量"文本框：该文本框用于设置尺寸界线的起点与标注定义点的距离，如图 10-11 所示。

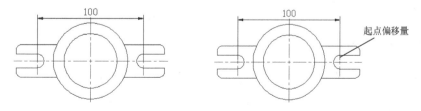

图 10-11　起点偏移量为 0 与不为 0 时的效果对比

● "隐藏"选项：通过选中"尺寸界线 1"或"尺寸界线 2"的复选框，可以隐藏尺寸界线，如图 10-12 所示。

● "固定长度的尺寸界线"复选框：选中该复选框，可以使用具有固定长度的尺寸界线标注图形，其中在"长度"文本框中可以输入尺寸界线的数值。

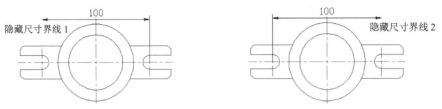

图 10-12　隐藏尺寸界线效果

10.2.3　设置符号和箭头

在"新建标注样式"对话框中，使用"符号和箭头"选项卡可以设置箭头、圆心标记、弧长符号和半径折弯标注的格式与位置等，如图 10-13 所示。

1. 箭头

在"箭头"选项区域中，可以设置尺寸线和引线箭头的类型及尺寸大小等。通常情况下，尺寸线的两个箭头应一致。

为了适用于不同类型的图形标注需要，AutoCAD 设置了 20 多种箭头样式。用户可以从对应的下拉列表框中选择箭头，并在"箭头大小"文本框中设置其大小。

另外，还可以使用自定义箭头，在下拉列表框中选择"用户箭头"选项，打开"选择自定义箭头块"对话框，如图 10-14 所示。在"从图形块中选择"文本框内输入当前图形中已有的块名，然后单击"确定"按钮，AutoCAD 将以该块作为尺寸线的箭头样式。此时块的插入基点与尺寸线的端点重合。

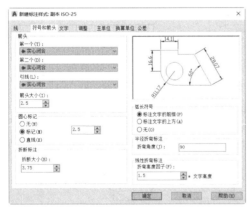

图 10-13　"符号和箭头"选项卡

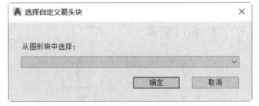

图 10-14　"选择自定义箭头块"对话框

2. 圆心标记

在"符号和箭头"选项卡的"圆心标记"选项区域中，可以设置圆或圆弧的圆心标记类型，如"标记"、"直线"和"无"。其中，选中"标记"单选按钮可对圆或圆弧绘制圆心标记；选中"直线"单选按钮，可对圆或圆弧绘制中心线；选择"无"单选按钮，则没有任何标记，如图 10-15 所示。当选中"标记"或"直线"单选按钮时，可以在"大小"文本框中设置圆心标记的大小。

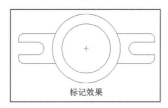

图 10-15　圆心标记类型

3. 半径折弯标注

在"符号和箭头"选项卡的"半径折弯标注"选项区域的"折弯角度"文本框中，可以在设置标注圆弧半径时标注线的折弯角度大小。

4. 折断标注

在"符号和箭头"选项卡的"折断标注"选项区域的"折断大小"文本框中，可以设置标注打断时标注线的长度值。

5. 弧长符号

在"符号和箭头"选项卡的"弧长符号"选项区域中，可以设置弧长符号显示的位置，包括"标注文字的前缀"、"标注文字的上方"和"无"这 3 种方式，如图 10-16 所示。

标注文字的前缀　　　　　　标注文字的上方　　　　　　　　无

图 10-16　设置弧长符号的位置

6. 线性折弯标注

在"符号和箭头"选项卡的"线性折弯标注"选项区域的"折弯高度因子"文本框中，可以设置折弯标注打断时折弯线的高度值。

10.2.4　设置文字样式

在"新建标注样式"对话框中，可以使用"文字"选项卡设置标注文字的外观、位置和对齐方式，如图 10-17 所示。单击"文字"选项卡中的"显示文字样式对话框"按钮，可以打开如图 10-18 所示的"文字样式"对话框，设置标注文字的样式。

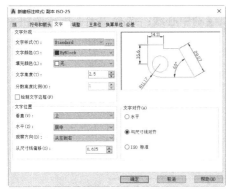

图 10-17　"文字"选项卡　　　　　　　　图 10-18　"文字样式"对话框

1. 文字外观

在"文字外观"选项区域中，可以设置文字的样式、颜色、高度和分数高度比例，以及控制是否绘制文字边框等。部分选项的功能说明如下。

- "文字样式"下拉列表框：用于选择标注的文字样式。用户也可以单击其后的■按钮，打开"文字样式"对话框，选择文字样式或新建文字样式。
- "文字颜色"下拉列表框：用于设置标注文字的颜色。用户也可以使用变量 DIMCLRT 进行设置。
- "填充颜色"下拉列表框：用于设置标注文字的背景色。
- "文字高度"文本框：用于设置标注文字的高度。用户也可以使用变量 DIMTXT 进行设置。
- "分数高度比例"文本框：设置标注文字中的分数相对于其他标注文字的比例，AutoCAD 将该比例值与标注文字高度的乘积作为分数的高度。
- "绘制文字边框"复选框：设置是否给标注文字加边框，如图 10-19 所示。

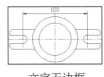　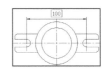

文字无边框　　　　　　　　文字有边框

图 10-19　标注文字无边框与有边框的效果对比

2. 文字位置

在"文字"选项卡的"文字位置"选项区域中，可以设置文字的垂直、水平位置以及与尺寸线的偏移量，各选项的功能说明如下。

- "垂直"下拉列表框：用于设置标注文字相对于尺寸线在垂直方向的位置，如"置中"、"上方"、"外部"和 JIS。其中，选择"置中"选项可以把标注文字放在尺寸线中间；选择"上方"选项，将把标注文字放在尺寸线的上方；选择"外部"选项，可以把标注文字放在远离第一定义点的尺寸线一侧；选择 JIS 选项则按 JIS 规则放置标注文字。4 种形式如图 10-20 所示。

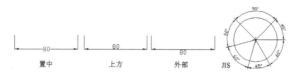

图 10-20　文字垂直位置的 4 种形式

- "水平"下拉列表框：用于设置标注文字相对于尺寸线和尺寸界线在水平方向的位置，如"置中"、"第一条尺寸界线"、"第二条尺寸界线"、"第一条尺寸界线上方"和"第二条尺寸界线上方"，如图 10-21 所示。

置中　　　第一条尺寸界线　　第二条尺寸界线　第一条尺寸界线上方　第二条尺寸界线上方

图 10-21　文字水平位置的 5 种形式

- "从尺寸线偏移"文本框：设置标注文字与尺寸线之间的距离。如果标注文字位于尺寸线的中间，则表示断开处尺寸线端点与尺寸文字的间距。若标注文字带有边框，则可以控制文字边框与其中文字的距离。
- "观察方向"下拉列表框：用来控制标注文字的观察方向。

3. 文字对齐

在"文字对齐"选项区域中，可以设置标注文字是保持水平还是与尺寸线平行。其中 3 个选项的意义如下。

- "水平"单选按钮：选中该单选按钮，使标注文字水平放置。
- "与尺寸线对齐"单选按钮：选中该单选按钮，使标注文字方向与尺寸线方向一致。
- "ISO 标准"单选按钮：选中该单选按钮，使标注文字按 ISO 标准放置，当标注文字在尺寸界线之内时，它的方向与尺寸线方向一致，而在尺寸界线之外时将水平放置。

如图 10-22 显示了上述 3 种文字对齐方式。

水平　　　　　　　　与尺寸线对齐　　　　　　　　ISO 标准

图 10-22　文字对齐方式

10.2.5　设置调整选项

在"新建标注样式"对话框中，可以使用"调整"选项卡设置标注文字、尺寸线和尺寸箭头的位置，如图 10-23 所示。

1. 调整选项

在"调整"选项卡的"调整选项"选项区域中，可以确定当尺寸界线之间没有足够的空间同时放置标注文字和箭头时，应从尺寸界线之间移出对象，如图 10-24 所示。

- "文字或箭头(最佳效果)"单选按钮：选中该单选按钮，按最佳效果自动移出文本或箭头。
- "箭头"单选按钮：选中该单选按钮，首先将箭头移出。
- "文字"单选按钮：选中该单选按钮，首先将文字移出。
- "文字和箭头"单选按钮：选中该单选按钮，将文字和箭头都移出。
- "文字始终保持在尺寸界线之间"单选按钮：选中该单选按钮，将文本始终保持在尺寸界线之内。
- "若箭头不能放在尺寸界线内，则将其消除"复选框：如果选中该复选框，可以抑制箭头显示。

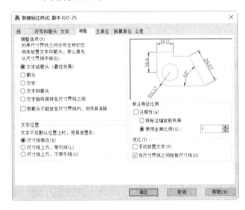

图 10-23   "调整"选项卡

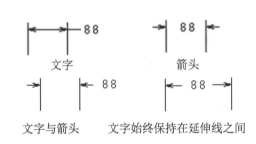

图 10-24   标注文字和箭头在尺寸界线间的放置

2. 文字位置

在"调整"选项卡的"文字位置"选项区域中，用户可以设置当文字不在默认位置时的位置。其中，各选项的含义如下。

- "尺寸线旁边"单选按钮：选中该单选按钮，可以将文本放在尺寸线旁边。
- "尺寸线上方，带引线"单选按钮：选中该单选按钮，可以将文本放在尺寸线的上方，并带上引线。
- "尺寸线上方，不带引线"单选按钮：选中该单选按钮，可以将文本放在尺寸线的上方，但不带引线。

如图 10-25 显示了当文字不在默认位置时的 3 种位置设置效果。

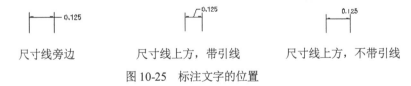

尺寸线旁边   尺寸线上方，带引线   尺寸线上方，不带引线

图 10-25   标注文字的位置

3. 标注特征比例

在"标注特征比例"选项区域中，可以设置标注尺寸的特征比例，以便通过设置全局比例来增大或减小各标注的大小。各选项的功能如下。

- "使用全局比例"单选按钮：选中该单选按钮，可以对全部尺寸标注设置缩放比例，该比例不改变尺寸的测量值。
- "将标注缩放到布局"单选按钮：选中该单选按钮，可以根据当前模型空间视口与图纸空间之间的缩放关系设置比例。
- "注释性"复选框：选择该复选框，指定标注为注释性标注，将不可设置缩放比例。

4. 优化

在"优化"选项区域中，可以对标注文字和尺寸线进行细微调整。该选项区域包括以下两个复选框。

- "手动放置文字"复选框：选中该复选框，则忽略标注文字的水平设置，在标注时可手动将标注文字放置在指定的位置。
- "在尺寸界线之间绘制尺寸线"复选框：选中该复选框，当尺寸箭头放置在尺寸界线之外时，也可以在尺寸界线之内绘制出尺寸线。

10.2.6　设置主单位选项

在"新建标注样式"对话框中，可以使用"主单位"选项卡设置主单位的格式与精度等属性，如图 10-26 所示。

图 10-26　　"主单位"选项卡

1. 线性标注

在"线性标注"选项区域中，可以设置线性标注的单位格式与精度，主要选项功能如下。

- "单位格式"下拉列表框：设置除角度标注之外其余各标注类型的尺寸单位，包括"科学"、"小数"、"工程"、"建筑"和"分数"等选项。
- "精度"下拉列表框：设置除角度标注之外其他标注的尺寸精度。
- "分数格式"下拉列表框：当单位格式是分数时，可以设置分数的格式，包括"水平"、"对角"和"非堆叠"这 3 种方式。
- "小数分隔符"下拉列表框：设置小数的分隔符，包括"逗点"、"句点"和"空格"这 3 种方式。

- "舍入"文本框：用于设置除角度标注外的尺寸测量值的舍入值。
- "前缀"和"后缀"文本框：设置标注文字的前缀和后缀，在相应的文本框中输入字符即可。

2. 测量单位比例

- "比例因子"文本框：用于设置测量尺寸的缩放比例。AutoCAD 实际标注值为测量值与该比例的积。
- "仅应用到布局标注"复选框：可以设置该比例关系仅适用于布局。

3. 角度标注

在"角度标注"选项区域中，可以使用"单位格式"下拉列表框设置标注角度时的单位，使用"精度"下拉列表框设置标注角度的尺寸精度。

4. 消零

在"消零"选项区域中，可以设置是否显示尺寸标注中的"前导"和"后续"零。

10.2.7 设置换算单位

在"新建标注样式"对话框中，可以使用"换算单位"选项卡设置换算单位的格式，如图 10-27 所示。

在 AutoCAD 2018 中，通过换算标注单位，可以转换使用不同测量单位制的标注。它们通常是显示英制标注的等效公制标注，或公制标注的等效英制标注。在标注文字中，换算标注单位显示在主单位旁边的方括号([ ])中，如图 10-28 所示。

图 10-27　"换算单位"选项卡

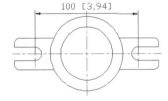

图 10-28　使用换算单位

选中"显示换算单位"复选框后，该对话框的其他选项才可用。可以在"换算单位"选项区域中设置换算单位的"单位格式"、"精度"、"换算单位倍数"、"舍入精度"、"前缀"和"后缀"等，操作方法与设置主单位的方法相同。

10.2.8 设置公差

在"新建标注样式"对话框中，可以使用"公差"选项卡设置是否标注公差，以及用何种方式进行标注，如图 10-29 所示。

图 10-29　"公差"选项卡

1. 公差格式

在"公差格式"选项区域中，可以设置公差的标注格式，部分选项的功能说明如下。

● "方式"下拉列表框：确定以何种方式标注公差，如图 10-30 所示。

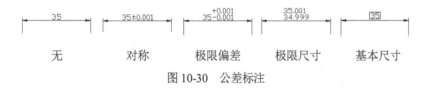

图 10-30　公差标注

● "上偏差"、"下偏差"文本框：设置尺寸的上偏差、下偏差。
● "高度比例"文本框：确定公差文字的高度比例因子。确定后，AutoCAD 将该比例因子与尺寸文字高度之积作为公差文字的高度。
● "垂直位置"下拉列表框：控制公差文字相对于尺寸文字的位置，包括"上"、"中"和"下"3 种方式。

2. 换算单位公差

"换算单位公差"选项区域用于标注换算单位时，可以设置换算单位精度，以及是否消零。

10.3　长度型尺寸标注

长度型尺寸标注用于标注图形中两点间的长度，可以是端点、交点、圆弧弦线端点或能够识别的任意两个点。在 AutoCAD 2018 中，长度型尺寸标注包括多种类型，如线性标注、对齐标注、弧长标注、基线标注和连续标注等。

10.3.1　线性标注

在快速访问工具栏中选择"显示菜单栏"命令，在弹出的菜单栏中选择"标注"|"线性"命令，或在"功能区"选项板中选择"注释"选项卡，在"标注"面板中单击"线性"

按钮 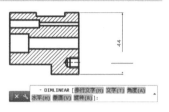。由此可以创建用于标注用户坐标系 XY 平面中的两个点之间的距离测量值，并通过指定点或选择一个对象来实现。此时命令窗口提示如下信息。

> DIMLINEAR 指定第一条尺寸界线原点或 <选择对象>:

1. 指定起点

在默认情况下，在命令窗口提示下直接指定第一条尺寸界线的原点，并在"指定第二条尺寸界线原点："提示下指定了第二条尺寸界线原点后，命令窗口提示如图 10-31 所示。

图 10-31　指定起点

默认情况下，指定了尺寸线的位置后，系统将按自动测量出的两个尺寸界线起始点间的相应距离标注出尺寸。此外，其他各选项的功能说明如下。

- "多行文字(M)"选项：选择该选项将进入多行文字编辑模式，可以使用"多行文字编辑器"对话框输入并设置标注文字。其中，文字输入窗口中的尖括号(<>)表示系统测量值。
- "文字(T)"选项：可以按照单行文字的形式输入标注文字。此时，将显示"输入标注文字<1>："提示信息，要求输入标注文字。
- "角度(A)"选项：设置标注文字的旋转角度。
- "水平(H)"选项和"垂直(V)"选项：标注水平尺寸和垂直尺寸。用户可以直接确定尺寸线的位置，也可以选择其他选项来指定标注文字内容或者标注文字的旋转角度。
- "旋转(R)"选项：旋转标注对象的尺寸线。

2. 选择对象

如果在线性标注的命令窗口提示下直接按 Enter 键，则要求选择要标注尺寸的对象。当选择了对象以后，AutoCAD 将该对象的两个端点作为两条尺寸界线的起点，并显示如图 10-32 所示的提示(可以使用前面介绍的方法标注对象)。

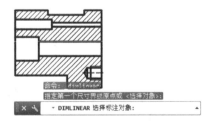

图 10-32　选择对象

当两个尺寸界线的起点不位于同一条水平线或同一条垂直线上时，可以通过拖动来确定是创建水平标注还是垂直标注。用户可通过使光标位于两尺寸界线的起始点之间上下拖动引出水平尺寸线；使光标位于两尺寸界线的起始点之间左右拖动引出垂直尺寸线。

10.3.2　对齐标注

在快捷工具栏中选择"显示菜单栏"命令，在弹出的菜单中选择"标注"|"对齐"命令；或在"功能区"选项板中选择"注释"选项卡，在"标注"面板中单击"对齐"按钮，均可以进行对齐标注。命令窗口提示如下信息。

DIMALIGNED 指定第一条尺寸界线原点或 <选择对象>:

由此可见，对齐标注是线性标注尺寸的一种特殊形式。在对直线段进行标注时，如果该直线的倾斜角度未知，那么使用线性标注方法将无法得到准确的测量结果。这时可以使用对齐标注。

10.3.3　弧长标注

在快速访问工具栏中选择"显示菜单栏"命令，在弹出的菜单中选择"标注"|"弧长"命令；或在"功能区"选项板中选择"注释"选项卡，在"标注"面板中单击"弧长"按钮，均可以标注圆弧线段或多段线圆弧线段部分的弧长。当选择需要标注的对象后，命令窗口提示如下信息。

DIMARC 指定弧长标注位置或 [多行文字(M)/文字(T)/角度(A)/部分(P)/引线(L)]:

当指定了尺寸线的位置后，系统将按实际测量值标注出圆弧的长度。也可以利用"多行文字(M)"、"文字(T)"或"角度(A)"选项，确定尺寸文字或尺寸文字的旋转角度。另外，如果选择"部分(P)"选项，可以标注选定圆弧某一部分的弧长，如图 10-33 所示。

图 10-33　弧长标注

10.3.4　基线标注

在快速访问工具栏中选择"显示菜单栏"命令，在弹出的菜单栏中选择"标注"|"基线"命令(DIMBASELINE)，可以创建一系列由相同的标注原点测量出来的标注。在进行基线标注之前必须先创建(或选择)一个线性、坐标或角度标注作为基准标注，然后执行DIMBASELINE 命令。此时，命令窗口提示如下信息。

DIMBASELINE 指定第二条尺寸界线原点或 [放弃(U)/选择(S)] <选择>:

在以上提示下，可以直接确定下一个尺寸的第二条尺寸界线的起始点。AutoCAD 将按基线标注方式标注出尺寸，直到按下 Enter 键结束命令为止。

10.3.5　连续标注

在快速访问工具栏中选择"显示菜单栏"命令，在弹出的菜单中选择"标注"|"连续"命令(DIMCONTINUE)，可以创建一系列端对端放置的标注。每个连续标注都从前一个标

注的第二个尺寸界线处开始。

在进行连续标注之前，必须先创建(或选择)一个线性、坐标或角度标注作为基准标注，以确定连续标注所需要的前一个尺寸标注的尺寸界线，然后执行 DIMCONTINUE 命令。此时命令窗口提示如下。

DIMCONTINUE 指定第二条尺寸界线原点或 [放弃(U)/选择(S)] <选择>:

在以上提示下，当确定了下一个尺寸的第二条尺寸界线原点后，AutoCAD 按连续标注方式标注出尺寸，即把上一个或所选标注的第二条尺寸界线作为新尺寸标注的第一条尺寸界线标注尺寸。当标注完成后，按 Enter 键即可结束该命令。

【练习 10-2】在 AutoCAD 2018 中标注零件图形尺寸。

(1) 在"功能区"选项板中选择"注释"选项卡，然后在"标注"面板中单击"线性"按钮，创建点 A 与点 B 之间的水平线性标注，以及 B 点与 C 点之间的垂直线性标注，效果如图 10-34 所示。

(2) 继续创建点 C 和点 D 之间的水平标注，在"功能区"选项板中选择"注释"选项卡，然后在"标注"面板中单击"连续"按钮。

(3) 系统将以最后一次创建的尺寸标注 CD 的点 D 作为基点。依次在图形中单击点 E、F、G 和 H，指定连续标注尺寸界限的原点，最后按下 Enter 键，此时标注效果如图 10-35 所示。

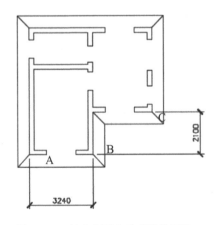

图 10-34　创建水平和垂直线性标注

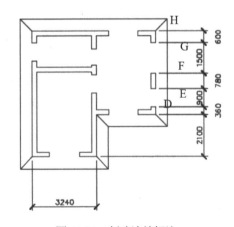

图 10-35　创建连续标注

(4) 在"功能区"选项板中选择"注释"选项卡，然后在"标注"面板中单击"线性"按钮，创建点 H 与点 I 之间的水平线性标注，如图 10-36 所示。

(5) 在"功能区"选项板中选择"注释"选项卡，然后在"标注"面板中单击"基线"按钮，系统将以最后一次创建的尺寸标注 HI 的原点 H 作为基点。

(6) 在图形中单击点 J、K，指定基线标注尺寸界限的原点，然后按下 Enter 键结束标注，效果如图 10-37 所示。

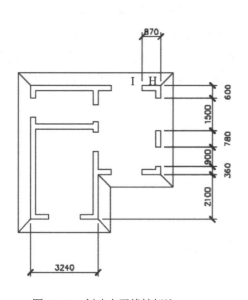

图 10-36　创建水平线性标注

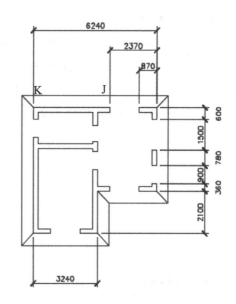

图 10-37　创建基线标注

10.4　半径、直径和圆心标注

在 AutoCAD 中，可以使用"标注"菜单中的"半径"、"直径"与"圆心"命令，标注圆或圆弧的半径尺寸、直径尺寸及圆心位置。

10.4.1　半径标注

在快速访问工具栏中选择"显示菜单栏"命令，在弹出的菜单中选择"标注"|"半径"命令(DIMRADIUS)；或在"功能区"选项板中选择"注释"选项卡，在"标注"面板中单击"半径"按钮，均可以标注圆和圆弧的半径。执行该命令，并选择要标注半径的圆弧或圆，此时命令窗口提示如下信息。

DIMRADIUS 指定尺寸线位置或 [多行文字(M)/文字(T)/角度(A)]:

当指定了尺寸线的位置后，系统将按实际测量值标注出圆或圆弧的半径。用户也可以利用"多行文字(M)"、"文字(T)"或"角度(A)"选项，确定尺寸文字或尺寸文字的旋转角度。其中，当通过"多行文字(M)"和"文字(T)"选项重新确定尺寸文字时，只有给输入的尺寸文字加前缀 R，才能使标注的半径尺寸有半径符号 R，否则没有该符号。

10.4.2　折弯标注

在快速访问工具栏中选择"显示菜单栏"命令，在弹出的菜单中选择"标注"|"折弯"命令(DIMJOGGED)，可以折弯标注圆和圆弧的半径。该标注方式与半径标注方法基本相同，但需要指定一个位置代替圆或圆弧的圆心。

例如，选择"标注"|"折弯"命令，在命令窗口的"选择圆弧或圆"提示下单击圆。在命令窗口的"指定图示中心位置："提示下单击圆外适当位置确定用于替代中心位置的点，在命令窗口的"指定尺寸线位置或 [多行文字(M)/文字(T)/角度(A)]："提示下单击圆外适当位置确定尺寸线位置，在命令窗口的"指定折弯位置："提示下指定折弯位置。此时将创建折弯标注，如图 10-38 所示。

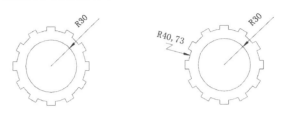

图 10-38　创建折弯标注

10.4.3　直径标注

在快速访问工具栏中选择"显示菜单栏"命令，在弹出的菜单中选择"标注"|"直径"命令(DIMDIAMETER)；或在"功能区"选项板中选择"注释"选项卡，在"标注"面板中单击"直径标注"按钮，均可以标注圆和圆弧的直径。

直径标注的方法与半径标注的方法相同。当选择了需要标注直径的圆或圆弧后，直接确定尺寸线的位置，系统将按实际测量值标注出圆或圆弧的直径。并且，当通过"多行文字(M)"和"文字(T)"选项重新确定尺寸文字时，需要在尺寸文字前加前缀%%C，才能使标注的直径尺寸有直径符号 ϕ。

10.4.4　圆心标注

在快速访问工具栏中选择"显示菜单栏"命令，在弹出的菜单中选择"标注"|"圆心标记"命令(DIMCENTER)；或在"功能区"选项板中选择"注释"选项卡，在"标注"面板中单击"圆心标记"按钮，均可进行圆和圆弧的圆心标注操作。此时，只需要选择待标注其圆心的圆弧或圆即可。

圆心标记的形式可以由系统变量 DIMCEN 设置。当该变量的值大于 0 时，作圆心标记，且该值是圆心标记线长度的一半；当变量的值小于 0 时，画出中心线，且该值是圆心处小十字线长度的一半。

使用直径标注和圆心标记的效果分别如图 10-39 和图 10-40 所示。

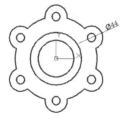
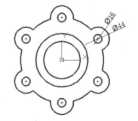

图 10-39　标注直径　　　　　　　　图 10-40　标注圆心标记

10.5　角度标注与其他类型标注

在 AutoCAD 中，除了前面介绍的几种常用尺寸标注外，还可以使用角度标注及其他类型的标注功能，对图形中的角度、坐标等元素进行标注。

10.5.1　角度标注

在快速访问工具栏中选择"显示菜单栏"命令，在弹出的菜单栏中选择"标注"|"角度"命令(DIMANGULAR)；或在"功能区"选项板中选择"注释"选项卡，在"标注"面板中单击"角度"按钮█，均可测量圆和圆弧的角度、两条直线间的角度，或者三点间的角度，如图 10-41 所示。

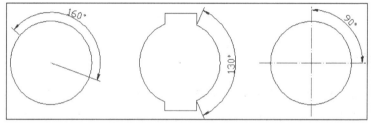

图 10-41　角度标注方式

执行 DIMANGULAR 命令，此时命令窗口提示如下。

> DIMANGULAR 选择圆弧、圆、直线或 <指定顶点>:

在该提示下，可以选择需要标注的对象，其功能说明如下。

- 标注圆弧角度：当选择圆弧时，命令窗口显示"指定标注弧线位置或 [多行文字(M)/文字(T)/角度(A)]："提示信息。此时，如果直接确定标注弧线的位置，AutoCAD 会按实际测量值标注出角度。用户也可以使用"多行文字(M)"、"文字(T)"及"角度(A)"选项，设置尺寸文字和旋转角度。
- 标注圆角度：当选择圆时，命令窗口显示"指定角的第二个端点："提示信息，要求确定另一点作为角的第二个端点。该点可以在圆上，也可以不在圆上，然后再确定标注弧线的位置。此时，标注的角度将以圆心为角度的顶点，以通过所选择的两个点为尺寸界线(或延伸线)。
- 标注两条不平行直线之间的夹角：需要选择这两条直线，然后确定标注弧线的位置，AutoCAD 将自动标注出这两条直线的夹角。
- 根据 3 个点标注角度：此时首先需要确定角的顶点，然后分别指定角的两个端点，最后指定标注弧线的位置。

注意：

当通过"多行文字(M)"和"文字(T)"选项重新确定尺寸文字时，只有给新输入的尺寸文字加后缀%%D，才能使标注出的角度值有度(°)符号，否则没有该符号。

10.5.2 折弯线性标注

在快速访问工具栏中选择"显示菜单栏"命令,在弹出的菜单栏中选择"标注"|"折弯线性"命令(DIMJOGLINE);或在"功能区"选项板中选择"注释"选项卡,在"标注"面板中单击"折弯标注"按钮![icon],均可在线性或对齐标注上添加或删除折弯线。此时,选择线性标注或对齐标注即可。例如选择标注 45,在命令窗口的"指定折弯位置(或按 ENTER 键):"提示下,在绘图窗口适当的位置单击,进行折弯标注,效果如图 10-42 所示。

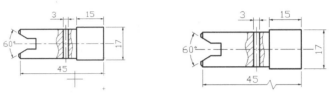

图 10-42　折弯标注

10.5.3 多重引线标注

在快速访问工具栏中选择"显示菜单栏"命令,在弹出的菜单栏中选择"标注"|"多重引线"命令(MLEADER);或在"功能区"选项板中选择"注释"选项卡,在如图 10-43 所示的"多重引线"面板中单击"多重引线"按钮![icon],均可创建引线和注释,并且可以设置引线和注释的样式。

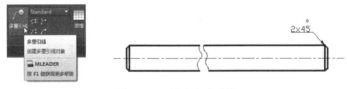

图 10-43　创建多重引线

1. 创建多重引线标注

执行"多重引线"命令时,命令窗口将提示"指定引线箭头的位置或 [引线钩线优先(L)/内容优先(C)/选项(O)] <选项>:",在图形中单击确定引线箭头的位置,然后在打开的文字输入窗口输入注释内容即可。如图 10-44 所示为在倒角位置添加倒角的文字注释。

在"多重引线"面板中单击"添加引线"按钮![icon],可以为图形继续添加多个引线和注释。图 10-45 所示为在图 10-44 中再添加一个倒角引线注释。

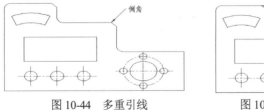

图 10-44　多重引线　　　　　图 10-45　添加引线注释

2. 管理多重引线样式

在"引线"面板中单击"多重引线样式管理器"　⎦按钮，将打开"多重引线样式管理器"对话框，如图 10-46 所示。该对话框和"标注样式管理器"对话框功能相似，可以设置多重引线的格式、结构和内容。单击"新建"按钮，在打开的"创建新多重引线样式"对话框中可以创建多重引线样式，如图 10-47 所示。

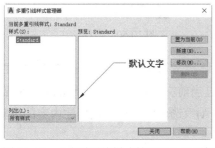

图 10-46　"多重引线样式管理器"对话框　　图 10-47　"创建新多重引线样式"对话框

设置了新样式的名称和基础样式后，单击该对话框中的"继续"按钮，将打开"修改多重引线样式"对话框。在其中可以创建多重引线的格式、结构和内容，如图 10-48 所示。用户自定义多重引线样式后，单击"确定"按钮。然后在"多重引线样式管理器"对话框将新样式设置为当前样式即可。

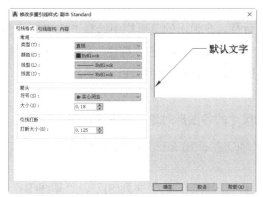

图 10-48　"修改多重引线样式"对话框

10.5.4　坐标标注

在快速访问工具栏中选择"显示菜单栏"命令，在弹出的菜单栏中选择"标注"|"坐标"命令；或在"功能区"选项板中选择"注释"选项卡，在如图 10-49 所示的"标注"面板中单击"坐标"按钮，均可标注相对于用户坐标原点的坐标。此时命令窗口提示如下信息。

　　DIMORDINATE 指定点坐标:

在提示下确定要标注坐标尺寸的点，而后系统将显示"指定引线端点或 [X 基准(X)/Y基准(Y)/多行文字(M)/文字(T)/角度(A)]:"提示。在默认情况下，指定引线的端点位置后，系统将在该点标注出指定点坐标，如图 10-50 所示。

图 10-49 "标注"面板

图 10-50 坐标标注

此外，在命令窗口提示中，"X 基准(X)"、"Y 基准(Y)"选项分别用来标注指定点的 X、Y 坐标；"多行文字(M)"选项用于通过当前文本输入窗口输入标注的内容；"文字(T)"选项直接要求输入标注的内容；"角度(A)"选项则用于确定标注内容的旋转角度。

注意：

在"指定点坐标："提示下确定引线的端点位置之前，应首先确定标注点坐标是 X 坐标还是 Y 坐标。如果在此提示下相对于标注点上下移动光标，将标注点的 X 坐标；若相对于标注点左右移动光标，则标注点的 Y 坐标。

10.5.5 快速标注

在快速访问工具栏中选择"显示菜单栏"命令，在弹出的菜单栏中选择"标注" | "快速标注"命令；或在"功能区"选项板中选择"注释"选项卡，在"标注"面板中单击"快速标注"按钮，均可快速创建成组的基线、连续、阶梯和坐标标注，快速标注多个圆、圆弧，以及编辑现有标注的布局。

执行"快速标注"命令，并选择需要标注尺寸的各图形对象。命令窗口提示如下。

指定尺寸线位置或[连续(C)/并列(S)/基线(B)/坐标(O)/半径(R)/直径(D)/基准点(P)/编辑(E)/设置(T)]<连续>：

由此可见，使用"快速标注"命令可以进行"连续(C)"、"并列(S)"、"基线(B)"、"坐标(O)"、"半径(R)"及"直径(D)"等一系列标注。

10.5.6 标注间距和标注打断

在快速访问工具栏中选择"显示菜单栏"命令，在弹出的菜单栏中选择"标注" | "标注间距"命令；或在"功能区"选项板中选择"注释"选项卡，在"标注"面板中单击"调整间距"按钮。通过以上操作可以修改已经标注图形中的标注线的位置间距大小。

执行"标注间距"命令，命令窗口将提示"选择基准标注："，在图形中选择第一个标注线；然后命令窗口提示"选择要产生间距的标注："，这时再选择第二个标注线；接下来命令窗口提示"输入值或[自动(A)]<自动>："，这时输入标注线的间距数值，按 Enter 键完成标注间距。该命令可以连续设置多个标注线之间的间距。如图 10-51 所示为左图的 1、2、3 处的标注线设置标注间距后的效果对比。

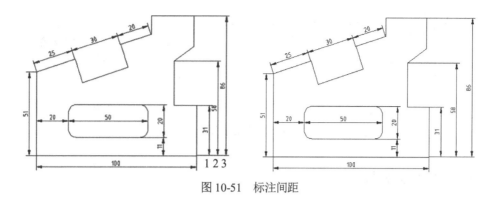

图 10-51　标注间距

在快速访问工具栏中选择"显示菜单栏"命令，在弹出的菜单栏中选择"标注"|"标注打断"命令；或在"功能区"选项板中选择"注释"选项卡，在"标注"面板中单击"打断"按钮 。通过以上操作可以在标注线和图形之间产生一个隔断。

执行"标注打断"命令，命令窗口将提示"选择标注或[多个(M)]："，在图形中选择需要打断的标注线；然后命令窗口提示"选择要打断标注的对象或[自动(A)/恢复(R)/手动(M)] <自动>："，这时选择该标注对应的线段，按 Enter 键完成标注打断。如图 10-52 所示为左图的 1、2 处的标注线设置标注打断后的效果对比。

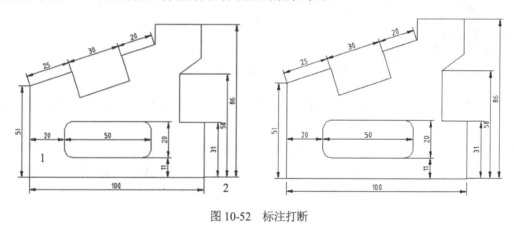

图 10-52　标注打断

10.6　形位公差标注

形位公差在机械图形中极为重要。一方面，如果形位公差不能完全控制，装配件就不能正确装配；另一方面，过度吻合的形位公差又会由于额外的制造费用而造成浪费。在大多数的建筑图形中，形位公差几乎不存在。

10.6.1　形位公差的组成

在 AutoCAD 中，可以通过特征控制框来显示形位公差信息，如图形的形状、轮廓、方向、位置和跳动的偏差等，如图 10-53 所示。

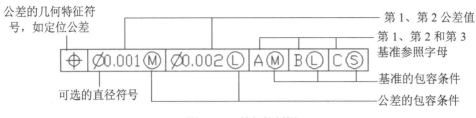

图 10-53　特征控制框

10.6.2　标注形位公差

在快捷工具栏中选择"显示菜单栏"命令,在弹出的菜单中选择"标注"|"公差"命令;或在"功能区"选项板中选择"注释"选项卡,在"标注"面板中单击"公差"按钮⊞,都可以打开"形位公差"对话框。在该对话框中可以设置公差的符号、值及基准等参数,如图 10-54 所示。

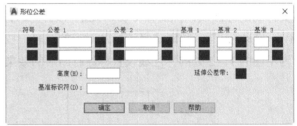

图 10-54　打开"形位公差"对话框

- "符号"选项:单击该列的■框,将打开"符号"对话框,可以为第 1 个或第 2 个公差选择几何特征符号,如图 10-55 所示。
- "公差 1"和"公差 2"选项区域:单击该列前面的■框,将插入一个直径符号。在中间的文本框中,可以输入公差值。单击该列后面的■框,将打开"附加符号"对话框,可以为公差选择包容条件符号,如图 10-56 所示。

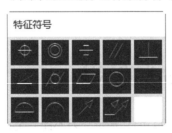

图 10-55　特征符号　　　　图 10-56　附加符号

- "基准 1"、"基准 2"和"基准 3"选项区域:设置公差基准和相应的包容条件。
- "高度"文本框:设置投影公差带的值。投影公差带控制固定垂直部分延伸区的高度变化,并以位置公差控制公差精度。
- "延伸公差带"选项:单击该■框,可在延伸公差带值的后面插入延伸公差带符号。
- "基准标识符"文本框:创建由参照字母组成的基准标识符号。

10.7　编辑标注对象

在 AutoCAD 中，可以对已标注对象的文字、位置及样式等内容进行修改，而不必删除所标注的尺寸对象再重新进行标注。

10.7.1　编辑标注

在 AutoCAD 2018 中，用户可以通过在命令窗口中执行 DIMEDIT 命令，修改标注文字在标注上的位置及倾斜角度，即可编辑已有标注的标注文字内容和放置位置，如图 10-81 所示。此时命令窗口提示如下。

输入标注编辑类型 [默认(H)/新建(N)/旋转(R)/倾斜(O)] <默认>:

命令窗口提示中各选项的含义如下。

- "默认(H)"选项：选择该选项并选择尺寸对象，可以按默认位置和方向放置尺寸文字。
- "新建(N)"选项：选择该选项，可以修改尺寸文字，此时系统将显示"文字格式"工具栏和文字输入窗口。用户修改或输入尺寸文字后，选择需要修改的尺寸对象即可。
- "旋转(R)"选项：选择该选项，可以将尺寸文字旋转一定的角度，同样是先设置角度值，然后选择尺寸对象。
- "倾斜(O)"选项：选择该选项，可以使非角度标注的尺寸界线以设置角度倾斜。这时需要先选择尺寸对象，然后设置倾斜角度值。

10.7.2　编辑标注文字的位置

选择"标注"|"对齐文字"子菜单中的其他命令，可以修改尺寸的文字位置。选择需要修改的尺寸对象后，命令窗口提示如下。

指定标注文字的新位置或 [左(L)/右(R)/中心(C)/默认(H)/角度(A)]:

在使用编辑标注文字命令对尺寸标注进行编辑时，命令窗口中各选项的功能及其含义如下所示。

- 左(L)：选择该选项，可以将标注文字进行左对齐操作。
- 右(R)：选择该选项，可以将标注文字进行右对齐操作。
- 中心(C)：选择该选项，可以将标注文字定位于尺寸线中心。
- 默认(H)：选择该选项，可以将标注文字移动到标注样式设置的默认位置。
- 角度(A)：选择该选项，可以改变标注文字的角度。

注意：

默认情况下，可以通过拖动来确定尺寸文字的新位置，也可以输入相应的选项指定标注文字的新位置。

10.7.3　替代标注

在快速访问工具栏中选择"显示菜单栏"命令，在弹出的菜单中选择"标注"|"替代"命令(DIMOVERRIDE)，可以临时修改尺寸标注的系统变量设置，并按该设置修改尺寸标注。该操作只对指定的尺寸对象作修改，并且修改后不影响原系统的变量设置。执行该命令时，命令窗口提示如下。

输入要替代的标注变量名或 [清除替代(C)]:

默认情况下，输入要修改的系统变量名，并为该变量指定一个新值。然后选择需要修改的对象，这时指定的尺寸对象将按新的变量设置作相应的更改。如果在命令窗口提示下输入 C，并选择需要修改的对象，这时可以取消用户已做出的修改，并将尺寸对象恢复成在当前系统变量设置下的标注形式。

10.7.4　更新标注

在快速访问工具栏中选择"显示菜单栏"命令，在弹出的菜单中选择"标注"|"更新"命令，可以更新标注，使其采用当前的标注样式。此时命令窗口提示如下。

输入标注样式选项[保存(S)/恢复(R)/状态(ST)/变量(V)/应用(A)/?] <恢复>:

命令提示中各选项的功能如下。
- "保存(S)"选项：将当前尺寸系统变量的设置作为一种尺寸标注样式来命名保存。
- "恢复(R)"选项：将用户保存的某一尺寸标注样式恢复为当前样式。
- "状态(ST)"选项：查看当前各尺寸系统变量的状态。选择该选项，可切换到文本窗口，并显示各尺寸系统变量及其当前设置。
- "变量(V)"选项：显示指定标注样式或对象的全部或部分尺寸系统变量及其设置。
- "应用(A)"选项：可以根据当前尺寸系统变量的设置更新指定的尺寸对象。
- ?选项：显示当前图形中命名的尺寸标注样式。

10.8　思考练习

1. 定义一个新的标注样式。具体要求如下：样式名称为"新标注样式"，文字高度为8，尺寸文字从尺寸线偏移的距离为8，箭头大小为7，尺寸界线超出尺寸线的距离为7，基线标注时基线之间的距离为10，其余设置采用系统默认设置。

2. 在中文版 AutoCAD 2018 中，尺寸标注类型有哪些？

3. 在中文版 AutoCAD 2018 中，如何创建线性标注？

第11章 应用图块和外部参照

在绘制图形时，如果图形中有大量相同或相似的内容，或者所绘制的图形与已有的图形文件相同，则可以将需要重复绘制的图形创建成块(也称为图块)。并根据需要为块创建属性，指定块的名称、用途及设计者等信息，在需要时直接插入它们，从而提高绘图效率。另外，用户还可以将已有的图形文件以参照的形式插入到当前图形中(即外部参照)。通过 AutoCAD 设计中心浏览、查找、预览、使用和管理 AutoCAD 图形、块、外部参照等不同的资源文件。

11.1 创建和编辑块

块是一个或多个对象组成的对象集合，常用于绘制复杂、重复的图形。如果一组对象组合成块，就可以根据作图需要将这组对象插入到图中任意指定位置。

11.1.1 块的特点

在 AutoCAD 中，使用块可以提高绘图速度，节省存储空间，便于修改图形并能为其添加属性。总体来说，AutoCAD 中块的特点具体如下。

- 提高绘图效率：在 AutoCAD 中绘图时，常常要绘制一些重复出现的图形。如果把这些图形做成块保存起来，绘制它们时就可以用插入块的方法实现。即把绘图变成了拼图，从而避免了大量的重复性工作，提高了绘图效率。

- 节省存储空间：AutoCAD 要保存图中每一个对象的相关信息，如对象的类型、位置、图层、线型及颜色等，这些信息要占用存储空间。如果一幅图中包含有大量相同的图形，就会占据较大的磁盘空间。但如果把相同的图形事先定义成一个块，绘制它们时就可以直接把块插入到图中的各个相应位置。这样既满足了绘图要求，又可以节省磁盘空间。因为虽然在块的定义中包含了图形的全部对象，但系统只需要一次这样的定义。每次插入块时，AutoCAD 仅需要记住这个块对象的有关信息(如块名、插入点坐标及插入比例等)。对于复杂且需要多次绘制的图形，这一优点更为明显。

- 便于修改图形：一张工程图纸往往需要进行多次修改。例如，在机械设计中，旧的国家标准用虚线表示螺栓的内径，新的国家标注则用细实线表示。如果对旧图纸上的每一个螺栓按新国家标准修改，既费时又不方便。但如果原来各螺栓是通过插入块的方法绘制的，那么只要简单地对块进行再定义，就可以对图中的所有螺栓进行统一修改。

● 可以添加属性：很多块还要求含有文字信息以进一步解释其用途。AutoCAD 允许用户为块创建文字属性，并可以在插入的块中指定是否显示这些属性。此外，还可以从图中提取这些信息并将它们传送到数据库中。

11.1.2 块定义

利用"块定义"工具创建的图块又称为内部图块，即所创建的图块被保存在该图块的图形中，并且能在当前图形中应用，而不能插入到其他图形中。

在 AutoCAD 中定义图块需要在"块定义"对话框中完成，打开该对话框的方法主要有以下几种。

● 选择"默认"选项卡，在"块"面板中单击"创建"按钮 [图标] 创建。
● 选择"绘图"|"创建"命令。
● 在命令窗口中执行 BLOCK 或 B 命令。

在"块"选项板中单击"创建"按钮，将打开"块定义"对话框，如图 11-1 所示。在该对话框中输入新建块的名称，并设置块组成对象的保留方式，然后在"方式"选项区域中定义块的显示方式。

完成上述设置后，在"基点"选项区域中单击"拾取点"按钮选取基点。然后在"对象"选项区域中单击"选择对象"按钮，选取组成块的对象。接下来，单击"确定"按钮即可获得图块创建的效果，如图 11-2 所示。

图 11-1 "块定义"对话框

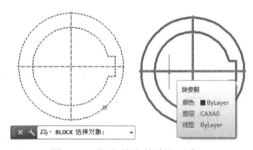

图 11-2 指定基点并选取对象

"块定义"对话框中各选项区域中所包含选项的含义分别如下。

● "名称"文本框："块定义"对话框中的"名称"文本框用于输入要创建的内部图块名称(该名称应尽量反映创建图块的特征，从而和定义的其他图块有所区别，同时也方便调用)。

● "基点"选项区域：该选项区域用于确定块插入时所用的基准点，相当于移动、复制对象时所指定的基点。该基点关系到块插入操作的方便性。用户可以在其下方的 X、Y、Z 文本框中分别输入基点的坐标值，也可以单击"拾取点"按钮，在绘图区中选取一点作为图块的基点。

● "对象"选项区域：该选项区域用于选取组成块的集合图形对象，单击"选择对象"按钮可以在绘图区中选取要定义为图块的对象。该选项区域中包含"保留"、"转换为块"和"删除"这 3 个单选按钮。

● "方式"选项区域：在"方式"选项区域中可以设置图块的注释性、图块的缩放和
图块是否能够进行分解等操作。

【**练习 11-1**】在 AutoCAD 中，绘制一个电阻符号图形，并将其定义为块。

(1) 在绘图文档中，绘制如图 11-3 所示的表示电阻的图形。

(2) 在"功能区"选项板中选择"默认"选项卡，在"块"面板中单击"创建"按钮
![]，打开"块定义"对话框。在"名称"文本框中输入块的名称，如"电阻 R"，如图
11-4 所示。

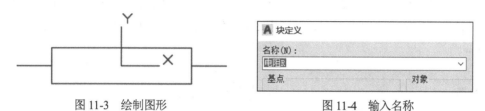

| 图 11-3 绘制图形 | 图 11-4 输入名称 |

(3) 在"基点"选项区域中单击"拾取点"按钮![]，单击图形的中心点，确定基点位
置，如图 11-5 所示。

(4) 在"对象"选项区域中选中"保留"单选按钮，再单击"选择对象"按钮![]，切
换到绘图窗口。使用窗口选择方法选择所有图形，然后按 Enter 键返回"块定义"对话框，
如图 11-6 所示。

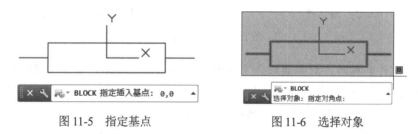

| 图 11-5 指定基点 | 图 11-6 选择对象 |

(5) 在"块单位"下拉列表中选择"毫米"选项，在"说明"文本框中输入对图块的
说明，如"电阻符号"，单击"确定"按钮保存设置，如图 11-7 所示。

图 11-7 "块定义"对话框

11.1.3　存储块

存储块又称为创建外部图块，即将创建的图块作为独立文件保存。这样不仅可以将块插入到任何图形中去，而且可以对图块执行打开和编辑等操作。但是利用块定义工具创建的内部图块却不能执行这种操作。

要存储块，只需要在命令窗口中输入 WBLOCK 指令，并按下 Enter 键。此时将打开"写块"对话框。然后在该对话框的"源"选项区域中选中"块"单选按钮，表示新图形文件将由块创建，并在右侧下拉列表中指定块。接着单击"目标"选项区域后的"显示标准文件选择对话框"按钮，在打开的对话框中指定具体块保存路径即可，如图 11-8 所示。

"写块"对话框　　　　　　　　　　　　　　指定块的保存路径

图 11-8　设置存储块

在指定文件名称时，只需要输入文件名称而不用带扩展名，系统一般将扩展名定义为.dwg。此时如果在"目标"选项区域中未指定文件名，软件将以默认保存位置保存该文件。"源"选项区域中另外两种存储块的方式分别如下。

- "整个图形"方式：选中该单选按钮，表示系统将使用当前的全部图形创建一个新的图形文件。此时只需要单击"确定"按钮，即可将全部图形文件保存。
- "对象"方式：选中该单选按钮，系统将使用当前图形中的部分对象创建一个新图形。此时必须选择一个或多个对象以输出到新的图形中。

注意：

若将其他图形文件作为一个块插入到当前文件中，系统默认将坐标原点作为插入点。这样对于有些图形绘制而言，很难精确控制插入位置。因此在实际应用中，应先打开该文件，再通过输入 BASE 指定直线插入操作。

11.1.4　插入块

在 AutoCAD 中，定义和保存图块的目的都是为了重复使用图块，若要将图块放置到图形文件上指定的位置，这就需要调用图块。调用图块是通过"插入"命令实现的。利用该命令既可以调用内部块，也可以调用外部块。插入图块的方法主要有以下几种方式。

1. 直接插入单个图块

直接插入单个图块的方法是工程绘图中最常用的调用方式，即利用"插入"工具指定内部或外部图块插入当前的图形中。在"块"选项板中单击"插入"按钮 后，将打开如图 11-9 所示的"插入"对话框，该对话框中各选项的功能如下。

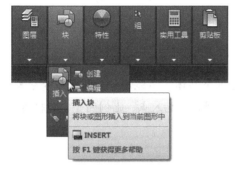

图 11-9　打开"插入"对话框

- "名称"文本框：在"名称"文本框中可以指定需要插入块的名称，或指定作为块插入的图形文件名。单击该文本框右侧的下拉按钮，可以在打开的下拉列表中指定当前图形文件中可供用户选择的块名称。单击"浏览"按钮，可以选择作为块插入图形的文件名。
- "插入点"选项区域：该选项区域用于确定插入点的位置。一般情况下，可由在平面上单击指定插入点或直接输入插入点的坐标指定这两种方法来确定。
- "比例"选项区域：该选项区域用于设置块在 X、Y 和 Z 这 3 个方向上的比例。同样有两种方法决定块的缩放比例，分别是在平面上使用鼠标单击指定和直接输入缩放比例因子。其中，选中"统一比例"复选框，表示在 X、Y 和 Z 这 3 个方向上的比例因子完全相同。
- "旋转"选项区域：该选项区域用于设置插入块时的旋转角度，同样也有两种方法确定块的旋转角度，分别是在平面上指定块的旋转角度和直接输入块的旋转角度。
- "分解"复选框：该复选框用于控制图块插入后是否允许被分解。如果选中该复选框，则图块插入到当前图形时，组成图块的各个对象将自动分解成各自独立的状态。

2. 阵列插入图块

在 AutoCAD 命令窗口中输入 MINSERT 指令即可阵列插入图块。该命令实际上是将阵列和块插入命令合二为一，当用户需要插入多个具有规律的图块时，即可输入 MINSERT 指令来进行相关操作。这样不仅能节省绘图时间，而且可以减少占用的磁盘空间。

在命令窗口中输入 MINSERT 指令后，输入要插入的图块名称，然后指定插入点并设置缩放比例因子和旋转角度。接下来，依次设置行数、列数、行间距和列间距参数，即可阵列插入所选择的图块，如图 11-10 所示。

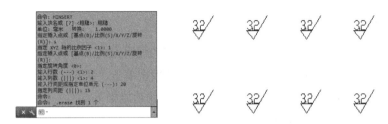

图 11-10　阵列插入图块

注意：

利用 MINSERT 指令插入的所有图块组成的是一个整体，不能用"分解"命令分解，但可以通过 DDMODIFY 指令改变插入块时所设的特性，如插入点、比例因子、旋转角度、行数、列数、行距和列距等参数。

3. 以定数等分方式插入图块

要以定数等分的方式插入图块，用户可以在 AutoCAD 命令窗口中输入 DIVIDE 指令，然后按照定数等分插入点的方法插入图块即可。

4. 以定距等分方式插入图块

以定距等分方式插入图块与以定数等分方式插入点的方法类似。用户可以在 AutoCAD 命令窗口中输入 MEASURE 指令，然后按照定距等分插入点的方法进行操作即可。

11.1.5　分解块

在图形中无论是插入内部图块还是外部图块，由于这些图块属于一个整体，无法进行必要的修改，给实际操作带来极大不便。这就需要将图块在插入后转化为定义前各自独立的状态，即分解图块。常用的分解方法有以下两种。

1. 插入时分解图块

插入图块时，在打开的如图 11-11 所示的"插入"对话框中选中"分解"复选框，则插入图块后整个图块特征将被分解为单个的线条；取消该复选框的选中状态，则插入后的图块仍以整体对象存在。

2. 插入后分解图块

插入图块后，分解图块可以利用"分解"工具实现。该工具可以分解块参照、填充图案和关联性尺寸标注等对象，也可以使多段线或多段弧线及多线分解为独立的直线和圆弧对象。在"修改"面板中单击"分解"按钮，然后选取要分解的图块对象并按下 Enter 键即可将其分解，如图 11-12 所示。

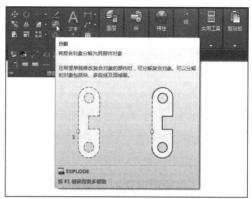

图 11-11　插入时分解图块　　　　　　　图 11-12　使用"分解"按钮分解图块

注意：

在插入图块时，如果选中"分解"复选框，则只可以指定统一的比例因子，即 X 轴、Y 轴和 Z 轴方向设置的比例值相等。参照在被分解时，将分解为组成块参照时的原始对象。

11.1.6　在位编辑块

在绘图的过程中，有些绘图者常常将已经绘制好的图块插入到当前图形中。但当插入的图块需要进行修改或所绘图形较为复杂时，如果将图块分解后再删除或添加修改，则很不方便，并且容易发生人为误操作。此时，用户可以利用块的在位编辑功能使其他对象作为背景或参照，只允许对要编辑的图块进行相应的修改操作。

利用块的在位编辑功能可以修改当前图形中的外部参照，或者重新定义当前图形中的块定义。在该过程中，块和外部参照都被视为参照。使用该功能进行块编辑时，提取的块对象以正常方式显示，而图形中的其他对象，包括当前图形和其他参照对象，都淡入显示，使需要编辑的块对象一目了然。在位编辑块功能一般用在对已有图块进行较小修改的情况下。

在 AutoCAD 中切换至"插入"选项卡，在绘图区选取要编辑的块对象。然后在"参照"选项板中单击"编辑参照"按钮，将打开"参照编辑"对话框，如图 11-13 所示。

图 11-13　打开"参照编辑"对话框

在"参照编辑"对话框中单击"确定"按钮，即可对绘图区中选中的块对象进行在位编辑，如图 11-14 所示。

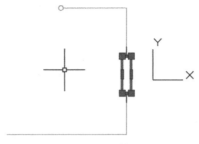

图 11-14　在位编辑块

另外，在绘图区选取要编辑的块对象并右击，在打开的菜单中选中"在位编辑块"命令，也可以进行相应的块在位编辑操作。

注意：

块的在位编辑功能使块的运用功能进一步提高。在保持块不被打散的情况下，像编辑其他普通对象一样，在原来块图形的位置直接进行编辑，并且选取的块对象被在位编辑修改后，其他同名的块对象将自动同步更新。

11.1.7　删除块

在绘制图形的过程中用户若要删除创建的块，可以在命令窗口中输入 PURGE，并按下 Enter 键，此时软件将打开"清理"对话框。该对话框显示了可以清理的命名对象的树状图，如图 11-15 所示。

图 11-15　打开"清理"对话框

如果用户需要清理所有未参照的块对象，在"清理"对话框中直接选择"块"选项即可；如果在当前图形中使用了要清理的块，需要首先将该块从图形中删除，然后才可以在"清理"对话框中将相应的图块名称清理掉；如果要清理特定的图块，在"清理"对话框的"块"选项上双击，并在展开的块树状图上选择相应的图块名称即可；如果要清理的对象包含嵌套块，则需要在"清理"对话框中选中"清理嵌套项目"复选框。

11.2 设置块属性

块属性是附属于块的非图形信息，它是块的组成部分。块属性包含了组成块的名称、对象特征以及各种注释信息。

11.2.1 创建块属性

如果某个图块带有属性，那么用户在插入该图块时可以根据具体情况，通过属性来为图块设置不同的文本信息。

1. 块属性的特点

一般情况下，通过定义的属性将其附加块中，然后通过插入块操作，可使块属性成为图形中的一部分。这样所创建的属性块将是由块标记、属性值、属性提示和默认值这 4 个部分组成，其各自的功能如下。

(1) 块标记

每一个属性定义都有一个标记，就像每一个图层或线型都有自己的名称一样。属性标记实际上是属性定义的标识符，显示在属性的插入位置处。一般情况下，属性标记用于描述文本尺寸、文字样式和旋转度。

在属性标记中不能包含空格，并且两个名称相同的属性标记不能出现在同一个块定义中。属性标记仅在块定义前出现，在块被插入后将不再显示该标记。但是，如果当块参照被分解后，属性标记将重新显示，如图 11-16 所示。

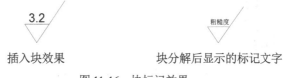

插入块效果   块分解后显示的标记文字

图 11-16   块标记效果

(2) 属性值

在插入块参照时，属性实际上就是一些显示的字符串文本，无论可见与否，属性值都是直接附着于属性上的，并与块参照关联。这个属性值将被写入到数据库文件中。

图 11-17 所示的图形中为粗糙度符号和基准符号的属性值。如果要多次插入这些图块，则可以将这些属性值定义给相应的图块。在插入图块的同时，即可为其指定相应的属性值，从而避免了为图块进行多次文字标注的操作。

图 11-17   块属性值

(3) 属性提示

属性提示是在插入带有可变的或预置的属性值的块参照时，系统显示的提示信息。在定义属性的过程中，可以指定一个文本字符串，在插入块参照时该字符串将显示在提示符中，提示输入相应的属性值。

(4) 默认值

在定义属性时，可以指定一个属性的默认值。在插入块参照时，该默认值出现在提示后面的括号中。如果按下 Enter 键，则该默认值会自动成为该提示的属性值。

2. 创建带属性块

属性类似于商品的标签，包含图块所不能表达的一些文字信息，如型号、材料和制造者等。在 AutoCAD 中，为图块指定属性，并将属性与图块重新定义为一个新的图块后，该图块的特征将成为属性块。只有这样才可以对定义好的带属性的块执行插入、修改以及编辑等操作。属性必须依赖于块而存在，没有块就没有属性，并且通常属性必须预先定义而后选定。

用户在 AutoCAD 中创建图块后，在"块"选项板中单击"定义属性"按钮，将打开"属性定义"对话框，如图 11-18 所示。

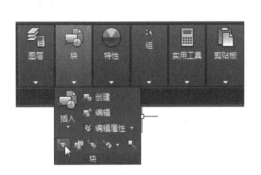

图 11-18　打开"属性定义"对话框

"属性定义"对话框中各选项区域所包含的选项含义如下。

- "模式"选项区域：该选项区域用于设置属性模式。例如，设置块属性值为一个常量或者默认的数值。"模式"选项区域中包含"不可见"、"固定"、"验证"等选项。
- "属性"选项区域：该选项区域用于设置属性参数，其中包括标记、提示和默认值。在"标记"文本框中设置属性的显示标记；在"提示"文本框中设置属性的提示信息，以提醒用户指定属性值；在"默认"文本框中设置图块默认的属性值。
- "插入点"选项区域：该选项区域用于指定图块属性的显示位置。选中"在屏幕上指定"复选框，可以用鼠标在图形上指定属性值的位置；若取消选中该复选框，可以在下面的坐标轴文本框中输入相应的坐标值来指定属性值在图块上的位置。
- "在上一个属性定义下对齐"复选框：选中该复选框，将继承前一次定义的属性的部分参数，如插入点、对齐方式、字体、字高和旋转角度等。"在上一个属性定义下对齐"复选框仅在当前图形文件中已有属性设置时有效。

● "文字设置"选项区域：该选项区域用于设置属性对齐方式、文字样式、高度和旋转角度等参数。"文字设置"选项区域中包含"对正"、"文字样式"、"文字高度"和"旋转"等选项。

【练习 11-2】将一个图形定义成表示位置公差基准的符号块。

(1) 在 AutoCAD 中创建如图 11-19 所示的图块后，在"块"选项板中单击"定义属性"按钮，打开"属性定义"对话框。

(2) 在"属性"选项区域的"标记"文本框中输入 A，在"提示"文本框中输入"请输入基准符号"，在"默认"文本框中输入 A，在"插入点"选项区域中选中"在屏幕上指定"复选框，在"文字设置"选项区域的"对正"下拉列表中选择"中间"选项，在"文字高度"按钮后面的文本框中输入 2.5。其他选项采用默认设置，单击"确定"按钮，如图 11-20 所示。

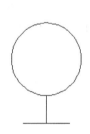

图 11-19　打开图块

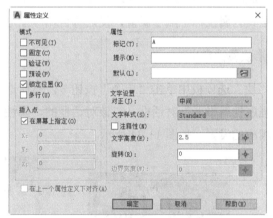

图 11-20　"属性定义"对话框

(3) 在绘图窗口中单击圆的圆心，确定插入点的位置。完成属性块的定义，同时在图中的定义位置将显示出该属性的标记，如图 11-21 所示。

图 11-21　显示 A 属性的标记

(4) 在命令窗口中输入命令 WBLOCK，打开"写块"对话框。在"基点"选项区域中单击"拾取点"按钮，然后在绘图窗口中单击两条直线的交点，如图 11-22 所示。

(5) 在"对象"选项区域中选择"保留"单选按钮，并单击"选择对象"按钮。然后在绘图窗口中使用窗口方式选择所有图形，在"目标"选项区域的"文件名和路径"文本框中输入文件路径，并在"插入单位"下拉列表中选择"毫米"选项。然后单击"确定"按钮，如图 11-23 所示。

图 11-22　单击两条直线的交点　　　　　　图 11-23　"写块"对话框

11.2.2　编辑块属性

当块定义中包含属性定义时，属性(如数据和名称)将作为一种特殊的文本对象也一同被插入。此时可利用"编辑单个块属性"工具编辑之前定义的块属性设置，并利用"管理属性"工具为属性标记赋予新值，使之符合相似图形对象的设置要求。

1. 修改属性定义

在"块"选项板中单击"单个"按钮 ，然后选取一个插入的带属性的块特征，将打开"增强属性编辑器"对话框。在该对话框的"属性"选项卡中，用户可以对当前的属性值进行相应的设置，如图 11-24 所示。

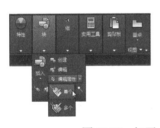

图 11-24　打开"增强属性编辑器"对话框

此外，在"增强属性编辑器"对话框中，选择"文字选项"选项卡，可在其中设置块的属性文字特性；选择"特性"选项卡，可在其中设置块所在图层的各种特性。两选项卡如图 11-25 所示。

图 11-25　设置块属性的文字和图层特性

2. 块属性管理器

块属性管理器工具主要用于重新设置属性定义的构成、文字特性和图形特征等属性。在"块"选项板中单击"属性,块属性管理器"按钮，将打开"块属性管理器"对话框，如图 11-26 所示。

在"块属性管理器"对话框中单击"编辑"按钮，将打开"编辑属性"对话框，编辑块的不同属性。若用户单击对话框中的"设置"按钮，将打开"块属性设置"对话框，用户可以通过选中该对话框中"在列表中显示"选项区域中的复选框，设置属性显示内容，如图 11-27 所示。

图 11-26　"块属性管理器"对话框　　　　图 11-27　"块属性设置"对话框

3. 使用 ATTEXT 命令提取属性

AutoCAD 的块及其属性中含有大量的数据，如块的名字、块的插入点坐标、插入比例，以及各个属性的值等。用户可以根据需要将这些数据提取出来，并将其写入到文件中作为数据文件保存起来，以供其他高级语言程序分析使用，也可以将该属性传送给数据库。

在命令窗口输入 ATTEXT 命令，即可提取块属性的数据。此时将打开"属性提取"对话框，如图 11-28 所示。各选项的功能说明如下。

- "文件格式"选项区域：用于设置数据提取的文件格式。用户可以在 CDF、SDF、DXX 这 3 种文件格式中选择，选中相应的单选按钮即可。
- "选择对象"按钮：用于选择块对象。单击该按钮，AutoCAD 将切换至绘图窗口。用户可以选择带有属性的块对象，按 Enter 键后返回至"属性提取"对话框。
- "样板文件"按钮：用于设置样板文件。用户可以直接在"样板文件"按钮右边的文本框内输入样板文件的名字，也可以单击"样板文件"按钮，打开"样板文件"对话框。从中选择样板文件，如图 11-29 所示。

图 11-28　"属性提取"对话框　　　　图 11-29　"样板文件"对话框

- "输出文件"按钮：用于设置提取文件的名字。可以直接在其右边的文本框中输入文件名；也可以单击"输出文件"按钮，打开"输出文件"对话框，并指定存放数据文件的位置和文件名。

11.3　使用动态块

动态块就是将一系列内容相同或相近的图形通过块编辑器将图形创建为块，并设置块具有参数化的动态特性，通过自定义夹点或自定义特性来操作动态块。对比常规图块来说，动态图块具有极大的灵活性和智能性，不仅提高了绘图的效率，同时也减小了图块库中的块数量。

11.3.1　创建动态块

要使块成为动态块，必须至少添加一个参数，然后添加一个动作，并使该动作与参数相关联。添加到块定义中的参数和动作类型定义了块参照在图形中的作用方式。

利用"块编辑器"工具可以创建动态块特征。块编辑器是一个专门的编写区域，用于添加能够使块成为动态块的元素。用户可以使用块编辑器向当前图形存在的块定义中添加动态行为，或者编辑其中的动态行为；也可以使用编辑器创建新的块定义，就像在绘图区中一样创建几何图形。

要使用动态编辑器，在"块"选项板中单击"块编辑器"按钮 编辑，将打开"编辑块定义"对话框。在该对话框中提供了可供编辑创建动态块的现有图块，选择一种块类型即可在对话框右侧的"预览"选项区域中预览块的效果，如图 11-30 所示。

此时，若单击"确定"按钮，将进入默认为灰色背景的绘图区域。该区域为专门的动态块创建区域，其左侧将自动打开一个"块编写"选项板。该选项板包含参数、动作、参数集和约束这 4 个面板，如图 11-31 所示。使用"块编写"选项板中的不同选项，即可为块添加所需的各种参数和对应的动作。

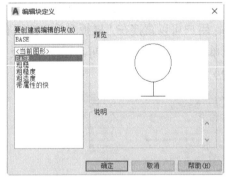

图 11-30　"编辑块定义"对话框

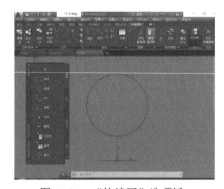

图 11-31　"块编写"选项板

如果要创建一个完整的动态块，必须包括一个或多个参数以及该参数所对应的动作。当参数添加到动态块定义中后，夹点将添加到该参数的关键点。关键点是用于操作块参照的参数部分。例如，线性参数在其基点或端点具有关键点，拖动任一关键点即可操作参数的距离。

添加到动态块的参数类型决定了添加的夹点类型。每种参数类型仅支持特定类型的动作。表 11-1 所示列出了参数、夹点和动作的关系。

表 11-1　参数、夹点和动作的关系

参 数 类 型	夹 点 样 式	夹点在图形中的操作方式	可与参数关联的动作
点	正方形	平面内任意方向	移动、拉伸
线性	三角形	按规定方向或沿某一条轴移动	移动、缩放、拉伸、阵列
极轴	正方形	按规定方向或沿某一条轴移动	移动、缩放、拉伸、极轴拉伸、阵列
XY	正方形	按规定方向或沿某一条轴移动	移动、缩放、拉伸、阵列
旋转	圆点	围绕某一条轴旋转	旋转
对齐	五边形	平面内任意方向；如果在某个对象上移动，可使块参照与该对象对齐	无
翻转	箭头	单击以翻转动态块	翻转
查询	三角形	单击以显示项目列表	查询
基点	圆圈	平面内任意方向	无
可见性	三角形	平面内任意方向	无

11.3.2　创建块参数

在块编辑器中，参数的外观类似于标注，并且动态块的相关动作是完全依据参数进行的。在图块中添加的参数可以指定集合图形在参照中的位置、距离和角度等特性，其通过定义块的自定义特性来限制块的动作。此外可以对统一图块或集合图形定义一个或多个自定义特征。

1. 点参数

点参数可以为块参数参照定义两个自定义特征：相对于块参照基点的位置X和位置Y。如果向动态块定义添加点参数，点参数将追踪 X 和 Y 的坐标值。

在添加点参数时，默认的方式是指定点参数位置。在"块编写"选项板中单击"点"按钮，并在图块中选取点的确定位置(其外观类似于坐标标注)，然后对其添加移动动作测试，如图 11-32 所示。

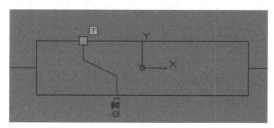

图 11-32　添加点参数

2. 线性参数

线性参数可以显示两个固定点的距离，其外观类似于对齐标注。如果对其添加相应的拉伸、移动等动作，则约束夹点可以沿预置角度移动，如图 11-33 所示。

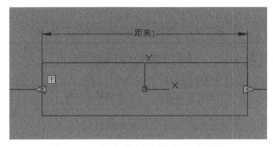

图 11-33　添加线性参数并移动图块

3. 极轴参数

极轴参数可以显示出两个固定点之间的距离并显示角度值，其外观类似于对齐标注。如果对其添加相应的拉伸、移动等动作，则约束夹点可以沿着预置角度移动，效果如图 11-34 所示。

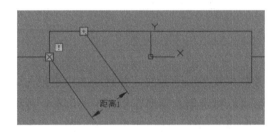

图 11-34　添加极轴参数

4. XY 参数

XY 参数显示出距参数基点的 X 距离和 Y 距离，其外观类似于水平和垂直这两种标注方式。如果对其添加拉伸动作，则可以将其进行拉伸动态测试，效果如图 11-35 所示。

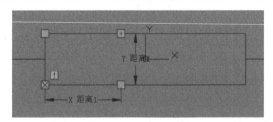

图 11-35　添加 XY 参数

5. 旋转参数

旋转参数可以定义块的旋转角度，它仅支持旋转动作。在块编辑窗口，它显示为一个圆。其一般操作步骤为：首先指定参数半径，然后指定旋转角度，最后指定标签位置。如果为其添加旋转动作，则动态旋转效果如图 11-36 所示。

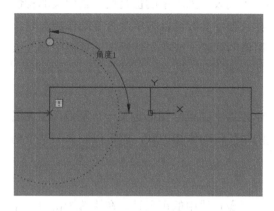

图 11-36　添加旋转参数

6. 对齐参数

对齐参数可以定义 X 和 Y 位置以及一个角度，可以直接影响块参照的旋转特性。对齐参数允许块参照自动围绕一个点旋转，以便与图形中另一对象对齐。它一般应用于整个块对象，并且不需要与任何动作相关联。

要添加对齐参数，单击"对齐"按钮，并依据提示选取对齐的基点即可，保存该定义块，并通过夹点来观察动态测试效果，如图 11-37 所示。

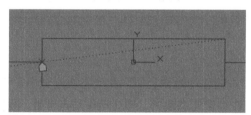

图 11-37　添加对齐参数

7. 翻转参数

翻转参数可以定义块参照的自定义翻转特性，它仅支持翻转动作。在块编辑窗口，其显示为一条投影线，即系统围绕这条投影线翻转对象。如图 11-38 所示，单击投影线下方的箭头，即可将图块进行相应的翻转操作。

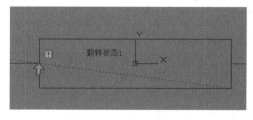

图 11-38　添加翻转参数

8. 查寻参数

查寻参数可以定义一个列表，列表中的值是用户自定义的特性，在块编辑窗口显示为带有关联夹点的文字，并且查寻参数可以与单个查寻动作相关联。关闭块编辑窗口时，用户可以通过夹点显示可用值的列表，或在"特性"选项板中修改该参数自定义特性的值。

9. 基点参数

基点参数可以相对于该块中的集合图形定义一个基点，在块编辑窗口中显示为带有十字光标的圆。该参数无法与任何动作相关联，但可以归属于某个动作的选择集。

10. 可见性参数

可见性参数可以控制对象在块中的可见性，在块编辑窗口中显示为带有关联夹点的文字。可见性参数总是应用于整个块，并且不需要与任何动作相关联。

11.3.3　创建块动作

添加块动作指的是根据在图形块中添加的参数而设定的相应动作，它用于在图形中自定义动态块的动作特性。此特性决定了动态块将在操作过程中作何种修改，且通常情况下，动态图块至少包含一个动作。

一般情况下，由于添加的块动作与参数上的关键点和集合图形相关联，所以在向动态块中添加动作前，必须先添加与该动作相对应的参数。关键点是参数上的点，编辑参数时该点将会与动作相关联，与动作相关联后的几何图形称为选择集。

1. 移动动作

移动动作与二维绘图中的移动操作类似，在动态块测试中，移动动作可使对象按定义的距离和角度进行移动。在编辑动态块时，移动动作与点参数、线性参数、极轴参数和 XY 轴参数相关联，效果如图 11-39 所示。

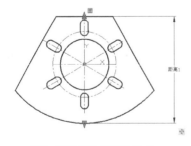　　　　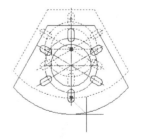

添加线性参数和移动动作　　　　　　　　　　测试效果

图 11-39　添加移动动作并测试

2. 缩放动作

缩放动作与二维绘图中的缩放操作类似，它可以与线性参数、极轴参数和 XY 参数相关联，并且相关联的是整个参数，而不是参数上的关键点。在动态块测试中，通过移动夹点或使用"特性"选项板编辑关联参数，缩放动作可使块的选择集进行缩放，效果如图 11-40 所示。

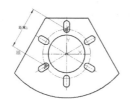 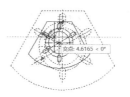

添加线性参数和缩放动作　　　　　　测试效果

图 11-40　添加缩放动作并测试

3. 拉伸动作

拉伸动作与二维绘图中的拉伸操作类似，在动态块拉伸测试中，拉伸动作可使对象按指定的距离和位置进行移动和拉伸。与拉伸动作相关联的有点参数、线性参数、极轴参数和 XY 轴参数。

将拉伸动作与某个参数相关联后，可以为该拉伸动作指定一个拉伸框，然后为拉伸动作的选择集选取对象。拉伸框决定了框内部或与框相交的对象在块参照中的编辑方式，效果如图 11-41 所示。

添加拉伸框　　　　　　　　　　动态拉伸测试

图 11-41　添加拉伸动作并测试

4. 极轴拉伸动作

在动态块测试中，极轴拉伸动作与拉伸动作相似。极轴拉伸动作不仅可以按角度和距离移动和拉伸对象，还可以将对象旋转，但它一般只能与极轴参数相关联。

在定义该动态图块时，极轴拉伸动作拉伸部分的基点是与关键点相对的参数点。关联后可以指定该轴拉伸动作的拉伸框，然后选取要拉伸的对象和要旋转的对象组成选择集，效果如图 11-42 所示。

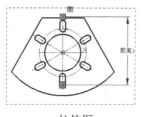 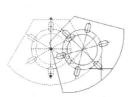

拉伸框　　　　　　　　　　　测试效果

图 11-42　添加极轴拉伸动作并测试

5. 旋转动作

旋转动作与二维绘图中的旋转操作类似。在定义动态块时,旋转动作只能与旋转参数相关联。与旋转动作相关的是整个参数,而不是参数上的关键点。如图 11-43 所示为拖动夹点进行旋转操作,测试旋转动作效果。

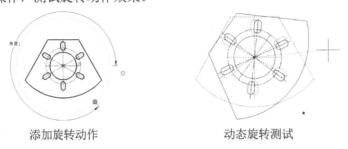

添加旋转动作　　　　　　　　　　　动态旋转测试

图 11-43　添加旋转动作并测试

6. 翻转动作

使用翻转动作可以围绕指定的轴(或投影线)翻转定义的动态块参照。它一般只能与翻转参数相关联,其效果相当于二维绘图中的镜像复制。

7. 阵列动作

在进行阵列动态块测试时,通过夹点或"特性"选项板可以使其关联对象进行复制,并按照矩形样式阵列。在动态块定义中,阵列动作可以与线性参数、极轴参数和 XY 参数中的任意一个相关联。

如果将阵列动作与线性参数相关联,则用户可以指定阵列对象的列偏移,即阵列对象之间的距离。添加的参数直接决定阵列的数量,即阵列对象必须完全在添加的参数之内,效果如图 11-44 所示。

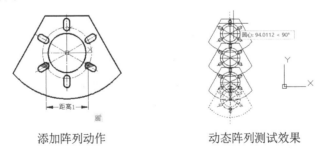

添加阵列动作　　　　　　　　　　　动态阵列测试效果

图 11-44　添加阵列动作并测试

8. 查寻动作

要向动态定义块中添加查寻动作,必须和查寻参数相关联。在添加查寻动作时,它通过自定义的特性列表创建查寻特性,使用查寻表将自定义特性和值指定给动态块,效果如图 11-45 所示。

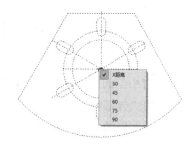

　　　　自定义特性列表　　　　　　　　　　　　查寻自定义特性和值

图 11-45　添加查寻动作并测试

11.3.4　使用参数集

　　使用参数集可以向动态块添加成对的参数与动作。添加参数集与添加参数所使用的方法相同，并且参数集中包含的动作将自动添加到块定义中，并与添加的参数相关联。

　　当第一次向动态块定义添加参数集时，与添加参数一样。每个动作旁边都会显示一个黄色的警告图标，这表示还需要将选择集与动作相关联。用户可以双击该黄色警示图标，然后按照命令窗口上的提示将动作与选择集相关联。表 11-2 所示为参数集所包含的参数与相关联的动作以及所带有的夹点数。

表 11-2　参数集动作与夹点数

参 数 集	含有的参数	关 联 动 作	夹 点 数
点移动	线性参数	移动动作	1
线性移动	线性参数	移动动作	1
线性拉伸	线性参数	拉伸动作	1
线性阵列	线性参数	阵列动作	1
线性移动配对	线性参数	移动动作	2
线性拉伸配对	线性参数	拉伸动作	2
极轴移动	极轴参数	移动动作	1
极轴拉伸	极轴参数	拉伸动作	1
环形阵列	极轴参数	阵列动作	1
极轴移动配对	极轴参数	移动动作	2
极轴拉伸配对	极轴参数	拉伸动作	2
XY 移动	XY 参数	移动动作	1
XY 移动配对	XY 参数	移动动作	2
XY 移动方格集	XY 参数	移动动作	4
XY 拉伸方格集	XY 参数	拉伸动作	4
XY 阵列方格集	XY 参数	阵列动作	4
旋转集	旋转参数	旋转动作	1
翻转集	翻转参数	翻转动作	1
可见性集	可见性参数	无	1
查寻集	查寻参数	查寻动作	1

11.4　使用外部参照

块主要针对小型的图形重复使用，而外部参照则提供了一种比图块更为灵活的图形引用方法。即使用"外部参照"功能可以将多个图形链接到当前图形中，并且包含外部参照的图形会随着原图形的修改而自动更新。这是一种重要的共享数据方式。

11.4.1　附着外部参照

附着外部参照的目的是帮助用户用其他的图形来补充当前图形，主要用于在需要时附着一个新的外部参照文件，或将一个已附着的外部参照文件的副本附着在文件中。执行附着外部参照操作，用户可以将以下几种格式的文件附着至当前图形中。

1. 附着 DWG 文件

执行附着外部参照操作，其目的是帮助用户用其他图形来补充当前图形，主要用在需要附着一个新的外部参照文件，或将一个已附着的外部参照文件的副本附着文件。

切换至"插入"选项卡，在"参照"选项板中单击"附着"按钮，此时将打开"选择参照文件"对话框，如图 11-46 所示。接下来，在该对话框的"文件类型"下拉列表中选择"新块"选项，并指定附着文件。单击"打开"按钮，将打开"附着外部参照"对话框，如图 11-47 所示。

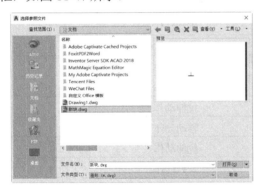

图 11-46　"选择参照文件"对话框　　　　图 11-47　"附着外部参照"选项板

在"附着外部参照"对话框中设置参照类型和路径类型后，单击"确定"按钮，外部参照文件将显示在当前图形中。接下来，指定插入点即可将参照文件添加至图形中。在图形中插入外部参照的方法与插入块的方法相同，只是"附着外部参照"对话框增加了"参照类型"和"路径类型"两个选项区域，其各自的功能如下。

- "参照类型"选项区域：在该选项区域中可以选择外部参照类型。选中"附着型"单选按钮，如果参照图形中仍包含外部参照，则在执行该操作后，都将附着在当前图形中，即显示嵌套参照中的嵌套内容；如果选中"覆盖型"单选按钮，将不显示嵌套参照中的嵌套内容。

- "路径类型"下拉列表：将指定图形作为外部参照附着到当前主体时，可以使用"路径类型"下拉列表中的"完整路径"、"相对路径"和"无路径"这 3 种路径类型附着该图形。其中，选择"完整路径"选项，外部参照的精确位置将保存到该图形中；选择"相对路径"选项，附着外部参照将保存外部参照相对于当前图形的位置；选择"无路径"选项，可以直接查找外部参照。

2. 附着图像文件

使用"外部参照"选项板操作能够将图像文件附着到当前文件中，对当前图形进行辅助说明。单击"附着"按钮，在打开对话框的"文件类型"下拉列表中选择"所有图形文件"选项，并指定附着的图像文件，然后单击"打开"按钮，将打开"附着图像"对话框。在该对话框中单击"确定"按钮，即可将图像文件附着在当前图形中，效果如图 11-48 所示。

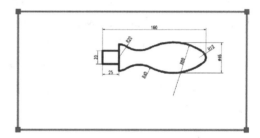

图 11-48　附着图像文件

3. 附着 DWF 文件

DWF 文件是一种从 DWG 文件创建的高度压缩的文件格式，该文件易于在 Web 上发布和查看，并且支持实时平移和缩放以及对图层显示与命名视图显示的控制。

单击"附着"按钮，在打开对话框的"文件类型"下拉列表中选择"DWF 文件"选项。然后指定附着的 DWF 文件，并单击"打开"按钮。接下来在打开的"附着 DWF"对话框中单击"确定"按钮，指定文件在当前图形的插入点和插入比例，即可将 DWF 文件附着在当前图形中。

4. 附着 DGN 文件

DGN 格式文件是 MicroStation 绘图软件生成的文件，该文件格式对精度、层数以及文件与单元的大小并不限制。另外，该文件中的数据都是经过快速优化、检验并压缩的，有利于节省网络带宽和存储空间。

单击"附着"按钮，在打开对话框的"文件类型"下拉列表中选择"所有 DGN 文件"选项，然后指定附着 DGN 文件，并单击"打开"按钮。接下来，在打开的对话框中单击"确定"按钮，指定文件在当前图形的插入点和插入比例，即可将 DGN 文件附着在当前图形中。

5. 附着 PDF 文件

PDF 格式文件是一种非常通用的阅读格式，而且 PDF 文档的打印和普通 Word 文档的打印一样简单。由于此类文件格式通用并安全，所以图纸的存档和外发加工一般使用 PDF 格式。

单击"附着"按钮，在打开对话框的"文件类型"下拉列表中选择"PDF 文件"选项，然后指定附着的 PDF 文件，并单击"打开"按钮。接下来，在打开的对话框中单击"确定"按钮，指定文件在当前图形的插入点和插入比例，即可将 PDF 文件附着在当前图形中。

【练习 11-3】使用图形文件 A1.dwg、A2.dwg 和 A3.dwg(其中心点都是坐标原点)创建一个新图形。

(1) 在菜单栏中选择"文件"|"新建"命令，新建一个文件。

(2) 在"功能区"选项板中选择"插入"选项卡，然后在"参照"面板中单击"外部参照"按钮，在打开的"外部参照"选项板上方单击"附着 DWG"按钮，打开"选择参照文件"对话框，选择 A1.dwg 文件，然后单击"打开"按钮，如图 11-49 所示。

(3) 打开"附着外部参照"对话框，在"参照类型"选项区域中选中"附着型"单选按钮，在"插入点"选项区域中取消选中"在屏幕上指定"复选框，并确认当前坐标 X、Y、Z 均为 0，然后单击"确定"按钮，如图 11-50 所示。

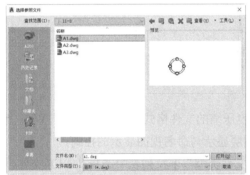

图 11-49　选择参照文件　　　　　　　图 11-50　设置参数

(4) 此时，将外部参照文件 A1.dwg 插入到文档中，如图 11-51 所示。

(5) 重复步骤(2)和步骤(3)，将外部参照文件 A2.dwg 和 A3.dwg 插入到文档中，效果如图 11-52 所示。

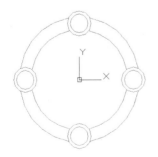
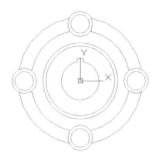

图 11-51　插入参照文件 A1.dwg 后的效果　　　　图 11-52　图形效果

11.4.2 编辑外部参照

当附着外部参照后，外部参照的参照类型(附着或覆盖)和名称等内容并非无法修改和编辑，利用"编辑参照"工具可以对各种外部参照执行编辑操作。

在"参照"选项板中单击"编辑参照"按钮 ，选择待编辑的外部参照。此时将打开"参照编辑"对话框，如图 11-53 所示。

在"参照编辑"对话框中，两个选项卡的含义分别如下。

- "标识参照"选项卡：该选项卡为标识要编辑的参照提供形象化的辅助工具，如图 11-53 所示。其不仅能够控制选择参照的方式，还可以指定要编辑的参照。如果选择的对象是一个或多个嵌套参照的一部分，则该嵌套参照将显示在对话框中。
- "设置"选项卡：该选项卡为编辑参照提供所需的选项，如图 11-54 所示。在该选项区域中共包含"创建唯一图层、样式和块名"、"显示属性定义以供编辑"和"锁定不在工作集中的对象"这 3 个复选框。

图 11-53 "参照编辑"对话框

图 11-54 打开"设置"选项卡

11.4.3 剪裁外部参照

"参照"选项板中的"裁剪"工具可以剪裁多种对象，包括外部参照、图像或 DWF 文件格式等。通过这些剪裁操作，用户可以控制所需信息的显示。直线剪裁操作并非真正修改这些参照，而是将其隐藏显示，同时可以根据设计需要，定义前向剪裁平面或后向剪裁平面。

在"参照"选项板中单击"剪裁"按钮 ，选取要剪裁的外部参照对象，此时命令窗口将显示"[开(ON)/关(OFF)/剪裁深度(C)/删除(D)/生成多段线(P)/新建边界(N)]<新建边界>："的提示信息，选择不同的选项将获取不同的剪裁效果，如图 11-55 所示。

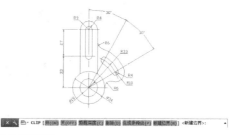

图 11-55 剪裁外部参照

11.4.4　管理外部参照

在 AutoCAD 中，用户可以在"外部参照"选项板中对附着或剪裁的外部参照进行编辑和管理。单击"参照"选项板右下角的箭头按钮，将打开"外部参照"选项板，如图 11-56 所示。在该选项板的"文件参照"列表框中显示了当前图形中各个外部参照文件的名称、状态、大小和类型等内容。

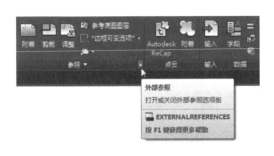

图 11-56　显示"外部参照"选项板

此时，在列表框的文件上右击，将打开快捷菜单，该菜单中主要命令的含义如下。

- "打开"命令：选择该命令，可以在新建的窗口中打开选定的外部参照进行编辑。
- "附着"命令：选择该命令，将根据所选择文件对象打开相应的对话框，在该对话框中选择需要插入到当前图形中的外部参照文件。
- "卸载"命令：选择该命令，可以从当前图形中移走不需要的外部参照文件，但移走的文件仍保留该参照文件的路径。
- "重载"命令：对于已经卸载的外部参照文件，如果需要再次参照该文件，可以选择"重载"命令将其更新到当前图形中。
- "拆离"命令：选择该命令，可以从当前图形中移除不需要的外部参照文件。
- "绑定"命令：该命令对于具有绑定功能的参照文件有可操作性。选择"绑定"命令，可以将外部参照文件转换为一个正常的块。

11.5　使用 AutoCAD 设计中心

AutoCAD 设计中心(AutoCAD DesignCenter，简称 ADC)为用户提供了一个直观且高效的工具，ADC 与 Windows 资源管理器类似。

11.5.1 AutoCAD 设计中心的功能

在 AutoCAD 中，使用 AutoCAD 设计中心可以完成如下工作。

- 创建对频繁访问的图形、文件夹和 Web 站点的快捷方式。
- 根据不同的查询条件在本地计算机和网络中查找图形文件，找到后可以将文件直接加载到绘图区或设计中心。
- 浏览不同的图形文件，包括当前打开的图形和 Web 站点上的图形库。
- 查看块、图层和其他图形文件的定义并将图形定义插入到当前图形文件中。
- 通过控制显示方式来控制设计中心控制板的显示效果，还可以在控制板中显示与图形文件相关的描述信息和预览图像。

11.5.2 观察图形信息

在菜单栏中选择"工具"|"选项板"|"设计中心"命令，即可打开"设计中心"选项板，如图 11-57 所示。

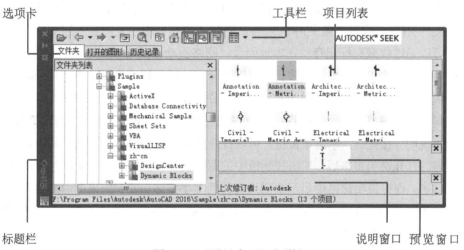

图 11-57 "设计中心"选项板

在 AutoCAD 设计中心选项板包含一组工具按钮和选项卡。用户可以利用这些来选择和观察设计中心中的图形。

其主要选项及工具按钮的功能说明如下。

- "文件夹"选项卡：显示设计中心的资源，可以将设计中心的内容设置为本计算机的桌面，或是本地计算机的资源信息，也可以是网上邻居的信息。
- "打开的图形"选项卡：显示在当前 AutoCAD 环境中打开的所有图形，其中包括最小化的图形。此时单击某个文件图标，即可显示该图形的相关设置，如图层、线型、文字样式、块及尺寸样式等，如图 11-58 所示。
- "历史记录"选项卡：显示用户最近访问的文件，包括文件的完整路径，如图 11-59 所示。

图 11-58 "打开的图形"选项卡   图 11-59 "历史记录"选项卡

- "树状图切换"按钮 🖾：单击该按钮，可以显示或隐藏树状视图。
- "加载"按钮 ☞：单击该按钮，将打开"加载"对话框，在该对话框中可以通过 Windows 的桌面、收藏夹或 Internet 来加载图形文件，如图 11-60 所示。
- "收藏夹"按钮 🖾：单击该按钮，可以在"文件夹列表"中显示 Favorites/Autodesk 文件夹(在此称为收藏夹)中的内容，同时在树状视图中反向显示该文件夹。用户也可以通过收藏夹标记存放在本地硬盘、网络驱动器或 Internet 网页上常用的文件。
- "预览"按钮 🖾：单击该按钮，可以打开或关闭预览窗格，以确定是否显示预览图像。打开预览窗格后，单击控制板中的图形文件，如果该图形文件包含预览图像，则在预览窗格中显示该图像；如果选择的图形中不包含预览图像，则预览窗格为空。
- "说明"按钮 🖾：单击该按钮，可以打开或关闭说明窗格，以确定是否显示说明内容。打开说明窗格后，单击控制板中的图形文件，如果该图形文件包含有文字描述信息，则在说明窗格中显示出图形文件的文字描述信息；如果图形文件没有文字描述信息，则说明窗格为空。用户可以通过拖动鼠标的方式来改变说明窗格的大小。
- "视图"按钮 🖾 ▾：用于确定控制板所显示内容的显示格式。单击该按钮，将弹出快捷菜单，可以从中选择显示内容的显示格式。
- "搜索"按钮 🔍：用于快速查找对象。单击该按钮，将打开"搜索"对话框，如图 11-61 所示。使用该对话框，用户可以快速查找如图形、块、图层及尺寸样式等图形内容或设置。

图 11-60 "加载"对话框   图 11-61 "搜索"对话框

11.5.3　在设计中心查找内容

使用 AutoCAD 设计中心的查找功能，可以通过"搜索"对话框，快速查找如图形、块、图层及尺寸样式等图形内容或设置。

在"搜索"对话框中，可以通过设置条件进行缩小搜索范围，或者搜索块定义说明中的文字和其他任何"图形属性"对话框中指定的字段。例如，如果忘记将块保存在图形中还是保存为单独的图形，则可以选择搜索图形和块。

当在"搜索"下拉列表中选择的对象不同时，对话框中显示的选项卡也将不同。例如，当选择"图形"选项时，"搜索"对话框中将包含以下 3 个选项卡，可以在每个选项卡中设置不同的搜索条件。"搜索"对话框中各选项卡的功能说明如下。

- "图形"选项卡：使用该选项卡，可提供按照"文件名"、"标题"、"主题"、"作者"或"关键字"查找图形文件的条件。
- "修改日期"选项卡：指定图形文件创建或上一次修改的日期或指定日期范围。默认情况下不指定日期，如图 11-62 所示。
- "高级"选项卡：指定其他搜索参数，如图 11-63 所示。例如，可以输入文字进行搜索，查找包含特定文字的块定义名称、属性或图形说明。在该选项卡中还可以指定搜索文件的大小范围。例如，在"大小"下拉列表中选择"至少"选项，并在其右边的文本框中输入 50，则表示查找大小为 50 KB 以上的文件。

图 11-62　"修改日期"选项卡　　　图 11-63　"高级"选项卡

11.5.4　使用设计中心管理图形

使用 AutoCAD 设计中心，能够方便地在当前图形中插入块，引用光栅图像及外部参照，在图形之间复制块、图层、线型、文字样式、标注样式以及用户定义的内容等。

1. 插入块

插入块时，用户可以选择在插入时是自动换算插入比例，还可以选择在插入时确定插入点、插入比例和旋转角度。

如果使用"插入时自动换算插入比例"方法，可以从设计中心窗口中选择需要插入的块，并拖至绘图窗口，移到插入位置时释放鼠标，即可实现块的插入。系统将按照在"选项"对话框的"用户系统配置"选项卡中确定的单位，自动转换插入比例。

如果使用"在插入时确定插入点、插入比例和旋转角度"方法，可以在设计中心窗口中选择需要插入的块，然后用鼠标右键将该块拖至绘图窗口后释放鼠标，此时将弹出一个快捷菜单，选择"插入块"命令。打开"插入"对话框，可以通过使用插入块的方法，确定插入点、插入比例及旋转角度。

2. 引用外部参照

在 AutoCAD 设计中心选项板中选择外部参照，用鼠标右键将其拖至绘图窗口后释放，即可弹出一个快捷菜单，选择"附着为外部参照"子命令，打开"外部参照"对话框，可以在其中确定插入点、插入比例及旋转角度。

3. 在图形中复制图层、线型、文字样式、尺寸样式、布局及块等

在绘图过程中，一般将具有相同特征的对象保存在同一个图层上。通过使用 AutoCAD 设计中心，可以将图形文件中的图层复制到新的图形文件中。这样既节省了时间，也保持了不同图形文件结构的一致性。

在 AutoCAD 设计中心选项板中，选择一个或多个图层，然后将其拖至打开的图形文件后释放鼠标，即可将图层从一个图形文件复制到另一个图形文件。

11.6 思考练习

1. 在 AutoCAD 中，块具有哪些特点？如何定义块？
2. 在 AutoCAD 中，如何创建块属性？
3. 在 AutoCAD 中，如何创建动态块？
4. 简述外部参照和块的区别。

第12章 绘制三维图形

在工程设计和绘图过程中，三维图形的应用越来越广泛。使用 AutoCAD 可以通过 3 种方式来创建三维图形，即线架模型方式、曲面模型方式和实体模型方式。本章将详细介绍绘制三维点和线、三维网格、三维实体等三维基础图形的操作方法。

12.1 三维绘图基础知识

在使用 AutoCAD 绘制三维图形之前，首先应切换至"三维建模"空间，并掌握三维绘图的基础知识，例如绘制三维模型时经常使用的三维坐标系、三维视图等。

12.1.1 三维绘图的术语

三维实体模型需要在三维实体坐标系下进行描述。在三维坐标系下，可以使用直角坐标或极坐标方法来定义点。此外，在绘制三维图形时，还可以使用柱坐标和球坐标来定义点。在创建三维实体模型前，应先了解下面的一些基本术语。

- XY 平面：它是 X 轴垂直于 Y 轴组成的一个平面，此时 Z 轴的坐标是 0。
- Z 轴：Z 轴是三维坐标系的第三轴，它总是垂直于 XY 平面。
- 高度：高度是指 Z 轴上的坐标值。
- 厚度：主要是 Z 轴的长度。
- 相机位置：在观察三维模型时，相机的位置相当于视点。
- 目标点：当用户眼睛通过照相机看某物体时，用户聚焦在一个清晰点上，该点就是所谓的目标点。
- 视线：假想的线，它是将视点和目标点连接起来的线。
- 和 XY 平面的夹角：即视线与其在 XY 平面的投影线之间的夹角。
- XY 平面角度：即视线在 XY 平面的投影线与 X 轴之间的夹角。

12.1.2 三维视图

创建三维模型时，常常需要从不同的方向观察模型。当用户设定某个查看方向后，AutoCAD 将显示出对应的 3D 视图。具有立体感的 3D 视图将有助于用户正确理解模型的空间结构。

在 AutoCAD 中，软件不仅提供了 6 个正交视图，即俯视、仰视、左视、右视、前视和后视，还提供了 4 个用于绘制三维模型的等轴测视图，即西南等轴测、东南等轴测、东北等轴测和西北等轴测。更改三维主视图的方法有以下几种。

- 菜单栏：选择"视图"|"三维视图"命令，在弹出的子菜单中选择相应的视图命令，如图 12-1 所示。
- 命令窗口：输入 VIEW(快捷命令 V)命令，按下 Enter 键，打开"视图管理器"对话框，如图 12-2 所示，在"查看"列表框中选择相应的视图后，单击"置为当前"按钮，然后单击"确定"按钮。

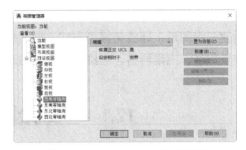

图 12-1　视图命令　　　　　　　　　图 12-2　"视图管理器"对话框

- 三维导航器：在"三维建模"空间中使用三维导航器工具可以切换各种正交或轴测视图模式，可以自由切换 6 种正交视图、8 种正等轴测视图和 8 种斜等轴测视图。利用三维导航工具可以根据需要快速地调整视图的显示方式。该导航工具以非常直观的 3D 导航立方体显示在绘图区中，单击导航器工具图标的各个位置将显示不同的视图效果，如图 12-3 所示。

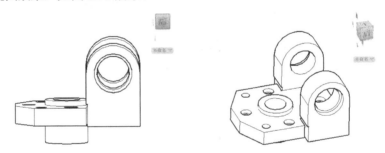

图 12-3　利用导航工具查看视图

此外在创建复杂的二维图形和三维模型时，为了便于同时观察图形的不同部分或三维模型的不同侧面，可以将绘图区域划分为多个视口。

12.1.3　创建三维用户坐标系

AutoCAD 三维坐标系的默认坐标系为世界坐标系，其坐标原点和方向都是固定不变的，这对于绘制三维模型图不是很方便。在 AutoCAD 中用户可以自定义坐标系，例如将世界坐标系进行旋转、移动等。

使用 UCS 命令可以创建用户坐标系，具体方法如下。

(1) 新建一个图形文件，此时俯视图坐标如图 12-4 所示。

(2) 选择"可视化"选项卡，在"视图"组中单击"视图模式"按钮，在弹出的列表中选择"西南等轴测"选项，如图 12-5 所示。

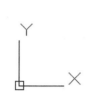

图 12-4　默认坐标　　　　　　　图 12-5　选择"西南等轴测"选项

（3）此时，坐标将以三维坐标方式进行显示，效果如图 12-6 所示。

（4）在命令窗口中输入 UCS 命令，然后按下 Enter 键确认。继续在命令窗口提示中输入 X，按下 Enter 键确认，在命令窗口提示中输入 90，按下 Enter 键，将坐标系沿 X 轴旋转 90°，效果如图 12-7 所示。

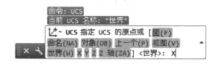

图 12-6　三维坐标方式　　　　　　　图 12-7　UCS 三维坐标

12.1.4　定制 UCS

AutoCAD 的大多数 2D 命令只能在当前坐标系的 XY 平面或 XY 平面平行的平面中执行。因此，如果用户要在空间的某一平面内使用 2D 命令，则应沿该平面位置创建新的 UCS。因此，在三维建模过程中需要不断地调整当前坐标系。

在"默认"选项卡的"坐标"选项板中，提供了创建 UCS 坐标系的多种工具。各类工具按钮的具体使用方法如下。

1．"原点"工具

"原点"工具是默认的 UCS 坐标创建方法，主要用于修改当前用户坐标系原点的位置。坐标轴方向与上一个坐标相同，它定义的坐标系将以新坐标存在。

单击"原点"按钮，指定一点作为新的原点，如图 12-8 所示。

图 12-8　指定 UCS 原点

2．"面"工具

"面"工具是通过选取指定的平面设置用户坐标系的，即将新用户坐标系的 XY 平面与实体对象的选定面重合，以便在各个面上或与这些面平行的平面上绘制图形对象。

单击"面"按钮 ，在一个面的边界内或该面的某条边上右击，以选取该面(被选中的面将会亮显)。此时，在弹出的快捷菜单中选中"接受"命令，坐标系统的 XY 平面将与选定的平面重合，且 X 轴将与所选面上的最近边重合，如图 12-9 所示。

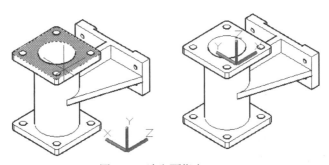

图 12-9　选取面指定 UCS

3. "对象"工具

"对象"工具可以通过快速选择一个对象来定义一个新的坐标系，新定义的坐标系对应坐标轴的方向取决于所选对象的类型。

单击"对象"按钮，在图形对象上选取任意一点后，UCS 坐标将移动到该位置处，如图 12-10 所示。当选择不同类型的对象，坐标系的原点位置以及 X 轴的方向会有所不同。

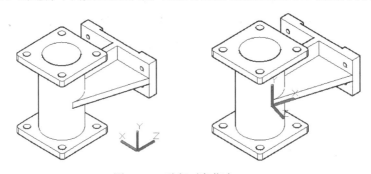

图 12-10　选择对象指定 UCS

4. "视图"工具

"视图"工具使新坐标系的 XY 平面与当前视图方向垂直，Z 轴与 XY 平面垂直，而原点保持不变。创建该坐标系通常用于标注文字，即当文字需要与当前平面平行而不需要与对象平行时的情况。单击"视图"按钮 ，新坐标系的 XY 平面与当前视图方向垂直。

5. X/Y/Z 工具

X/Y/Z 工具是保持当前 UCS 坐标的原点不变，将坐标系绕 X 轴、Y 轴或 Z 轴旋转一定的角度，从而创建新的用户坐标系。

单击 Z 按钮 ，输入绕该轴旋转的角度值，并按下 Enter 键，即可将 UCS 绕 Z 轴旋转。

如图 12-11 所示为坐标 Z 轴旋转 90°的效果。

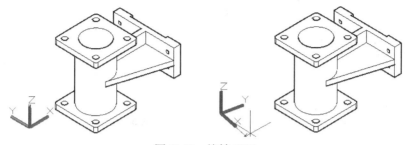

图 12-11　旋转 UCS

6. "世界"工具

"世界"工具用于切换回世界坐标系，即 WCS 坐标系。用户只需要单击"UCS，世界"按钮，UCS 将变为 WCS 坐标系。

7. "Z 轴矢量"工具

Z 轴矢量是通过指定 Z 轴的正方向来创建新的用户坐标系。利用该方式确定坐标系需要指定两点，指定的第一点作为坐标原点。指定第二点后，第二点与第一点的连线决定了 Z 轴的正方向。此时，系统将根据 Z 轴方向自动设置 X 轴、Y 轴的方向。

单击"Z 轴矢量"按钮，指定一点确定新原点，并指定另一点确定 Z 轴。此时，系统将自动确定 XY 平面，创建新的用户坐标系。如图 12-12 所示为分别指定 A 点和 B 点确定 Z 轴，自动确定 XY 平面创建的坐标系。

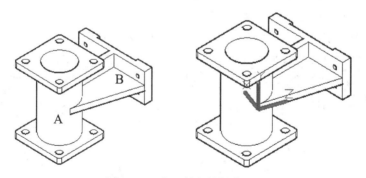

图 12-12　由 Z 轴矢量创建 UCS

8. "三点"工具

利用该工具只需选取 3 个点即可创建 UCS。其中，第一点确定坐标系原点；第二点与第一点的连线确定新的 X 轴；第三点与新 X 轴确定 XY 平面。此时，Z 轴的方向系统将自动设置为与 XY 平面垂直。

如图 12-13 所示，指定点 A 为坐标系新原点，并指定点 B 确定 X 轴正方向，然后指定点 C 确定 Y 轴正方向，按下 Enter 键即可创建新坐标系。

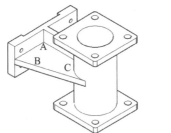
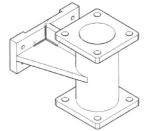

图 12-13　选取 3 点确定 UCS

12.1.5　调整视觉效果

为了创建和编辑三维图形中各部分的结构特征，需要不断地调整模型的显示方式和视图位置。控制三维视图的显示可以实现视角、视觉样式的改变。如此不仅可以改变模型的真实投影效果，而且更有利于精确设计产品的模型。

视觉样式用于控制视口中模型边和着色的显示，用户可以在视觉样式管理器中创建和更改不同的视觉样式，效果如图 12-14 所示。视觉样式管理器中主要视觉样式的功能如下。

- 二维线框：用直线或曲线来显示对象的边界，其中光栅、OLE 对象、线型和线宽均可以见，并且线与线之间是重复地叠加。
- 三维线框：用直线或曲线作为边界来显示对象，并且显示一个已着色的三维 UCS 图标，但光栅、OLE 对象、线型和线宽均不可见。
- 三维隐藏：用三维线框来表示对象，并消隐表示后面的线。
- 真实：表示着色时使对象的边平滑化，并显示已附着到对象的材质。
- 概念：表示着色时使对象的边平滑化，适用冷色和暖色进行过渡。着色的效果缺乏真实感，但可以方便地查看模型的细节。
- 着色：表示模型仅仅以着色显示，并显示已附着到对象的材质。

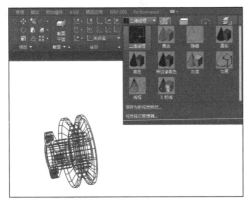
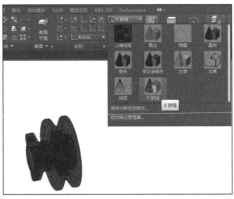

图 12-14　设置视觉样式类型

注意：

利用"工具栏"工具调出"渲染"工具栏，然后在该工具栏中单击"隐藏"按钮。此时系统将自动对当前视图中的所有实体进行消隐，并在屏幕上显示消隐后的效果。

12.2 绘制三维点和线

在 AutoCAD 中，用户可以使用点、直线、样条曲线、三维多段线及三维螺旋线等命令绘制简单的三维图形。

12.2.1 绘制三维点

在"功能区"选项板中选择"默认"选项卡，然后在"绘图"面板中单击"单点"按钮；或在菜单栏中选择"绘图"|"点"|"单点"命令，即可在命令窗口中直接输入三维坐标来绘制三维点。

由于三维图形对象上的一些特殊点，如交点、中点等不能通过输入坐标的方法来实现，可以采用三维坐标下的目标捕捉法来拾取点。

二维图形方式下的所有目标捕捉方式在三维图形环境中可以继续使用。不同之处在于，在三维环境下只能捕捉三维对象的顶面和底面的一些特殊点，而不能捕捉柱体等实体侧面的特殊点(即在柱状体侧面竖线上无法捕捉目标点)。因为主体侧面上的竖线只是帮助显示的模拟曲线。

注意：

在三维对象的平面视图中也不能捕捉目标点，因为在顶面上的任意一点都对应着底面上的一点，此时的系统无法辨别所选的点究竟在哪个面上。

12.2.2 绘制三维直线和多段线

在二维平面绘图中，两点决定一条直线。同样，在三维空间中，也是通过指定两个点来绘制三维直线。

例如，若要在视图方向 VIEWDIR 为(3,-2,1)的视图中，绘制过点(0,0,0)和点(1,1,1)的三维直线，可以在"功能区"选项板中选择"默认"选项卡，然后在"绘图"面板中单击"直线"按钮，最后输入这两个点坐标即可，如图 12-15 所示。

在二维坐标系下，在"功能区"选项板中选择"默认"选项卡，在"绘图"面板中单击"多段线"按钮，可以绘制多段线。此时可以设置各段线条的宽度和厚度，但它们必须共面。在三维坐标系下，多段线的绘制过程和二维多段线基本相同，但其使用的命令不同，并且在三维多段线中只有直线段，没有圆弧段。在"功能区"选项板中选择"默认"选项卡，在"绘图"面板中单击"三维多段线"按钮；或在快速访问工具栏中选择"显示菜单栏"命令，在弹出的菜单中选择"绘图"|"三维多段线"命令(3DPOLY)。此时命令窗口提示依次输入不同的三维空间点，可以得到一个三维多段线。例如，经过点(40,0,0)、(0,0,0)、(0,60,0)和(0,60,30)绘制的三维多段线，如图 12-16 所示。

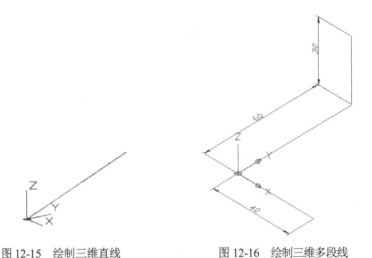

图 12-15　绘制三维直线　　　　　　　图 12-16　绘制三维多段线

12.2.3　绘制三维样条曲线和三维螺旋线

在三维坐标系下，通过使用"功能区"选项板中的"默认"选项卡，然后在"绘图"面板中单击"样条曲线"按钮 ；或在菜单栏中选择"绘图"|"样条曲线"|"拟合点"或"控制点"命令，即可绘制三维样条曲线。此时定义样条曲线的点不是共面点，而是三维空间点。例如，经过点(0,0,0)、(10,10,10)、(0,0,20)、(-10,-10,30)、(0,0,40)、(10,10,50)和(0,0,60)绘制的三维样条曲线如图 12-17 所示。

同样，在"功能区"选项板中选择"默认"选项卡，然后在"绘图"面板中单击"螺旋"按钮 ，或在菜单栏中选择"绘图"|"螺旋"命令，即可绘制三维螺旋线，如图 12-18所示。当分别指定了螺旋线底面的中心点、底面半径(或直径)和顶面半径(或直径)后，命令窗口显示如下提示信息。

指定螺旋高度或 [轴端点(A)/圈数(T)/圈高(H)/扭曲(W)] <2.0000>:

在该命令提示下，可以直接输入螺旋线的高度绘制螺旋线。选择"轴端点(A)"选项，则可通过指定轴的端点，绘制出以底面中心点到该轴端点的距离为高度的螺旋线。选择"圈数(T)"选项，可以指定螺旋线的螺旋圈数。默认情况下，螺旋圈数为3，当指定了螺旋圈数后，仍将显示上述提示信息，此时可以进行其他参数设置。选择"圈高(H)"选项，可以指定螺旋线各圈之间的间距。选择"扭曲(W)"选项，可以指定螺旋线的扭曲方式是"顺时针(CW)"还是"逆时针(CCW)"。

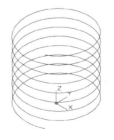

图 12-17　绘制样条曲线　　　　　　　图 12-18　绘制螺旋线

【**练习 12-1**】绘制如图 12-18 所示的螺旋线，其中，底面中心为(0,0,0)，底面半径为 100，顶面半径为 100，高度为 200，顺时针旋转 8 圈。

(1) 在快速访问工具栏中选择"显示菜单栏"命令，在弹出的菜单中选择"视图"|"三维视图"|"东南等轴测"命令，切换至三维东南等轴测视图。

(2) 在"功能区"选项板中选择"默认"选项卡，然后在"绘图"面板中单击"螺旋"按钮，绘制螺旋线。

(3) 在命令窗口的"指定底面的中心点："提示信息下输入(0,0,0)，指定螺旋线底面的中心点坐标。

(4) 在命令窗口的"指定底面半径或 [直径(D)] <1.0000>："提示信息下输入 100，指定螺旋线底面的半径。

(5) 在命令窗口的"指定顶面半径或 [直径(D)] <100.0000>："提示信息下输入 100，指定螺旋线顶面的半径。

(6) 在命令窗口的"指定螺旋高度或 [轴端点(A)/圈数(T)/圈高(H)/扭曲(W)] <1.0000>："提示信息下输入 T，以设置螺旋线的圈数。

(7) 在命令窗口的"输入圈数 <3.0000>："提示信息下输入 8，指定螺旋线的圈数为 8。

(8) 在命令窗口的"指定螺旋高度或 [轴端点(A)/圈数(T)/圈高(H)/扭曲(W)] <1.0000>："提示信息下输入 W，以设置螺旋线的扭曲方向。

(9) 在命令窗口的"输入螺旋的扭曲方向 [顺时针(CW)/逆时针(CCW)] <CCW>："提示信息下输入 CW，指定螺旋线的扭曲方向为顺时针。

(10) 在命令窗口的"指定螺旋高度或 [轴端点(A)/圈数(T)/圈高(H)/扭曲(W)] <1.0000>："提示信息下输入 200，指定螺旋线的高度。此时绘制的螺旋线，效果如图 12-18 所示。

12.3　绘制三维网格图形

在 AutoCAD 2018 中，在快速访问工具栏中选择"显示菜单栏"命令，在弹出的菜单栏中选择"绘图"|"建模"|"网格"中的命令，可以绘制三维网格。

12.3.1　绘制三维面与多边三维面

在快捷工具栏中选择"显示菜单栏"命令，在弹出的菜单中选择"绘图"|"建模"|"网格"|"三维面"命令(3DFACE)，可以绘制三维面。三维面是三维空间的表面，它没有厚度，也没有质量属性。由"三维面"命令创建的每个面的各顶点可以有不同的 Z 坐标，但构成各个面的顶点最多不能超过 4 个。如果构成面的 4 个顶点共面，消隐命令认为该面是不透明的可以消隐。反之，消隐命令对其无效。在菜单栏中选择"视图"|"消隐"命令，消隐三维面的效果如图 12-19 所示。

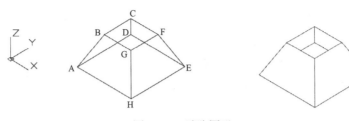

图 12-19　消隐图形

使用"三维面"命令只能生成 3 条或 4 条边的三维面，如果需要生成多边曲面，则必须使用 PFACE 命令。在该命令提示信息下，可以输入多个点。例如，若要在如图 12-20 所示的带有厚度的正六边形中添加一个面，可以在命令窗口提示下输入 PFACE，并依次单击点 1～6。然后在命令窗口提示下，依次输入顶点编号 1～6，消隐后的效果如图 12-21 所示。

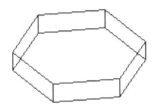

图 12-20　原始图形

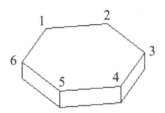

图 12-21　添加三维多重面并消隐后的效果

12.3.2　控制三维面的边

在命令窗口中输入"边"命令(EDGE)，可以修改三维面的边的可见性。执行该命令时，命令窗口显示如下提示信息。

> 指定要切换可见性的三维表面的边或 [显示(D)]:

默认情况下，选择三维表面的边后，按 Enter 键将隐藏该边。若选择"显示"选项，则可以选择三维面的不可见边以便重新显示它们，此时命令窗口显示如下提示信息。

> 输入用于隐藏边显示的选择方法 [选择(S)/全部选择(A)] <全部选择>:

其中，选择"全部选择"选项，则可以将选中图形中所有三维面的隐藏边显示出来；选择"选择"选项，则可以选择部分可见的三维面的隐藏边并显示它们。

例如，在如图 12-22 所示中，若要隐藏 AD、DE、DC 边，可以在命令窗口提示中输入"边"命令(EDGE)，然后依次单击 AD、DE、DC 边，最后按 Enter 键即可。

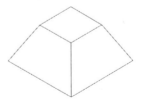

图 12-22　隐藏边

注意:

如果要使三维面的边再次可见,可以再次使用"边"命令,然后必须用定点设备(如鼠标)选定每条边才能显示它。系统将自动显示"对象捕捉"标记和"捕捉模式",指示在每条可见边的外观捕捉位置。

12.3.3   绘制三维网格

在命令窗口中输入"三维网格"命令(3DMESH),可以根据指定的 M 行×N 列个顶点和每一顶点的位置生成三维空间多边形网格。M 和 N 的最小值为 2,表明定义多边形网格至少要 4 个点,其最大值为 256。

例如,绘制如图 12-23 所示的 4×4 网格,可在命令窗口中输入"三维网格"命令(3DMESH),并设置 M 方向上的网格数量为 4,N 方向上的网格数量为 4;然后依次指定16 个顶点的位置。如果选择"修改"|"对象"|"多段线"命令,则可以编辑绘制的三维网格。例如,使用该命令的"平滑曲面"选项可以平滑曲面,效果如图 12-24 所示。

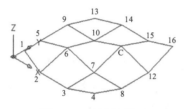

图 12-23   绘制网格

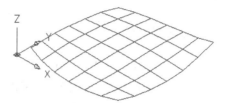

图 12-24   对三维网格进行平滑处理后的效果

12.3.4   绘制旋转网格

在快捷工具栏中选择"显示菜单栏"命令,在弹出的菜单中选择"绘图"|"建模"|"网格"|"旋转网格"命令(REVSURF),可以将曲线绕旋转轴旋转一定的角度,形成旋转网格。

例如,当系统变量 SURFTAB1=40、SURFTAB2=30 时,将图 12-25 中的样条曲线绕直线旋转 360°后,得到如图 12-26 所示的效果。

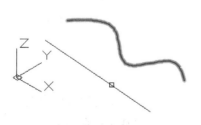

图 12-25   样条曲线

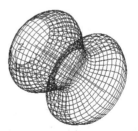

图 12-26   旋转网络

其中,旋转方向的分段数由系统变量 SURFTAB1 确定,旋转轴方向的分段数由系统变量 SURFTAB2 确定。

12.3.5　绘制平移网格

在快速访问工具栏中选择"显示菜单栏"命令，在弹出的菜单中选择"绘图"|"建模"|"网格"|"平移网格"命令(TABSURF)，可以将路径曲线沿方向矢量进行平移后构成平移曲面，如图 12-27 所示。

图 12-27　创建的平移网格

这时，可在命令窗口的"选择用作轮廓曲线的对象："提示下选择曲线对象，在"选择用作方向矢量的对象："提示信息下选择方向矢量。当确定了拾取点后，系统将在方向矢量对象上远离拾取点的端点方向创建平移曲面。平移曲面的分段数由系统变量 SURFTAB1 确定。

12.3.6　绘制直纹网格

在快速访问工具栏中选择"显示菜单栏"命令，在弹出的菜单中选择"绘图"|"建模"|"网格"|"直纹网格"命令(RULESURF)，可以在两条曲线之间用直线连接从而形成直纹网格。这时可在命令窗口的"选择第一条定义曲线："提示信息下选择第一条曲线，在命令窗口的"选择第二条定义曲线："提示信息下选择第二条曲线。

例如，在 AutoCAD 中，通过对图 12-28 中上下两个圆使用"直纹网格"命令，可以得到如图 12-29 所示的图形效果。

图 12-28　两个圆　　　　　　　图 12-29　绘制直纹网格

12.3.7　绘制边界网格

在快速访问工具栏中选择"显示菜单栏"命令，在弹出的菜单中选择"绘图"|"建模"|"网格"|"边界网格"命令(EDGESURF)，可以使用 4 条首尾连接的边创建三维多边形网格。这时可在命令窗口的"选择用作曲面边界的对象 1："提示信息下选择第一条曲线，在命令窗口的"选择用作曲面边界的对象 2："提示信息下选择第二条曲线，在命令窗口的"选择用作曲面边界的对象 3："提示信息下选择第三条曲线，在命令窗口的"选择用作曲面边界的对象 4："提示信息下选择第四条曲线。

例如，在 AutoCAD 中通过对图 12-30 中的边界曲线使用"边界网格"命令，可以得到如图 12-31 所示的图形效果。

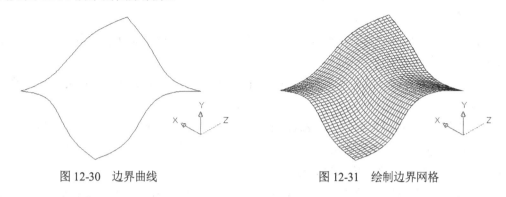

图 12-30 边界曲线　　　　　　　　图 12-31 绘制边界网格

12.4　绘制基本实体

在 AutoCAD 中，最基本的实体对象包括多段体、长方体、楔体、圆锥体、球体、圆柱体、圆环体及棱锥面。用户可以在"功能区"选项板中选择"默认"选项卡，在"建模"面板中单击相应的按钮，或在快捷工具栏中选择"显示菜单栏"命令，在弹出的菜单中选择"绘图" | "建模"子命令来创建这些实体对象。

12.4.1　绘制多段体

在快速访问工具栏中选择"显示菜单栏"命令，在弹出的菜单栏中选择"绘图" | "建模" | "多段体"命令(POLYSOLID)，可以创建三维多段体。

绘制多段体时，命令窗口显示如下提示信息。

> **POLYSOLID 指定起点或 [对象(O)/高度(H)/宽度(W)/对正(J)] <对象>:**

选择"高度"选项，可以设置多段体的高度；选择"宽度"选项，可以设置多段体的宽度；选择"对正"选项，可以设置多段体的对正方式，如左对正、居中和右对正，默认为居中对正。当设置了高度、宽度和对正方式后，可以通过指定点来绘制多段体，也可以选择"对象"选项将图形转换为多段体。

【练习 12-2】绘制一个管状多段体。

(1) 在快速访问工具栏中选择"显示菜单栏"命令，在弹出的菜单栏中选择"视图" | "三维视图" | "东南等轴测"命令，切换到三维东南等轴测视图。

(2) 在快速访问工具栏中选择"显示菜单栏"命令，在弹出的菜单中选择"绘图" | "建模" | "多段体"命令，执行绘制三维多段体命令。

(3) 在命令窗口的"指定起点或[对象(O)/高度(H)/宽度(W)/对正(J)]<对象>："提示信息下输入 H，并在"指定高度<9.0000>："提示信息下输入 80，指定三维多段体的高度为 80。

(4) 在命令窗口的"指定起点或[对象(O)/高度(H)/宽度(W)/对正(J)] <对象>: "提示信息下输入 J，并在"输入对正方式[左对正(L)/居中(C)/右对正(R)] <居中>: "提示信息下输入 C，设置对正方式为居中。

(5) 在命令窗口的"指定起点或[对象(O)/高度(H)/宽度(W)/对正(J)] <对象>: "提示信息下指定起点坐标为(0,0)。

(6) 在命令窗口的"指定下一个点或[圆弧(A)/放弃(U): "提示信息下指定下一点的坐标为(100,0)。

(7) 在命令窗口的"指定下一个点或[圆弧(A)/放弃(U)]: "提示信息下输入 A，绘制圆弧。

(8) 在命令窗口的"指定圆弧的端点或[闭合(C)/方向(D)/直线(L)/第二个点(S)/放弃(U)]: "提示信息下，输入圆弧端点为(@0,50)。

(9) 在命令窗口的"指定下一个点或[圆弧(A)/闭合(C)/放弃(U): 指定圆弧的端点或[闭合(C)/方向(D)/直线(L)/第二个点(S)/放弃(U)]: "提示信息下，输入 L，绘制直线。

(10) 在命令窗口的"指定下一个点或 [圆弧(A)/ 闭合(C)/放弃(U)]: "提示信息下输入坐标 (@-100,0)。

(11) 按 Enter 键，结束多段体绘制命令，效果如图 12-32 所示。

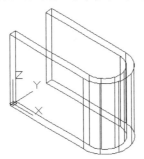 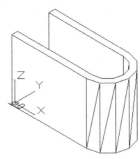

图 12-32　U 型多段体及其消隐后的效果

12.4.2　绘制长方体与楔体

在快速访问工具栏中选择"显示菜单栏"命令，在弹出的菜单中选择"绘图"|"建模"|"长方体"命令(BOX)，可以绘制长方体，此时命令窗口显示如下提示。

> BOX 指定第一个角点或 [中心(C)]:

在创建长方体时，其底面应与当前坐标系的 XY 平面平行，方法主要有指定长方体角点和中心两种。

默认情况下，可以根据长方体的某个角点位置创建长方体。当在绘图窗口中指定了一个角点后，命令窗口将显示如下提示。

> BOX 指定其他角点或 [立方体(C)/长度(L)]:

如果在该命令提示下直接指定另一角点，可以根据另一角点位置创建长方体。当在绘图窗口中指定角点后，如果该角点与第一个角点的 Z 坐标不一样，系统将以这两个角点作为长方体的对角点创建出长方体。如果第二个角点与第一个角点位于同一高度，系统则需要用户在"指定高度: "提示下指定长方体的高度。

在命令窗口提示下选择"立方体(C)"选项，可以创建立方体。创建时需要在"指定长度："提示下指定立方体的边长，在命令窗口提示下选择"长度(L)"选项，可以根据长、宽和高创建长方体，如图 12-33 所示。此时，用户需要在命令提示下依次指定长方体的长度、宽度和高度值。

【练习 12-3】在 AutoCAD 2018 中绘制一个 200×100×150 的长方体。

(1) 在菜单栏中选择"视图"|"三维视图"|"东南等轴测"命令，切换至三维东南等轴测视图。

(2) 在"功能区"选项板中选择"默认"选项卡，然后在"建模"面板中单击"长方体"按钮▇，执行长方体绘制命令。

(3) 在命令窗口的"指定第一个角点或 [中心(C)]："提示信息下输入(0,0,0)，通过指定角点绘制长方体。

(4) 在命令窗口的"指定其他角点或 [立方体(C)/长度(L)]："提示信息下输入 L，根据长、宽、高绘制长方体。

(5) 在命令窗口的"指定长度:"提示信息下输入 200，指定长方体的长度。

(6) 在命令窗口的"指定宽度:"提示信息下输入 100，指定长方体的宽度。

(7) 在命令窗口的"指定高度:"提示信息下输入 150，指定长方体的高度。此时绘制的长方体效果如图 12-33 所示。

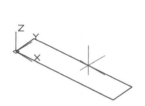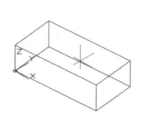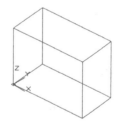

图 12-33　绘制长方体

在创建长方体时，如果在命令窗口的"指定第一个角点或 [中心(C)]："提示下选择"中心(C)"选项，则可以根据长方体的中心点位置创建长方体。在命令窗口的"指定中心："提示信息下指定了中心点的位置后，将显示如下提示，用户可以参照"指定角点"的方法创建长方体。

BOX 指定角点或 [立方体(C)/长度(L)]:

注意：

在 AutoCAD 中，创建的长方体的各条边应分别与当前 UCS 的 X 轴、Y 轴和 Z 轴平行。在根据长度、宽度和高度创建长方体时，长、宽、高的方向分别与当前 UCS 的 X 轴、Y 轴和 Z 轴方向平行。在系统提示中输入长度、宽度及高度时，输入的值可正可负，正值表示沿相应坐标轴的正方向创建长方体，反之沿坐标轴的负方向创建长方体。

在 AutoCAD 2018 中，虽然创建"长方体"和"楔体"的命令不同，但创建方法却相同。因为楔体是长方体沿对角线切成两半后的结果。

在快速访问工具栏中选择"显示菜单栏"命令，在弹出的菜单中选择"绘图"|"建模"|"楔体"命令(WEDGE)；或在"功能区"选项板中选择"实体"选项卡，在"图元"面板中单击"楔体"按钮，都可以绘制楔体。由于楔体是长方体沿对角线切成两半后的结果，因此可以使用与绘制长方体同样的方法来绘制楔体，如图 12-34 所示。

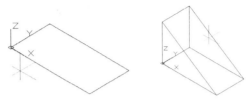

图 12-34 绘制楔体

12.4.3 绘制圆柱体与圆锥体

在快速访问工具栏中选择"显示菜单栏"命令，在弹出的菜单中选择"绘图"|"建模"|"圆柱体"命令(CYLINDER)，可以绘制圆柱体或椭圆柱体，如图 12-35 所示。

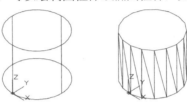

图 12-35 绘制圆柱体或椭圆柱体

绘制圆柱体或椭圆柱体时，命令窗口将显示如下提示。

> CYLINDER 指定底面的中心点或 [三点(3P)/两点(2P)/相切、相切、半径(T)/椭圆(E)]

默认情况下，可以通过指定圆柱体底面的中心点位置来绘制圆柱体。在命令窗口的"指定底面半径或[直径(D)]："提示下指定圆柱体基面的半径或直径后，命令窗口显示如下提示信息。

> CYLINDER 指定高度或 [两点(2P)/轴端点(A)]:

用户可以直接指定圆柱体的高度，根据高度创建圆柱体；也可以选择"轴端点(A)"选项，根据圆柱体另一底面的中心位置创建圆柱体。此时，两中心点位置的连线方向为圆柱体的轴线方向。

当执行 CYLINDER 命令时，如果在命令窗口提示下选择"椭圆(E)"选项，可以绘制椭圆柱体。此时，用户首先需要在命令窗口的"指定第一个轴的端点或 [中心(C)]："提示下指定基面上的椭圆形状(其操作方法与绘制椭圆相似)，然后在命令窗口的"指定高度或[两点(2P)/轴端点(A)]："提示下指定圆柱体的高度或另一个圆心位置即可。

在"功能区"选项板中选择"实体"选项卡，在"图元"面板中单击"圆锥体"按钮，都可以绘制圆锥体或椭圆形锥体，如图 12-36 所示。

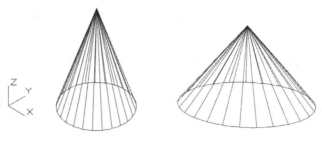

图 12-36　绘制圆锥体或椭圆形锥体

绘制圆锥体或椭圆形锥体时，命令窗口显示如下提示信息。

CONE 指定底面的中心点或 [三点(3P)/两点(2P)/相切、相切、半径(T)/椭圆(E)]：

在该提示信息下，如果直接指定点即可绘制圆锥体，此时需要在命令窗口的"指定底面半径或 [直径(D)]："提示信息下指定圆锥体底面的半径或直径，以及在命令窗口的"指定高度或 [两点(2P)/轴端点(A)/顶面半径(T)]："提示下指定圆锥体的高度或圆锥体的锥顶点位置。如果选择"椭圆(E)"选项，则可以绘制椭圆锥体，此时需要先确定椭圆的形状(方法与绘制椭圆的方法相同)，然后在命令窗口的"指定高度或 [两点(2P)/轴端点(A)/顶面半径(T)]："提示信息下，指定圆锥体的高度或顶点位置即可。

12.4.4　绘制球体与圆环体

在快速访问工具栏中选择"显示菜单栏"命令，在弹出的菜单中选择"绘图"|"建模"|"球体"命令(SPHERE)，可以绘制球体。这时只需要在命令窗口的"指定中心点或 [三点(3P)/两点(2P)/相切、相切、半径(T)]："提示信息下指定球体的球心位置，在命令窗口的"指定半径或[直径(D)]："提示信息下指定球体的半径或直径即可。

在 AutoCAD 中绘制球体时，可以通过改变 ISOLINES 变量，来确定每个面上的线框密度，如图 12-37 所示。

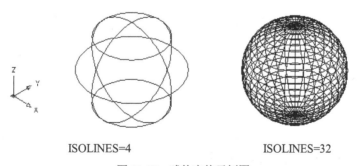

ISOLINES=4　　　　　　　　　　　ISOLINES=32

图 12-37　球体实体示例图

在快速访问工具栏中选择"显示菜单栏"命令，在弹出的菜单栏中选择"绘图"|"建模"|"圆环体"命令(TORUS)；或选择"实体"选项卡，在"图元"面板中单击 "圆环体"按钮，都可以绘制圆环实体。此时，需要指定圆环的中心位置、圆环的半径或直径，以及圆管的半径或直径。

【**练习12-4**】在AutoCAD 2018中绘制一个圆环半径为150，圆管半径为50的圆环体，如图12-38所示。

(1) 在菜单栏中选择"视图"|"三维视图"|"东南等轴测"命令，切换至三维东南等轴测视图。

(2) 在"功能区"选项板中选择"默认"选项卡，然后在"建模"面板中单击"圆环体"按钮◙，执行圆环体绘制命令。

(3) 在命令窗口的"指定中心点或 [三点(3P)/两点(2P)/切点、切点、半径(T)]：示信息下，指定圆环的中心位置(0,0,0)。

(4) 在命令窗口的"指定半径或 [直径(D)]："提示信息下输入150，指定圆环的半径。

(5) 在命令窗口的"指定圆管半径或 [两点(2P)/直径(D)]："提示信息下输入50，指定圆管的半径。此时，绘制的圆环体效果如图12-38所示。

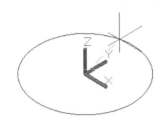

图12-38 绘制圆环体以及消隐后的效果

12.4.5 绘制棱锥体

在快速访问工具栏中选择"显示菜单栏"命令，在弹出的菜单中选择"绘图"|"建模"|"棱锥体"命令(PYRAMID)，可以绘制棱锥面，如图12-39所示。

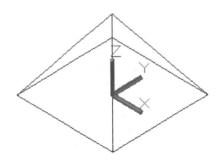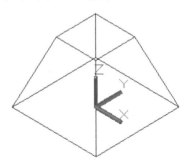

图12-39 棱锥体

绘制棱锥面时，命令窗口显示如下提示信息。

> **PYRAMID 指定底面的中心点或 [边(E)/侧面(S)]:**

在以上提示信息下，如果直接指定点即可绘制棱锥体，此时需要在命令窗口的"指定底面半径或 [内接(I)]："提示信息下指定棱锥面底面的半径，以及在命令窗口的"指定高度或 [两点(2P)/轴端点(A)/顶面半径(T)]："提示信息下指定棱锥面的高度或棱锥面的锥顶点位置。如果选择"顶面半径(T)"选项，可以绘制有顶面的棱锥面，在"指定顶面半径："

提示信息下输入顶面的半径,在"指定高度或[两点(2P)/轴端点(A)]:"提示信息下指定棱锥面的高度或棱锥面的锥顶点位置即可。

12.5 通过二维图形创建实体

在 AutoCAD 2018 中,通过拉伸二维轮廓曲线或者将二维曲线沿指定轴旋转,可以创建出三维实体。

12.5.1 将二维图形拉伸成实体

在"功能区"选项板中选择"实体"选项卡,在"实体"面板中单击"拉伸"按钮；或在快捷工具栏中选择"显示菜单栏"命令,在弹出的菜单中选择"绘图"|"建模"|"拉伸"命令(EXTRUDE),可以通过拉伸二维对象来创建三维实体或曲面。拉伸对象被称为断面,在创建实体时,断面可以是任何二维封闭多段线、圆、椭圆、封闭样条曲线和面域。其中,多段线对象的顶点数不能超过 500 个且不少于 3 个。

默认情况下,可以沿 Z 轴方向拉伸对象,这时需要指定拉伸的高度和倾斜角度。其中,拉伸高度值可以为正或为负,它们表示拉伸的方向。拉伸角度也可以为正或为负,其绝对值不大于 90°,默认值为 0°,表示生成的实体的侧面垂直于 XY 平面,没有锥度。如果为正,将产生内锥度,生成的侧面向里靠；如果为负,将产生外锥度,生成的侧面向外,如图 12-40 所示。

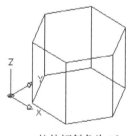
拉伸倾斜角为 0°

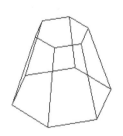
拉伸倾斜角为 15°

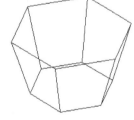
拉伸倾斜角为-10°

图 12-40 拉伸锥角效果

注意:

在拉伸对象时,如果倾斜角度或拉伸高度较大,将导致拉伸对象或拉伸对象的一部分在到达拉伸高度之前就已经汇聚到一点,此时将无法进行拉伸。

通过指定拉伸路径,可以将对象拉伸成三维实体。拉伸路径可以是开放的,也可以是封闭的。

【练习 12-5】在 AutoCAD 2018 中绘制 S 型轨道。

(1) 在菜单栏中选择"视图"|"三维视图"|"东南等轴测"命令,切换至三维东南等轴测视图。

(2) 在"功能区"选项板中选择"可视化"选项卡，然后在"坐标"面板中单击 X 按钮，将当前坐标系绕 X 轴旋转 90°。

(3) 在"功能区"选项板中选择"默认"选项卡，然后在"绘图"面板中单击"多段线"按钮，依次指定多段线的起点和经过点，即(0,0)、(18,0)、(18,5)、(23,5)、(23,9)、(20,9)、(20,13)、(14,13)、(14,9)、(6,9)、(6,13)和(0,13)，绘制闭合多段线，效果如图 12-41 所示。

(4) 在"功能区"选项板中选择"默认"选项卡，然后在"修改"面板中单击"圆角"按钮，设置圆角半径为 2，然后对绘制的多段线 A、B 处修圆角，效果如图 12-42 所示。

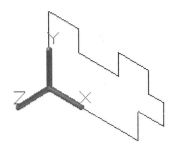
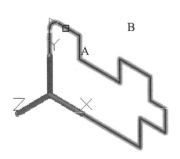

图 12-41　绘制闭合多段线　　　　图 12-42　对多段线修圆角

(5) 在"功能区"选项板中选择"默认"选项卡，然后在"修改"面板中单击"倒角"按钮，设置倒角距离为 1，然后对绘制的多段线 C、D 处修倒角，效果如图 12-43 所示。

(6) 在"功能区"选项板中选择"可视化"选项卡，然后在"坐标"面板中单击"世界"按钮，恢复到世界坐标系，如图 12-44 所示。

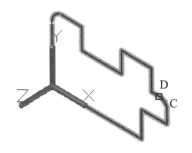
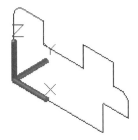

图 12-43 对多段线修倒角　　　　图 12-44　恢复世界坐标系

(7) 在"功能区"选项板中选择"默认"选项卡，然后在"绘图"面板中单击"多段线"按钮，以点(18,0)为起点，点(68,0)为圆心，角度为 180° 和以(118,0)为起点，点(168,0)为圆心，角度为-180°，绘制两个半圆弧，效果如图 12-45 所示。

(8) 在"功能区"选项板中选择"默认"选项卡，然后在"建模"面板中单击"拉伸"按钮，将绘制的多段线沿圆弧路径拉伸。在菜单栏中选择"视图"|"消隐"命令，消隐图形的效果如图 12-46 所示。

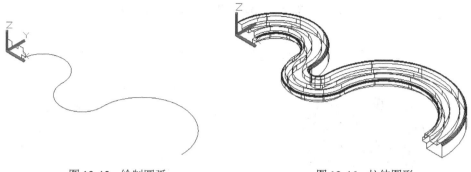

图 12-45　绘制圆弧　　　　　　　　　　　　图 12-46　拉伸图形

12.5.2　将二维图形旋转成实体

在快速访问工具栏中选择"显示菜单栏"命令，在弹出的菜单栏中选择"绘图"|"建模"|"旋转"命令(REVOLVE)，可以通过绕轴旋转二维对象来创建三维实体或曲面。在创建实体时，用于旋转的二维对象可以是封闭多段线、多边形、圆、椭圆、封闭样条曲线、圆环及封闭区域。三维对象、包含在块中的对象、有交叉或各自干涉的多段线不能被旋转，而且每次只能旋转一个对象。

【练习 12-6】通过旋转的方法绘制实体模型。

(1) 在"功能区"选项板中选择"默认"选项卡，然后在"绘图"面板中综合运用多种绘图命令，绘制如图 12-47 所示的直线和图形，其中尺寸可由用户自行确定。

(2) 在菜单栏中选择"视图"|"三维视图"|"视点"命令，并在命令窗口"指定视点或 [旋转(R)] <显示坐标球和三轴架>："提示下输入(1,1,1)，指定视点，如图 12-48 所示。

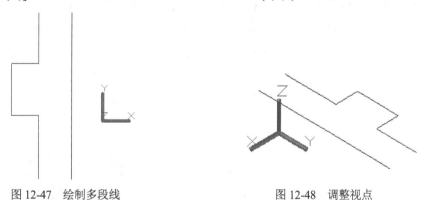

图 12-47　绘制多段线　　　　　　　　　　　图 12-48　调整视点

(3) 在"功能区"选项板中选择"默认"选项卡，然后在"建模"面板中单击"旋转"按钮，执行 REVOLVE 命令。

(4) 在命令窗口的"选择对象："提示下选择多段线作为旋转二维对象，并按 Enter 键。

(5) 在命令窗口的"指定轴起点或根据以下选项之一定义轴 [对象(O)/X /Y /Z]："提示下输入 O，绕指定的对象旋转。

(6) 在命令窗口的"选择对象："提示下，选择直线作为旋转轴对象。

(7) 在命令窗口的"指定旋转角度<360>: "提示下输入 360，指定旋转角度，如图 12-49 所示。

(8) 在菜单栏中选择"视图"|"消隐"命令，消隐图形效果如图 12-50 所示。

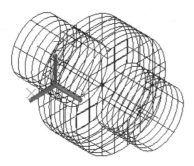
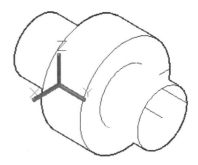

图 12-49　将二维图形旋转成实体　　　　　图 12-50　图形消隐效果

12.5.3　将二维图形扫掠成实体

在"功能区"选项板中选择"默认"选项卡，在"建模"面板中单击"扫掠"按钮 ；或在快速访问工具栏中选择"显示菜单栏"命令，在弹出的菜单中选择"绘图"|"建模" |"扫掠"命令(SWEEP)，可以通过沿路径扫掠二维对象来创建三维实体和曲面。如果要扫掠的对象不是封闭的图形，那么使用"扫掠"命令得到的是网格面，否则得到的是三维实体。

使用"扫掠"命令绘制三维实体时，当用户指定了封闭图形作为扫掠对象后，命令窗口显示如下提示信息。

> SWEEP 选择扫掠路径或 [对齐(A)/基点(B)/比例(S)/扭曲(T)]:

在该命令提示下，可以直接指定扫掠路径来创建实体，也可以设置扫掠时的对齐方式、基点、比例和扭曲参数。其中，"对齐"选项用于设置扫掠前是否对齐垂直于路径的扫掠对象；"基点"选项用于设置扫掠的基点；"比例"选项用于设置扫掠的比例因子，当指定了该参数后，扫掠效果与单击扫掠路径的位置有关。如图 12-51 所示为对圆形进行螺旋路径扫掠成实体的效果。

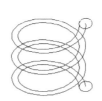

图 12-51　通过扫掠绘制实体

12.5.4　将二维图形放样成实体

在快速访问工具栏中选择"显示菜单栏"命令，在弹出的菜单栏中选择"绘图"|"建模"|"放样"命令(LOFT)，可以将二维图形放样成实体，如图 12-52 所示。

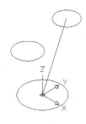  

图 12-52　放样并消隐图形

在放样时，当依次指定了放样截面后(至少两个)，命令窗口显示如下提示信息。

> LOFT 输入选项 [导向(G)/路径(P)/仅横截面(C)] <仅横截面>:

在命令窗口提示下，需要选择放样方式。其中，"导向"选项用于使用导向曲线控制放样，每条导向曲线必须要与每一个截面相交，并且起始于第一个截面，结束于最后一个截面；"路径"选项用于使用一条简单的路径控制放样，该路径必须与全部或部分截面相交；"仅横截面"选项用于只使用截面进行放样。此时将打开"放样设置"对话框，可以设置放样横截面上的曲面控制选项。

【练习 12-7】在(0,0,0)、(0,0,20)、(0,0,50)、(0,0,70)、(0,0,90)5 点处绘制半径分别为30、10、50、20 和 10 的圆，然后以绘制的圆为截面进行放样创建放样实体，效果如图 12-56所示。

(1) 在菜单栏中选择"视图"|"三维视图"|"东南等轴测"命令，切换至三维东南等轴测视图。

(2) 在"功能区"选项板中选择"默认"选项卡，然后在"建模"面板中单击"圆心，半径"按钮，分别在点(0,0,0)、(0,0,20)、(0,0,50)、(0,0,70)、(0,0,90)5 点处绘制半径分别为30、10、50、20 和 10 的圆，如图 12-53 所示。

(3) 在"功能区"选项板中选择"默认"选项卡，然后在"建模"面板中单击"放样"按钮 🔳，执行放样命令。

(4) 在命令窗口的"按放样次序选择横截面："提示下，从下向上，依次单击绘制的圆作为放样截面，如图 12-54 所示。

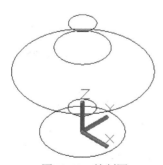 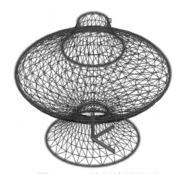

图 12-53　绘制圆　　　　　　　　　图 12-54　绘制放样截面

(5) 在命令窗口的"输入选项 [导向(G)/路径(P)/仅横截面(C)/设置(S)]< 仅横截面>："提示下输入 C，仅通过横截面进行放样，如图 12-55 所示。

(6) 在菜单栏中选择"视图"|"消隐"命令，消隐图形效果如图 12-56 所示。

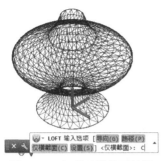

图 12-55　仅通过横截面放样

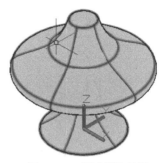

图 12-56　图形消隐效果

12.5.5　根据标高和厚度绘制三维实体

在 AutoCAD 中，用户可以为将要绘制的对象设置标高和延伸厚度。一旦设置了标高和延伸厚度，就可以用二维绘图的方法得到三维图形。使用 AutoCAD 绘制二维图形时，绘图面应是当前 UCS 的 XY 面或与其平行的平面。标高就是用来确定这个面的位置，它用绘图面与当前 UCS 的 XY 面的距离表示。厚度则是所绘二维图形沿当前 UCS 的 Z 轴方向延伸的距离。

在 AutoCAD 中，规定当前 UCS 的 XY 面的标高为 0，沿 Z 轴正方向的标高为正，沿负方向的标高为负。沿 Z 轴正方向延伸时的厚度为正，反之则为负。

设置标高、厚度的命令是 ELEV。执行该命令，AutoCAD 提示信息如下。

> 指定新的默认标高 <0.0000>：　(输入新标高)
> 指定新的默认厚度 <0.0000>：　(输入新厚度)

设置标高、厚度后，用户就可以创建在标高方向上各截面形状和大小相同的三维对象。

【练习 12-8】在 AutoCAD 2018 中根据标高和厚度，绘制如图 12-66 所示的图形。

(1) 在"功能区"选项板中选择"默认"选项卡，然后在"绘图"面板中单击"矩形"按钮，绘制一个长度为 300、宽度为 200、厚度为 50 的矩形。

(2) 在菜单栏中选择"视图"|"三维视图"|"东南等轴测"命令，此时将看到绘制的是一个有厚度的矩形，如图 12-57 所示。

(3) 在"功能区"选项板中选择"可视化"选项卡，然后在"坐标"面板中单击"原点"按钮，再单击矩形的角点 A 处，将坐标原点移到该点上，如图 12-58 所示。

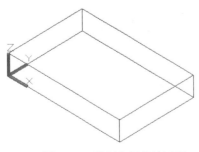

图 12-57　绘制有厚度的矩形

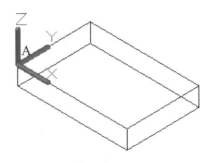

图 12-58　移动 UCS

(4) 在菜单栏中选择"视图"|"三维视图"|"平面视图"|"当前 UCS"命令，将视图设置为平面视图，如图 12-59 所示。

(5) 在命令窗口输入命令 ELEV，在"指定新的默认标高 <0.0000>:"提示信息下设置新的标高为 0，在"指定新的默认厚度 <0.0000>: "提示信息下设置新的厚度为 100。

(6) 在"功能区"选项板中选择"默认"选项卡，然后在"绘图"面板中单击"正多边形"按钮，绘制一个内接于半径为 15 的圆的正六边形，如图 12-60 所示。

图 12-59　将视图设置为平面视图

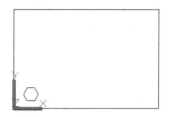

图 12-60　绘制正六边形

(7) 在"功能区"选项板中选择"默认"选项卡，然后在"修改"面板中单击"阵列"按钮，打开"阵列"对话框，选择阵列类型为"矩形阵列"，并设置阵列的行数为 2，列数为 2，行偏移为 140，列偏移为 230，然后单击"确定"按钮。阵列效果如图 12-61 所示。

(8) 在菜单栏中选择"视图"|"三维视图" |"东南等轴测"命令，绘图窗口将显示如图 12-62 所示的三维视图效果。

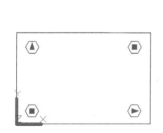

图 12-61　阵列复制后的效果

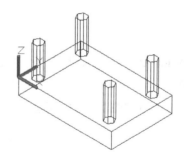

图 12-62　调整视点

(9) 在"功能区"选项板中选择"可视化"选项卡，然后在"坐标"面板中单击"原点"按钮，再单击矩形的角点 B，将坐标系移动至该点上，如图 12-63 所示。

(10) 在"功能区"选项板中选择"可视化"选项卡，然后在"坐标"面板中分别单击 Y 按钮和 Z 按钮，将坐标系分别绕 Z 轴和 Y 轴旋转 90°，如图 12-64 所示。

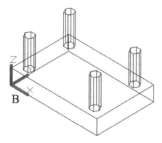

图 12-63　调整坐标系

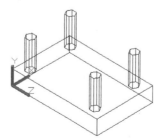

图 12-64　旋转坐标轴

(11) 在菜单栏中选择"视图"|"三维视图"|"平面视图"|"当前 UCS"命令，将视图设置为平面视图，效果如图 12-65 所示。

(12) 在命令窗口输入命令 ELEV，在"指定新的默认标高 <0.0000>:"提示信息下设置新的标高为 0，在"指定新的默认厚度 <0.0000>: "提示信息下设置新的厚度为 255。

(13) 在"功能区"选项板中选择"默认"选项卡，然后在"绘图"面板中单击"直线"按钮，通过端点捕捉点 C 和点 D 绘制一条直线。

(14) 在菜单栏中选择"视图"|"三维视图" |"东南等轴测"命令，得到如图 12-66 所示的三维视图效果。

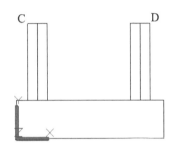

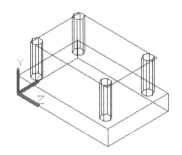

图 12-65　将视图设置为平面视图　　　　　　　图 12-66　三维效果图

12.6　思考练习

1. 在 AutoCAD 2018 中，如何绘制弹簧？

2. 在 AutoCAD 2018 中，可以使用哪些方法来绘制旋转网格图形？

3. 在 AutoCAD 2018 中，如何绘制长方体和圆柱体？

第13章 编辑三维图形

在 AutoCAD 2018 中，通过使用三维操作命令和实体编辑命令，可以对三维对象进行移动、复制、镜像、旋转、对齐、阵列等操作，或对实体进行布尔运算，编辑面、边和体等操作。此外，本章还将介绍三维对象的尺寸标注方法。

13.1 三维实体的布尔运算

在 AutoCAD 2018 中，用户可以对三维基本实体进行并集、差集、交集和干涉这 4 种布尔运算，来创建复杂实体。

13.1.1 对三维对象求并集

在快速访问工具栏中选择"显示菜单栏"命令，在弹出的菜单栏中选择"修改"|"实体编辑"|"并集"命令(UNION)，可以通过组合多个实体生成一个新实体。该命令主要用于将多个相交或相接触的对象组合在一起。当组合一些不相交的实体时，其显示效果看起来还是多个实体，但实际上却被当作了一个对象。在使用该命令时，只需要依次选择待合并的对象即可。

例如，对如图 13-1 所示的两个长方体作并集运算，可在"功能区"选项板中选择"默认"选项卡；然后在"实体编辑"面板中单击"实体，并集"按钮，再分别选择两个长方体；按 Enter 键，即可完成并集运算，效果如图 13-2 所示。

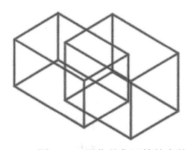

图 13-1　用作并集运算的实体

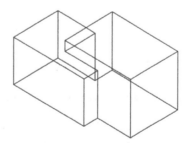

图 13-2　并集运算效果

13.1.2 对三维对象求差集

在"功能区"选项板中选择"默认"选项卡，在"实体编辑"面板中单击"差集"按钮；或在快速访问工具栏中选择"显示菜单栏"命令，在弹出的菜单中选择"修改"|"实体编辑"|"差集"命令(SUBTRACT)，可以从一些实体中去掉部分实体，从而得到一个新的实体。例如，若要从如图 13-3 所示的长方体 A 中减去长方体 B，可以在"功能区"

选项板中选择"默认"选项卡，然后在"实体编辑"面板中单击"实体，差集"按钮。再单击长方体 A，将其作为被减实体。按 Enter 键，最后单击长方体 B 后按 Enter 键确认，即可完成差集运算，效果如图 13-4 所示。

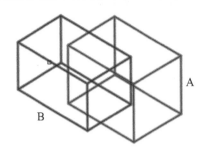
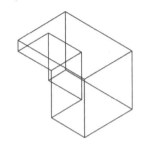

图 13-3　用作差集运算的实体　　　　图 13-4　求差集并消隐后的效果

13.1.3　对三维对象求交集

在"功能区"选项板中选择"默认"选项卡，在"实体编辑"面板中单击"交集"按钮；或在快速访问工具栏中选择"显示菜单栏"命令，在弹出的菜单中选择"修改"｜"实体编辑"｜"交集"命令(INTERSECT)，可以利用各实体的公共部分创建新实体。

例如，若要对如图 13-5 所示的 2 个长方体求交集，可以在"功能区"选项板中选择"常用"选项卡，然后在"实体编辑"面板中单击"交集"按钮，再单击所有需要求交集的长方体，按 Enter 键，即可完成交集运算，效果如图 13-6 所示。

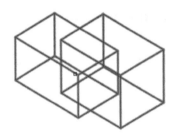

图 13-5　用作交集运算的实体　　　　图 13-6　交集运算效果

13.1.4　对三维对象求干涉集

干涉检查通过从两个或多个实体的公共体积创建临时组合三维实体，来亮显重叠的三维实体。如果定义了单个选择集，干涉检查将对比检查集合中的全部实体。如果定义了两个选择集，干涉检查将对比检查第一个选择集中的实体与第二个选择集中的实体。如果在两个选择集中都包括了同一个三维实体，干涉检查将此三维实体视为第一个选择集中的一部分，而在第二个选择集中忽略它。

在"功能区"选项板中选择"默认"选项卡，在"编辑"面板中单击"干涉检查"按钮；或在快速访问工具栏中选择"显示菜单栏"命令，在弹出的菜单中选择"修改"｜"三维操作"｜"干涉检查"命令(INTERFERE)，可以对对象进行干涉运算。此时，命令窗口显示如下提示信息。

INTERFERE 选择第一组对象或 [嵌套选择(N)/设置(S)]:

默认情况下, 选择第一组对象后, 按 Enter 键, 命令窗口将显示"选择第二组对象或 [嵌套选择(N)/检查第一组(K)] <检查>:"提示信息。此时, 按 Enter 键, 将打开"干涉检查"对话框, 如图 13-7 所示。用户可以在干涉对象之间循环并缩放、移动和观察干涉对象, 也可以指定关闭对话框时是否删除干涉对象, 如图 13-8 所示。

图 13-7 "干涉检查"对话框

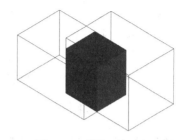

图 13-8 观测干涉对象

命令窗口的提示中其他各选项的功能如下所示。

- "嵌套选择(N)"选项: 选择该选项, 用户可以选择嵌套在块和外部参照中的单个实体对象。此时, 命令窗口将显示"选择嵌套对象或 [退出(X)] <退出>:"提示信息, 可以选择嵌套对象或按 Enter 键返回普通对象选择。
- "设置(S)"选项: 选择该选项, 将打开"干涉设置"对话框, 如图 13-9 所示。该对话框用于控制干涉对象的显示。其中, "干涉对象"选项区域用于指定干涉对象的视觉样式和颜色; "视口"选项区域用于指定检查干涉时的视觉样式。

例如, 要对两个长方体求干涉, 其结果如图 13-10 所示。

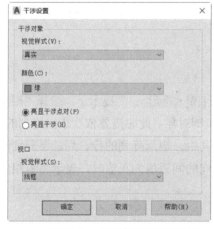

图 13-9 "干涉设置"对话框

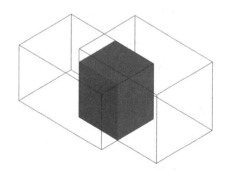

图 13-10 求干涉集后的效果

13.2 修改三维对象

在二维图形编辑中的许多修改命令(如移动、复制、删除等)同样适用于三维对象。另

外，用户可以在快速访问工具栏中选择"显示菜单栏"命令，在弹出的菜单中选择"修改"|"三维操作"菜单中的子命令，对三维空间中的对象进行三维阵列、三维镜像、三维旋转以及对齐位置等操作。

13.2.1 移动三维对象

在"功能区"选项板中选择"默认"选项卡，在"修改"面板中单击"三维移动"按钮⊕；或在快速访问工具栏中选择"显示菜单栏"命令，在弹出的菜单中选择"修改"|"三维操作"|"三维移动"命令(3DMOVE)，可以移动三维对象。执行"三维移动"命令时，首先需要指定一个基点，然后指定第二点即可移动三维对象，如图 13-11 所示。

图 13-11   在三维空间中移动对象

13.2.2 阵列三维对象

在"功能区"选项板中选择"默认"选项卡，在"修改"面板中单击"三维阵列"按钮🔢；或在快速访问工具栏中选择"显示菜单栏"命令，在弹出的菜单中选择"修改"|"三维操作"|"三维阵列"命令(3DARRAY)，可以在三维空间中使用环形阵列或矩形阵列方式复制对象。

1. 矩形阵列

在命令窗口的"输入阵列类型 [矩形(R)/环形(P)] <矩形>："提示下，选择"矩形"选项或者直接按 Enter 键，可以按照矩形阵列方式复制对象。此时需要依次指定阵列的行数、列数、阵列的层数、行间距、列间距及层间距。其中，矩形阵列的行、列、层分别沿着当前 UCS 的 X 轴、Y 轴和 Z 轴的方向；输入某方向的间距值为正值时，表示将沿相应坐标轴的正方向阵列，否则沿负方向阵列。

2. 环形阵列

在命令窗口的"输入阵列类型 [矩形(R)/环形(P)] <矩形>："提示下，选择"环形"选项，可以按照环形阵列方式复制对象。此时，需要输入阵列的项目个数，并指定环形阵列的填充角度，确认是否要进行自身旋转。然后指定阵列的中心点及旋转轴上的另一点，确定旋转轴，如图 13-12 所示。

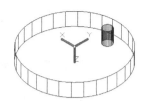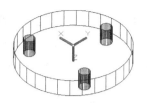

图 13-12　环形阵列对象

13.2.3　镜像三维对象

在"功能区"选项板中选择"默认"选项卡，在"修改"面板中单击"三维镜像"按钮；或在快速访问工具栏中选择"显示菜单栏"命令，在弹出的菜单中选择"修改"|"三维操作"|"三维镜像"命令(MIRROR3D)，可以在三维空间中将指定对象相对于某一平面镜像。执行该命令并选择需要进行镜像的对象，然后指定镜像面。镜像面可以通过 3 点确定，也可以是对象、最近定义的面、Z 轴、视图、XY 平面、YZ 平面和 ZX 平面，如图 13-13 所示。

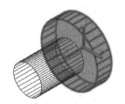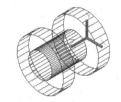

图 13-13　三维镜像

13.2.4　旋转三维对象

在"功能区"选项板中选择"默认"选项卡，在"修改"面板中单击"三维旋转"按钮；或在快速访问工具栏中选择"显示菜单栏"命令，在弹出的菜单中选择"修改"|"三维操作"|"三维旋转"命令(ROTATE3D)，可以使对象绕三维空间中任意轴(X 轴、Y 轴或 Z 轴)、视图、对象或两点旋转。其方法与三维镜像图形的方法相似。

【练习 13-1】将如图 13-14 所示的图形绕 X 轴旋转 90°，然后再绕 Z 轴旋转 45°。

(1) 在"功能区"选项板中选择"默认"选项卡，然后在"修改"面板中单击"三维旋转"按钮，最后在"选择对象:"提示下选择需要旋转的对象，如图 13-14 所示。

(2) 在命令窗口的"指定基点:"提示信息下确定旋转的基点(0,0)。

(3) 此时，在绘图窗口中出现一个球形坐标，红色代表 X 轴，绿色代表 Y 轴，蓝色代表 Z 轴。单击"红色环型线"确认绕 X 轴旋转，如图 13-15 所示。

图 13-14　选中图形　　　　图 13-15　确认旋转轴

(4) 在命令窗口的"指定角的起点或键入角度："提示信息下输入 90，并按 Enter 键。此时图形将绕 X 轴旋转 90°，效果如图 13-16 所示。

(5) 使用同样的方法，将图形绕 Z 轴旋转 45°，效果如图 13-17 所示。

图 13-16　绕 X 轴旋转 90° 后的图形　　　　图 13-17　绕 Z 轴旋转 45° 后的图形

13.2.5　对齐三维对象

在"功能区"选项板中选择"默认"选项卡，在"修改"面板中单击"三维对齐"按钮 ；或在快速访问工具栏中选择"显示菜单栏"命令，在弹出的菜单中选择"修改"|"三维操作"|"三维对齐"命令(3DALIGN)，可以对齐对象。

需要对齐对象时，首先应选择源对象，在命令窗口"指定基点或 [复制(C)]："提示信息下输入第 1 个点，在命令窗口"指定第二个点或 [继续(C)] <C>："提示信息下输入第 2 个点，再在命令窗口"指定第三个点或 [继续(C)] <C>："提示信息下输入第 3 个点。在目标对象上同样需要确定 3 个点，与源对象的点一一对应。对齐效果如图 13-18 所示。

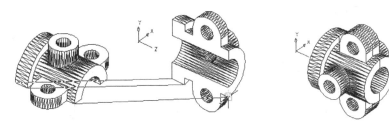

图 13-18　在三维空间中对齐对象

13.3　编辑三维实体

在 AutoCAD 2018 中，可以对三维基本实体进行布尔运算来创建复杂实体，也可以对实体进行各种编辑操作。

13.3.1　编辑实体的边

在 AutoCAD 的"功能区"选项板中选择"默认"选项卡，在"编辑"面板中单击编辑"提取边"按钮；或在菜单栏中选择"修改"|"实体编辑"子菜单中的命令，可以编辑实体的边，如提取边、复制边、着色边等。

1. 提取边

在"功能区"选项板中选择"默认"选项卡，在"实体编辑"面板中单击"提取边"按钮 ; 或在菜单栏中选择"修改"|"三维操作"|"提取边"命令(XEDGES)，可以通过从三维实体或曲面中提取边来创建线框几何体。例如，要提取如图 13-19 所示的长方体中的边，可以在"功能区"选项板中选择"默认"选项卡，在"编辑"面板中单击"提取边"按钮; 然后选择长方体，按 Enter 键即可。如图 13-20 所示为提取出的一条边。

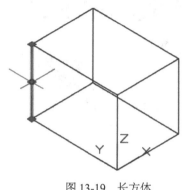

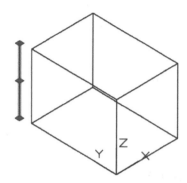

图 13-19　长方体　　　　　　　　　　图 13-20　从长方体中提取的边

2. 压印边

在"功能区"选项板中选择"默认"选项卡，在"实体编辑"面板中单击"压印"按钮 ; 或在菜单栏中选择"修改"|"实体编辑"|"压印"命令(IMPRINT)，可以将对象压印到选定的实体上。例如，要在长方体上压印圆，可在"功能区"选项板中选择"默认"选项卡，在"实体编辑"面板中单击"压印"按钮; 然后选择长方体作为三维实体，选择圆作为要压印的对象。若要删除压印对象，可在命令窗口"是否删除源对象 [是(Y)/否(N)]<N>："提示下输入 Y，然后连续按 Enter 键即可，如图 13-21 所示。

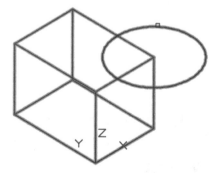

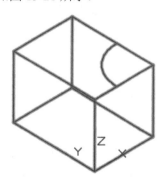

图 13-21　压印边

3. 着色边

在"功能区"选项板中选择"默认"选项卡，在"编辑"面板中单击"着色边"按钮 ; 或在菜单栏中选择"修改"|"实体编辑"|"着色边"命令，均可着色实体的边。

用户在执行着色边命令时，选定边后，将弹出"选择颜色"对话框，可以选择用于着色边的颜色，如图 13-22 所示。

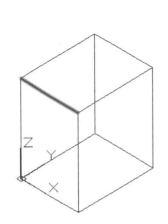
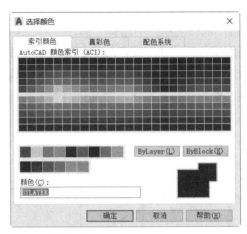

图 13-22 着色边

4. 复制边

在"功能区"选项板中选择"默认"选项卡，在"实体编辑"面板中单击"复制边"按钮 复制边；或在菜单栏中选择"修改"|"实体编辑"|"复制边"命令，均可以将三维实体边复制为直线、圆弧、圆、椭圆或样条曲线，如图 13-23 所示。

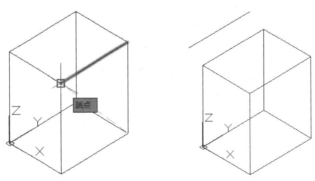

图 13-23 复制边

13.3.2 编辑实体的面

在 AutoCAD 的"功能区"选项板中选择"默认"选项卡，在"实体编辑"面板中单击相关按钮；或在菜单栏中选择"修改"|"实体编辑"子菜单中的命令，均可以对实体面进行拉伸、移动、偏移、删除、旋转、倾斜、着色和复制等操作。

1. 拉伸面

在"功能区"选项板中选择"默认"选项卡，在"实体编辑"面板中单击"拉伸面"按钮 拉伸面；或在菜单栏中选择"修改"|"实体编辑"|"拉伸面"命令，均可以按指定的长度或沿指定的路径拉伸实体面。

例如，要将图 13-24 所示图形中 A 处的面拉伸 40 个单位，可在"默认"选项卡的"实体编辑"面板中，单击"拉伸面"按钮，并单击 A 处所在的面，然后在命令窗口的提示下输入拉伸高度为 40，其结果如图 13-25 所示。

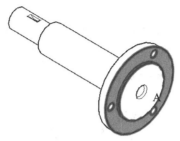

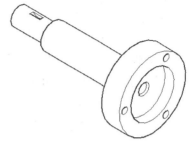

　　　　　图 13-24　待拉伸的图形　　　　　　　　　　　图 13-25　拉伸后的效果

2. 移动面

在"功能区"选项板中选择"默认"选项卡，在"实体编辑"面板中单击"移动面"按钮 移动面；或在菜单栏中选择"修改"|"实体编辑"|"移动面"命令，可以按指定的距离移动实体的指定面。

3. 偏移面

在"功能区"选项板中选择"默认"选项卡，在"实体编辑"面板中单击"偏移面"按钮 编移面；或在菜单栏中选择"修改"|"实体编辑"|"偏移面"命令，可以等距离偏移实体的指定面。

4. 删除面

在"功能区"选项板中选择"默认"选项卡，在"实体编辑"面板中单击"删除面"按钮 删除面；或在菜单栏中选择"修改"|"实体编辑"|"删除面"命令，可以删除实体上指定的面。

例如，要删除如图 13-26 所示的图形中 A 处的面，可在"功能区"选项板中选择"默认"选项卡；在"实体编辑"面板中单击"删除"按钮，并单击 A 处所在的面。然后按Enter 键即可，其结果如图 13-27 所示。

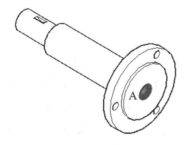

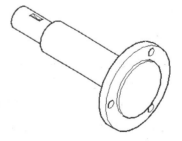

　　　　图 13-26　需要删除其面的实体　　　　　　　　图 13-27　删除面后的效果

5. 旋转面

在"功能区"选项板中选择"默认"选项卡，在"实体编辑"面板中单击"旋转面"
按钮 旋转面；或在菜单栏中选择"修改"|"实体编辑"|"旋转面"命令，可以绕指定轴旋
转实体的面。

例如，将图 13-28 中 A 处的面绕 X 轴旋转 45°，可在"功能区"选项板中选择"默认"
选项卡；在"实体编辑"面板中单击"旋转面"按钮，并单击点 A 处的面作为旋转面；指定
轴为 X 轴，旋转原点的坐标为(0,0,0)，旋转角度为 45°。旋转后的效果如图 13-29 所示。

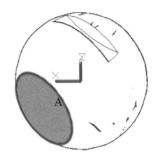
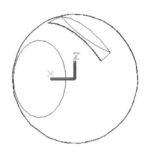

图 13-28　需要旋转面的实体　　　　　图 13-29　旋转面后的效果

6. 倾斜面

在"功能区"选项板中选择"默认"选项卡，在"实体编辑"面板中单击"倾斜面"按
钮 倾斜面；或选择"修改"|"实体编辑"|"倾斜面"命令，可以将实体面倾斜为指定角度。

例如，将如图 13-30 中 A 处的面以(0,0,0)为基点，以(0,10,0)为沿倾斜轴上的一点，倾斜
角度为-45°，倾斜后如图 13-31 所示的效果。

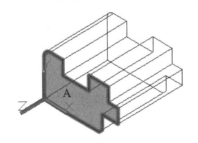
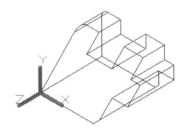

图 13-30　需要倾斜面的实体　　　　　图 13-31　倾斜面后的效果

7. 着色面

在"功能区"选项板中选择"默认"选项卡，在"实体编辑"面板中单击"着色面"按
钮 着色面；或在菜单栏中选择"修改"|"实体编辑"|"着色面"命令，可以修改实体上单个面
的颜色。当执行着色面命令时，在绘图窗口中选择需要着色的面，然后按 Enter 键将打开"选
择颜色"对话框。在颜色调色板中可以选择需要的颜色，最后单击"确定"按钮即可。

当为实体的面着色后，可在"功能区"选项板中选择"输出"选项卡；在"渲染"面
板中单击"渲染"按钮，渲染图形以观察其着色效果，如图 13-32 所示。

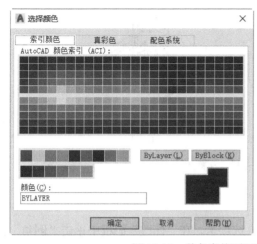
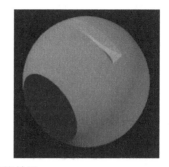

图 13-32　着色实体面后的渲染效果

8. 复制面

在"功能区"选项板中选择"默认"选项卡，在"实体编辑"面板中单击"复制面"按钮 ，或在菜单栏中选择"修改"|"实体编辑"|"复制面"命令，可以复制指定的实体面。

例如，要复制图形中的选中面，在"功能区"选项板中选择"默认"选项卡；在"实体编辑"面板中单击"复制面"按钮，并单击需要复制的面。然后指定位移的基点和位移的第 2 点，并按 Enter 键，结果如图 13-33 所示。

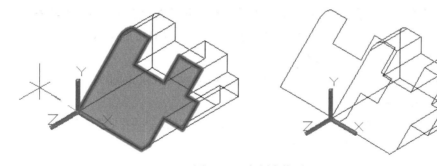

图 13-33　复制实体面

13.3.3　分解实体

在"功能区"选项板中选择"默认"选项卡，在"修改"面板中单击"分解"按钮 ；或在快速访问工具栏中选择"显示菜单栏"命令，在弹出的菜单中选择"修改"|"分解"命令(EXPLODE)，可以将三维对象分解为一系列面域和主体。其中，实体中的平面被转换为面域，曲面被转化为主体。用户还可以继续使用该命令，将面域和主体分解为组成它们的基本元素，如直线、圆及圆弧等。

例如，若对如图 13-34(a)所示的图形进行分解，然后移动生成的面域或主体，效果将如图 13-34(b)所示。

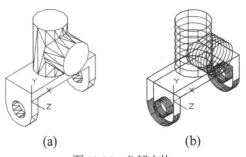

(a)　　　　　　　　　　(b)

图 13-34　分解实体

13.3.4　对实体修倒角和圆角

在"功能区"选项板中选择"默认"选项卡，在"修改"面板中单击"倒角"按钮 ；或在快捷工具栏中选择"显示菜单栏"命令，在弹出的菜单中选择"修改"|"倒角"命令(CHAMFER)，可以对实体的棱边修倒角，从而在两相邻曲面间生成一个平滑的过渡面。

在"功能区"选项板中选择"默认"选项卡，在"修改"面板中单击"圆角"按钮 ；或在快捷工具栏中选择"显示菜单栏"命令，在弹出的菜单中选择"修改"|"圆角"命令(FILLET)，可以为实体的棱边修圆角，从而在两个相邻面间生成一个圆滑过渡的曲面。在为几条相交于同一个点的棱边修圆角时，如果圆角半径相同，则会在该公共点上生成球面的一部分。

【练习 13-2】对如图 13-35 所示图形中的 A 处的棱边修倒角，倒角距离都为 5；对 B 和 C 处的棱边修圆角，圆角半径为 15。

(1) 在"功能区"选项板中选择"默认"选项卡，然后在"修改"面板中单击"倒角"按钮 ，再在"选择第一条直线或 [放弃(U)/多段线(P)/距离(D)/角度(A)/修剪(T)/方式(E)/多个(M)]:"提示信息下，单击 A 处作为待选择的边。

(2) 在命令窗口的"输入曲面选择选项 [下一个(N)/当前(OK)] <当前(OK)>:"提示信息下按 Enter 键，指定曲面为当前面。

(3) 在命令窗口的"指定基面的倒角距离:"提示信息下输入 5，指定基面的倒角距离为 5。

(4) 在命令窗口的"指定基面的倒角距离<5.000>:"提示信息下按 Enter 键，指定其他曲面的倒角距离也为 5。

(5) 在命令窗口的"选择边或 [环(L)]:"提示信息下，单击 A 处的棱边，效果如图 13-36 所示。

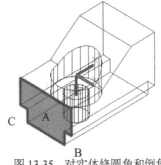

图 13-35　对实体修圆角和倒角

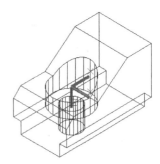

图 13-36　对 A 处的棱边修倒角

(6) 在"功能区"选项板中选择"默认"选项卡，然后在"修改"面板中单击"圆角"按钮，再在命令窗口的"选择第一个对象或 [放弃(U)/多段线(P)/半径(R)/修剪(T)/多个(M)]:"提示信息下，单击 B 处的棱边。

(7) 在命令窗口的"输入圆角半径:"提示信息下输入 3，指定圆角半径，按 Enter 键，效果如图 13-37 所示。

(8) 使用同样的方法，对 C 处的棱边修圆角，完成后效果如图 13-38 所示。

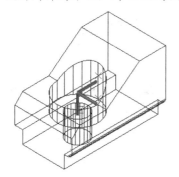　　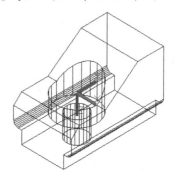

图 13-37　对 B 处的棱边修圆角　　　　　　图 13-38　图形效果

13.3.5　剖切实体

在"功能区"选项板中选择"默认"选项卡，在"实体编辑"面板中单击"剖切"按钮；或在快捷工具栏中选择"显示菜单栏"命令，在弹出的菜单中选择"修改"|"三维操作"|"剖切"命令(SLICE)，都可以使用平面剖切一组实体。剖切面可以是对象、Z 轴、视图、XY/YZ/ZX 平面或 3 点定义的面。

在剖切实体时，可以保留剖切实体的一半或全部。剖切实体不保留创建其原始形式的历史记录，仅保留原实体的图层和颜色特性，如图 13-39 所示。

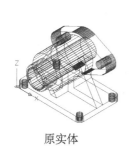　　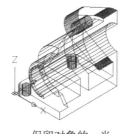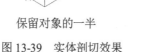　　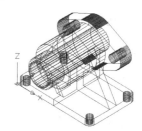

原实体　　　　　　　保留对象的一半　　　　　　　两半都保留

图 13-39　实体剖切效果

13.3.6　加厚实体

在"功能区"选项板中选择"默认"选项卡，在"实体编辑"面板中单击"加厚"按钮；或在快速访问工具栏中选择"显示菜单栏"命令，在弹出的菜单中选择"修改"|"三维操作"|"加厚"命令(THICKEN)，可以为曲面添加厚度，使其成为一个实体。例如，使用"加厚"命令，将长方形曲面加厚 50 个单位后，效果如图 13-40 所示。

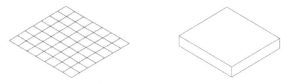

图 13-40　加厚操作

13.3.7　转换为实体和曲面

下面介绍在 AutoCAD 2018 中将图形转换为实体和曲面的具体方法。

1. 转换为实体

在"功能区"选项板中选择"默认"选项卡，在"编辑"面板中单击"转换为实体"按钮⬛；或在快捷工具栏中选择"显示菜单栏"命令，在弹出的菜单中选择"修改"|"三维操作"|"转换为实体"命令(CONVTOSOLID)，都可以将具有厚度的统一宽度的宽多段线、闭合的或具有厚度的零宽度多段线、具有厚度的圆转换为实体。如图 13-41 所示为选中曲面对象转换为实体。

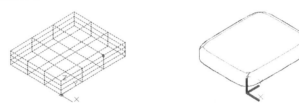

图 13-41　转换为实体

注意：

无法对包含零宽度顶点或可变宽度线段的多段线使用 CONVTOSOLID 命令。

2. 转换为曲面

在"功能区"选项板中选择"默认"选项卡，在"编辑"面板中单击"转换为曲面"按钮⬛；或在快捷工具栏中选择"显示菜单栏"命令，在弹出的菜单中选择"修改"|"三维操作"|"转换为曲面"命令(CONVTOSURFACE)，都可以将二维实体、面域、体、开放的或具有厚度的零宽度多段线、具有厚度的直线、具有厚度的圆弧以及三维平面转换为曲面。如图 13-42 所示为选中实体对象转换为曲面图形。

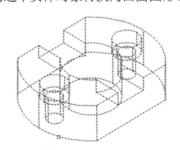 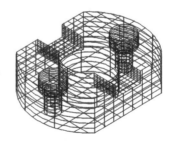

图 13-42　转换为曲面

13.3.8　实体分割、清除、抽壳与检查

在 AutoCAD 的"功能区"选项板中选择"默认"选项卡，使用"编辑"面板中的清除、分割、抽壳和检查工具；或在快速访问工具栏中选择"显示菜单栏"命令，在弹出的菜单中选择"修改"|"实体编辑"子菜单中的相关命令，可以对实体进行清除、分割、抽壳和检查操作。如图 13-43 所示为相关的编辑工具。

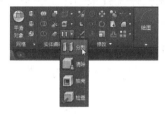

图 13-43　分割、清除、抽壳和检查工具

1. 分割

在"功能区"选项板中选择"默认"选项卡，在"编辑"面板中单击"分割"按钮 ；或在菜单栏中选择"修改"|"实体编辑"|"分割"命令，可以将不相连的三维实体对象分割成独立的三维实体对象。

例如，使用"分割"命令分割如图 13-44 所示的三维实体后，效果如图 13-45 所示。

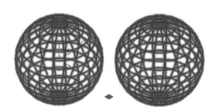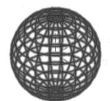

图 13-44　实体分割前　　　　　　　图 13-45　实体分割后

2. 清除

在"功能区"选项板中选择"默认"选项卡，在"编辑"面板中单击"清除"按钮 ；或在菜单栏中选择"修改"|"实体编辑"|"清除"命令，可以删除共享边以及那些在边或顶点具有相同表面或曲线定义的顶点。该命令可以删除所有多余的边、顶点以及不使用的几何图形，但不删除压印的边。

例如，使用"清除"命令清除如图 13-46 所示的三维实体后，效果如图 13-47 所示。

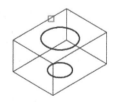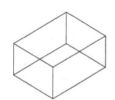

图 13-46　实体清除前　　　　　　　图 13-47　实体清除后

3. 抽壳

在"功能区"选项板中选择"默认"选项卡，在"编辑"面板中单击"抽壳"按钮 ；或在菜单栏中选择"修改" | "实体编辑" | "抽壳"命令，可以用指定的厚度创建一个空的薄层。用户可以为所有面指定一个固定的薄层厚度。通过选择面可以将这些面排除在壳外。一个三维实体只能有一个壳。通过将现有面偏移出其原位置来创建新的面。

使用"抽壳"命令进行抽壳操作时，若输入抽壳偏移距离的值为正值，表示从圆周外开始抽壳；若指定为负值，表示从圆周内开始抽壳。

例如，使用"抽壳"命令对如图 13-48 所示的三维实体抽壳后的效果如图 13-49 所示。

图 13-48　实体抽壳前　　　　　　　　　图 13-49　实体抽壳后

4. 检查

在"功能区"选项板中选择"默认"选项卡，在"实体编辑"面板中单击"检查"按钮 ；或在菜单栏中选择"修改" | "实体编辑" | "检查"命令，可以检查选中的三维对象是否是有效的实体。

13.4　标注三维图形尺寸

在 AutoCAD 2018 中，使用"标注"菜单中的命令或"标注"面板中的标注工具，不仅可以标注二维对象的尺寸，还可以标注三维对象的尺寸。由于所有的尺寸标注都只能在当前坐标的 XY 平面中进行，因此为了准确标注三维对象中各部分的尺寸，需要不断地变换坐标系。

【练习 13-3】标注三维图形中长方体长度、高度和宽度，以及圆角半径和孔的直径。

(1) 在"功能区"选项板中选择"默认"选项卡。然后在"图层"面板中单击"图层特性"按钮 ，打开"图层特性管理器"面板；新建一个"标注层"，并将该层设置为当前层。

(2) 在"功能区"选项板中选择"默认"选项卡，然后在"坐标"面板中单击"原点"按钮 ，将坐标系移动至如图 13-50 所示的位置。

(3) 在"功能区"选项板中选择"注释"选项卡，然后在"标注"面板中单击"线性"按钮 ，标注长方体底面的长和宽，如图 13-51 所示。

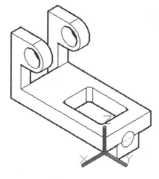

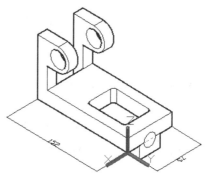

图 13-50　移动坐标系　　　　　图 13-51　线性标注

(4) 在"功能区"选项板中选择"默认"选项卡，然后在"坐标"面板中单击 Y 按钮，将坐标系绕 Y 轴旋转 90°，如图 13-52 所示。

(5) 在"功能区"选项板中选择"注释"选项卡，然后在"标注"面板中单击"线性"按钮，标注长方体的高度，如图 13-53 所示。

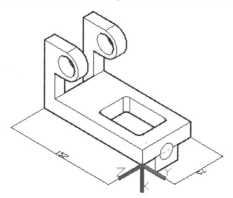

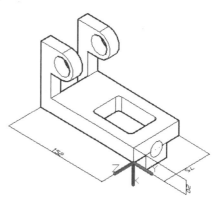

图 13-52　旋转坐标系　　　　　图 13-53　标注长方体高度

(6) 在"功能区"选项板中选择"注释"选项卡，在"标注"面板中单击"圆心标记"按钮，标注圆孔的圆心，如图 13-54 所示。

(7) 单击"半径"按钮和"直径"按钮，标注圆角半径和孔的直径，如图 13-55 所示。

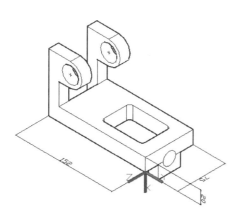

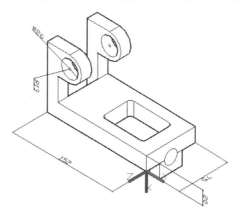

图 13-54　标注圆孔圆心　　　　图 13-55　标注半径和直径

13.5　思考练习

1. 在 AutoCAD 2018 中，如何对三维基本实体进行并集、差集、交集和干涉这 4 种布尔运算？

2. 在 AutoCAD 2018 中，如何将三维平面转换为曲面？

3. 在 AutoCAD 2018 中，如何删除三维实体的一个面？

第14章 观察和渲染三维图形

使用三维观察和导航工具，可以在图形中导航、为指定视图设置相机以及创建动画以便与其他人共享设计。通过对三维对象使用光源和材质，使图形的渲染效果更加完美。本章将介绍观察和渲染三维图形的相关知识。

14.1 动态观察

三维导航工具允许用户从不同的角度、高度和距离查看图形中的对象。用户可以使用以下三维工具在三维视图中进行动态观察、回旋、调整距离、缩放和平移。

14.1.1 受约束的动态观察

在窗口"导航栏"面板中单击"动态观察"按钮 ；或在快速访问工具栏中选择"显示菜单栏"命令，在弹出的菜单中选择"视图"|"动态观察"|"受约束的动态观察"命令(3DORBIT)，可以在当前视口中激活三维动态观察视图。

当"受约束的动态观察"处于活动状态时，视图的目标将保持静止，而相机的位置(或视点)将围绕目标移动。但是，看起来好像三维模型正在随着光标的拖动而旋转。用户可以按照此方式指定模型的任意视图。此时，显示三维动态观察光标图标。如果进行水平拖动，相机将平行于世界坐标系(WCS)的 XY 平面移动；如果进行垂直拖动，相机将沿 Z 轴移动，如图 14-1 所示。

图 14-1　受约束的动态观察

14.1.2 自由动态观察

在窗口"导航栏"面板中单击"自由动态观察"按钮 ；或在快速访问工具栏中选择"显示菜单栏"命令，在弹出的菜单中选择"视图"|"动态观察"|"自由动态观察"命令(3DFORBIT)，可以在当前视口中激活三维自由动态观察视图。如果用户坐标系(UCS)图标为开，则表示当前 UCS 的着色三维 UCS 图标显示在三维动态观察视图中。

三维自由动态观察视图显示一个导航球，它被更小的圆分成 4 个区域，如图 14-2 所示。

取消选择快捷菜单中的"启用动态观察自动目标"选项时，视图的目标将保持固定不变。相机位置或视点将绕目标移动。目标点是导航球的中心，而不是正在查看的对象的中心。与"受约束的动态观察"不同，"自由动态观察"不约束沿 XY 轴或 Z 方向的视图变化。

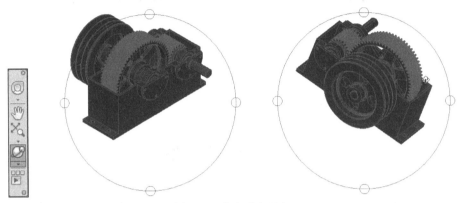

图 14-2　自由动态观察

14.1.3　连续动态观察

在窗口"导航栏"面板中单击"连续动态观察"按钮，或在快速访问工具栏中选择"显示菜单栏"命令，在弹出的菜单中选择"视图"|"动态观察"|"连续动态观察"命令(3DCORBIT)，可以启用交互式三维视图并将对象设置为连续运动。

执行 3DCORBIT 命令，在绘图区域中单击并沿任意方向拖动，使对象沿正在拖动的方向开始移动。释放鼠标，对象在指定的方向上继续进行它们的轨迹运动。为光标移动设置的速度决定了对象的旋转速度。用户可通过再次单击并拖动来改变连续动态观察的方向。在绘图区域中右击并从快捷菜单中选择选项，也可以修改连续动态观察的显示，如图 14-3 所示。

图 14-3　连续动态观察

14.2　使用相机功能

在 AutoCAD 2018 中使用相机功能，用户可以在模型空间放置一台或多台相机来定义 3D 透视图。另外，用户还可根据需要调整相机的设置。

14.2.1　认识相机

在图形中，可以通过放置相机来定义三维视图；可以打开或关闭相机并使用夹点来编辑相机的位置、目标或焦距；可以通过位置 XYZ 坐标、目标 XYZ 坐标和视野/焦距(用于确定倍率或缩放比例)定义相机。可以指定的相机属性如下。

- 位置：定义要观察三维模型的起点。
- 目标：通过指定视图中心的坐标来定义要观察的点。
- 焦距：定义相机镜头的比例特性。焦距越大，视野越窄。
- 前向和后向剪裁平面：指定剪裁平面的位置。剪裁平面是定义(或剪裁)视图的边界。在相机视图中，将隐藏相机与前向剪裁平面之间的所有对象，同样隐藏后向剪裁平面与目标之间的所有对象。

默认情况下，已保存相机的名称为 Camera1、Camera2 等。用户可以根据需要重命名相机以便更好地描述相机视图。

14.2.2 创建相机

在 AutoCAD 的快速访问工具栏中选择"显示菜单栏"命令，在弹出的菜单中选择"视图"|"创建相机"命令(CAMERA)，可以设置相机和目标的位置，以创建并保存对象的三维透视图，如图 14-4 所示。

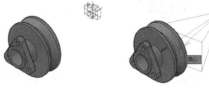

图 14-4　创建相机

通过定义相机的位置和目标，然后进一步定义其名称、高度、焦距和剪裁平面来创建新相机。执行"创建相机"命令时，当在图形中指定了相机位置和目标位置后，命令窗口显示如下提示信息。

> CAMERA 输入选项 [?/名称(N)/位置(LO)/高度(H)/坐标(T)/镜头(LE)/剪裁(C)/视图(V)/退出(X)] <退出>:

该命令提示下，可以指定是否显示当前已定义相机的列表、相机名称、相机位置、相机高度、相机目标位置、相机焦距、剪裁平面，以及设置当前视图以匹配相机设置。

14.2.3 修改相机特性

在图形中创建了相机后，当选中相机时，将打开"相机预览"窗口，如图 14-5 所示。其中，预览窗口用于显示相机视图的预览效果；"视觉样式"下拉列表框用于指定应用于预览的视觉样式，如概念、三维隐藏、三维线框及真实等；"编辑相机时显示此窗口"复选框，用于指定编辑相机时是否显示"相机预览"窗口。

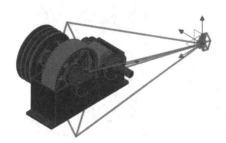 

图 14-5　相机预览窗口

在选中相机后，可以通过以下多种方式来更改相机设置。

- 单击并拖动夹点，以调整焦距、视野大小，或重新设置相机位置，如图 14-6 所示。
- 使用动态输入工具栏提示输入 X、Y、Z 坐标值。
- 使用"特性"面板修改相机特性，如图 14-7 所示。

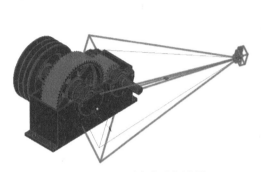

图 14-6　通过夹点进行设置

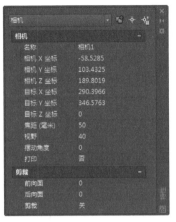

图 14-7　相机的"特性"面板

【练习 14-1】使用相机观察三维零件图形。

(1) 在菜单栏中选择"文件"｜"打开"命令，打开一个三维图形，如图 14-8 所示。

(2) 在快捷工具栏中选择"显示菜单栏"命令，在弹出的菜单中选择"视图"｜"创建相机"命令(CAMERA)，在视图中通过添加相机来观察图形，如图 14-9 所示。

图 14-8　打开三维图形

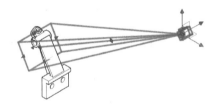

图 14-9　创建相机

(3) 选中创建的相机，在"默认"选项卡中单击"特性"选项板下的"特性"按钮 ，打开"特性"面板，如图 14-10 所示。

(4) 在"特性"面板中参考图 14-11 所示设置相机的参数。

(5) 单击创建的相机，在打开的"相机预览"窗口中调整视觉样式。

图 14-10　单击"特性"按钮

图 14-11　设置相机参数

14.2.4　调整视距

在快速访问工具栏中选择"显示菜单栏"命令，在弹出的菜单栏中选择"视图"|"相机"|"调整视距"命令(3DDISTANCE)，可以将光标更改为具有上箭头和下箭头的直线。单击并向屏幕顶部垂直拖动光标使相机靠近对象，从而使对象显示得更大；单击并向屏幕底部垂直拖动光标使相机远离对象，从而使对象显示得更小，如图 14-12 所示。

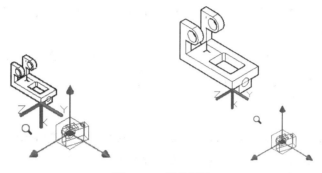

图 14-12　调整视距

14.2.5　设置回旋

在快速访问工具栏中选择"显示菜单栏"命令，在弹出的菜单中选择"视图"|"相机"|"回旋"命令(3DSWIVEL)，可以在拖动方向上模拟平移相机。用户可以设置是沿 XY 平面或 Z 轴回旋视图，如图 14-13 所示。

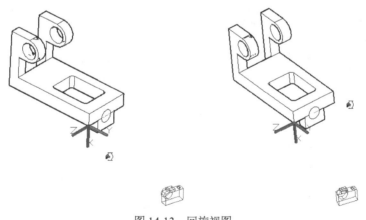

图 14-13　回旋视图

14.3　使用运动路径动画

使用运动路径动画(如模型的三维动画穿越漫游)可以向观众形象地演示模型。用户可以录制和回放导航过程，以动态传达设计意图。

14.3.1 控制相机运动路径的方法

用户可以通过将相机及其目标链接到点或路径来控制相机运动，从而控制动画。要使用运动路径创建动画，可以将相机及其目标链接到某个点或某条路径上。

- 如果要相机保持原样，则将其链接到某个点；如果要相机沿路径运动，则将其链接到路径上。
- 如果要目标保持原样，则将其链接到某个点；如果要目标移动，则将其链接到某条路径上。但无法将相机和目标链接到一个点。
- 如果要使动画视图与相机路径一致，则使用同一路径。在"运动路径动画"对话框中，将目标路径设置为"无"可以实现该目的。

注意：

相机或目标链接的路径，必须在创建运动路径动画之前创建路径对象。路径对象可以是直线、圆弧、椭圆弧、圆、多段线、三维多段线或样条曲线。

14.3.2 设置运动路径动画参数

在快速访问工具栏中选择"显示菜单栏"命令，在弹出的菜单中选择"视图"|"运动路径动画"命令(ANIPATH)，打开"运动路径动画"对话框，如图 14-14 所示。

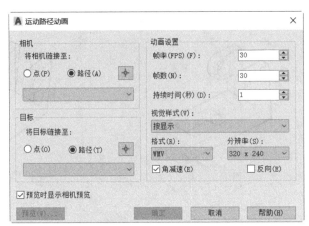

图 14-14 打开"运动路径动画"对话框

1. 设置相机

在"相机"选项区域中，可以设置将相机链接至图形中的静态点或运动路径。当选择"点"或"路径"按钮，可以单击拾取按钮 ，选择相机所在位置的点或沿相机运动的路径。这时在下拉列表框中将显示可以链接相机的命名点或路径列表。

注意：

创建运动路径时，将自动创建相机。如果删除指定为运动路径的对象，也将同时删除命名的运动路径。

2. 设置目标

在"目标"选项区域中，可以设置将相机目标链接至点或路径。如果将相机链接至点，则必须将目标链接至路径；如果将相机链接至路径，可以将目标链接至点或路径。

3. 设置动画

在"动画设置"选项区域中，可以控制动画文件的输出。其中，"帧率"文本框用于设置动画运行的速度，以每秒帧数为单位计量，指定范围为 1~60，默认值为 30；"帧数"文本框用于指定动画中的总帧数，该值与帧率共同确定动画的长度，更改该数值时，将自动重新计算"持续时间"值；"持续时间"文本框用于指定动画(片断中)的持续时间；"视觉样式"下拉列表框，显示可应用于动画文件的视觉样式和渲染预设的列表；"格式"下拉列表框用于指定动画的文件格式，可以将动画保存为 AVI、MOV、MPG 或 WMV 文件格式以便日后回放；"分辨率"下拉列表框用于以屏幕显示单位定义生成的动画的宽度和高度，默认值为 320×240；"角减速"复选框用于设置相机转弯时，以较低的速率移动相机；"反向"复选框用于设置反转动画的方向。

4. 预览动画

在"运动路径动画"对话框中，选择"预览时显示相机预览"复选框，将显示"动画预览"窗口，从而可以在保存动画之前进行预览。单击"预览"按钮，将打开"动画预览"窗口。在"动画预览"窗口中，可以预览使用运动路径或三维导航创建的运动路径动画。

14.3.3　创建运动路径动画

了解了运动路径动画的设置方法后，下面通过一个具体实例来介绍运动路径动画的创建方法。

【练习 14-2】在如图 14-15 所示图形的 Z 轴正方向上绘制一个圆，然后创建沿圆运动的动画效果，其中目标位置为原点，视觉样式为概念，动画输出格式为 WMV。

(1) 打开如图 14-15 所示的图形。在 Z 轴正方向的某一位置(用户可以自己指定)创建一个圆。然后调整视图显示，效果如图 14-16 所示。

　　　　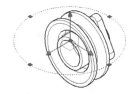

图 14-15　机件图形　　　　图 14-16　绘制圆并调整视图显示

(2) 在菜单栏中选择"视图"|"运动路径动画"命令(ANIPATH)，打开"运动路径动画"对话框。然后在"相机"选项区域中选择"路径"单选按钮，如图 14-17 所示。

(3) 单击"选择路径"按钮 切换到绘图窗口，单击绘制的圆作为相机的运动路径，此时将打开"路径名称"对话框。保持默认名称，单击"确定"按钮，如图 14-18 所示。

图 14-17　选择"路径"单选按钮　　　　　图 14-18　"路径名称"对话框

（4）在"目标"选项区域中选择"点"单选按钮，并单击"拾取点"按钮✥切换到绘图窗口，拾取一个原点位置作为相机的目标位置，如图 14-19 所示。

（5）此时，将打开"点名称"对话框，保持默认名称单击"确定"按钮返回"运动路径动画"对话框，如图 14-20 所示。

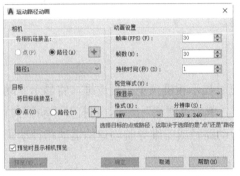

图 14-19　选中"点"单选按钮　　　　　图 14-20　"点名称"对话框

（6）在"动画设置"选项区域的"视觉样式"下拉列表框中选择"概念"，在"格式"下拉列表框中选择 WMV，如图 14-21 所示。

（7）单击"预览"按钮，预览动画效果，满意后关闭"动画预览"窗口，返回到"运动路径动画"对话框。在该对话框中单击"确定"按钮，打开"另存为"对话框。然后将创建的路径动画以文件名 pathmove.wmv 保存，这时用户就可以选择一个播放器来观看动画播放效果，如图 14-22 所示。

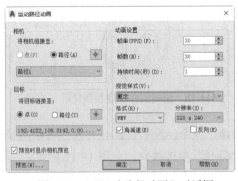

图 14-21　"运动路径动画"对话框　　　　图 14-22　"另存为"对话框

14.4　使用漫游和飞行

在快速访问工具栏中选择"显示菜单栏"命令，在弹出的菜单栏中选择"视图"|"漫游和飞行"|"漫游"命令(3DWALK)，交互式更改三维图形的视图，使用户就像在模型中漫游一样。

同样，在菜单栏中选择"视图"|"漫游和飞行"|"飞行"命令(3DFLY)，可以交互式更改三维图形的视图，使用户就像在模型中飞行一样。

穿越漫游模型时，将沿 XY 平面行进。飞越模型时，将不受 XY 平面的约束，所以看起来像"飞"过模型中的区域。 用户可以使用一套标准的键盘和鼠标交互在图形中漫游和飞行。使用键盘上的 4 个箭头键或 W 键、A 键、S 键和 D 键来向上、向下、向左或向右移动。要在漫游模式和飞行模式之间切换，按 F 键。要指定查看方向，沿要查看的方向进行拖动。漫游或飞行时显示模型的俯视图。

在三维模型中漫游或飞行时，可以追踪用户在三维模型中的位置。当执行"漫游"或"飞行"命令时，打开的"定位器"面板会显示模型的俯视图。位置指示器显示模型关系中用户的位置，而目标指示器显示用户正在其中漫游或飞行的模型。在开始漫游模式或飞行模式之前或在模型中移动时，用户可在"定位器"面板中编辑位置设置，如图 14-23 所示。

要控制漫游和飞行设置，可在快捷工具栏中选择"显示菜单栏"命令，在弹出的菜单中选择"视图"|"漫游和飞行"|"漫游和飞行设置"命令(WALKFLYSETTINGS)，打开"漫游和飞行设置"对话框进行相关设置，如图 14-24 所示。

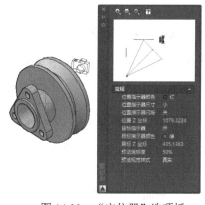

图 14-23　"定位器"选项板

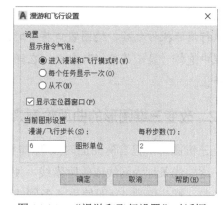

图 14-24　"漫游和飞行设置"对话框

在"漫游和飞行设置"对话框的"设置"选项区域中，可以指定与"指令"窗口和"定位器"面板相关的设置。其中，"进入漫游和飞行模式时"单选按钮，用于指定每次进入漫游或飞行模式时均显示"漫游和飞行导航映射"对话框；"每个任务显示一次"单选按钮，用于指定当在每个 AutoCAD 任务中首次进入漫游或飞行模式时，显示"漫游和飞行导航映射"对话框；"从不"单选按钮，用于指定从不显示"漫游和飞行导航映射"对话框；"显示定位器窗口"复选框，用于指定进入漫游模式时是否打开"定位器"窗口。

注意：
在"当前图形设置"选项区域中，可以指定与当前图形有关的漫游和飞行模式设置。

其中，"漫游/飞行步长"文本框用于按图形单位指定每步的大小；"每秒步数"文本框用于指定每秒发生的步数。

14.5 三维图形的显示

在 AutoCAD 中，不仅可以缩放或平移三维图形，以观察图形的整体或局部，还可以通过旋转及消隐等方法来设置三维图形的显示。

14.5.1 消隐图形

在快速访问工具栏中选择"显示菜单栏"命令，在弹出的菜单中选择"视图"|"消隐"命令(HIDE)，可以暂时隐藏位于实体背后而被遮挡的部分，如图 14-25 所示。

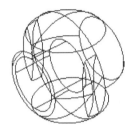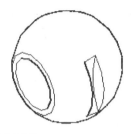

图 14-25 消隐图形

注意：

执行消隐操作之后，绘图窗口将暂时无法使用"缩放"和"平移"命令，直到在快捷工具栏中选择"显示菜单栏"命令，在弹出的菜单中选择"视图"|"重生成"命令重生成图形为止。

14.5.2 改变三维图形的曲面轮廓素线

当三维图形中包含弯曲面时(如球体和圆柱体等)，曲面在线框模式下用线条的形式来显示，这些线条称为网线或轮廓素线。使用系统变量 ISOLINES 可以设置显示曲面所用的网线条数，默认值为 4，即使用 4 条网线来表达每一个曲面。该值为 0 时，表示曲面没有网线，如果增加网线的条数，则会使图形看起来更接近三维实物，如图 14-26 所示。

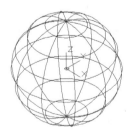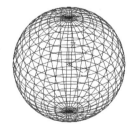

ISOLINES=10   ISOLINES=32

图 14-26 ISOLINES 设置对实体显示的影响

14.5.3　以线框形式显示实体轮廓

使用系统变量 DISPSILH 可以用线框形式显示实体轮廓。此时，需要将其值设置为 1，并用"消隐"命令隐藏曲面的小平面，如图 14-27 所示。

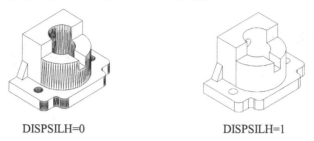

DISPSILH=0　　　　　　　　　　　　DISPSILH=1

图 14-27　以线框形式显示实体轮廓

14.5.4　改变实体表面的平滑度

要改变实体表面的平滑度，可通过修改系统变量 FACETRES 来实现。该变量用于设置曲面的面数，取值范围为 0.01~10。其值越大，曲面越平滑，如图 14-28 所示。

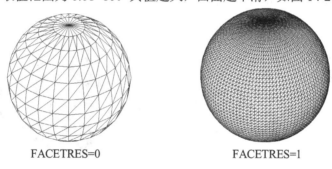

FACETRES=0　　　　　　　　　　　　FACETRES=1

图 14-28　改变实体表面的平滑度

注意：

如果 DISPSILH 变量值为 1，那么在执行"消隐"、"渲染"命令时并不能看到 FACETRES 设置效果，此时必须将 DISPSILH 值设置为 0。

14.6　使用视觉样式

在"功能区"选项板中选择"渲染"选项卡，在"视觉样式"面板中选择"视觉样式"下拉列表框中的视觉样式；或在快捷工具栏中选择"显示菜单栏"命令，在弹出的菜单中选择"视图"|"视觉样式"子命令，可以对视图应用视觉样式。

14.6.1　应用视觉样式

视觉样式是一组设置，用来控制视口中边和着色的显示。一旦应用了视觉样式或更改了其设置，就可以在视口中查看效果。在 AutoCAD 中，有以下 6 种默认的视觉样式。

- 二维线框：显示用直线和曲线表示边界的对象。光栅和 OLE 对象、线型和线宽均可见，如图 14-29 所示。
- 三维线框：显示用直线和曲线表示边界的对象，如图 14-30 所示。

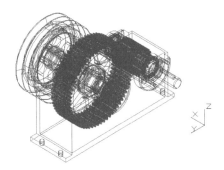 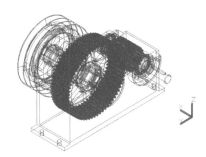

图 14-29　二维线框视觉样式　　　　　　图 14-30　三维线框视觉样式

- 三维隐藏：显示用三维线框表示的对象并隐藏表示后向面的直线，如图 14-31 所示。
- 真实：着色多边形平面间的对象，并使对象的边平滑化。该视觉样式将显示已附着到对象的材质，如图 14-32 所示。

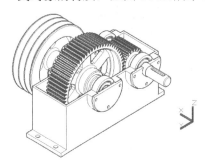 

图 14-31　三维隐藏视觉样式　　　　　　图 14-32　真实视觉样式

- 概念：着色多边形平面间的对象，并使对象的边平滑化。着色使用古氏面样式，一种冷色和暖色之间的过渡，而不是从深色到浅色的过渡。效果缺乏真实感，但是可以更方便地查看模型的细节，如图 14-33 所示。
- 着色：在着色视觉样式中来回移动模型时，跟随视点的两个平行光源将会照亮面。该默认光源被设计为照亮模型中的所有面，以便从视觉上可以辨别这些面，如图 14-34 所示。仅在其他光源(包括阳光)关闭时，才能使用默认光源。

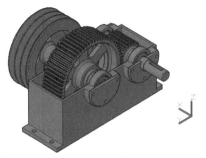 

图 14-33　概念视觉样式　　　　　　　　图 14-34　着色视觉样式

14.6.2 管理视觉样式

在"功能区"选项板中选择"渲染"选项卡，在"视觉样式"面板中单击"视觉样式管理器"按钮；或在快速访问工具栏中选择"显示菜单栏"命令，在弹出的菜单中选择"视图"|"视觉样式"|"视觉样式管理器"命令，将打开"视觉样式管理器"面板，如图 14-35 所示。

图 14-35 打开"视觉样式管理器"面板

在"图形中的可用视觉样式"列表中显示了图形中的可用视觉样式的样例图像。当选定某一视觉样式，该视觉样式显示黄色边框，选定的视觉样式的名称显示在面板的底部。在"视觉样式管理器"面板的下部，将显示该视觉样式的面设置、环境设置和边设置。

在"视觉样式管理器"面板中，使用工具条中的工具按钮，可以创建新的视觉样式、将选定的视觉样式应用于当前视口、将选定的视觉样式输出到工具选项板，以及删除选定的视觉样式。

14.6.3 创建透视投影

在透视效果关闭或在其位置定义新视图之前，透视图将一直保持其效果。要创建透视投影，同样也只需要在命令窗口中输入 DVIEW，选择要显示的对象，并根据提示调整视图，然后在命令窗口的提示下输入 D，AutoCAD 都将显示如下提示信息。

> 指定新的相机目标距离 <4.0000>:

此时，可以使用滑块设置选定对象和相机之间的距离，或输入实际数字。如果目标和相机点距离非常近(或将"缩放"选项设置为"高")，可能只会看到一小部分图形。

如果要关闭透视投影，将视图转换为平行投影，可以命令窗口中输入 DVIEW，选择要显示的对象，并在命令窗口中输入 O 即可。

14.7 光源

当场景中没有用户创建的光源时，AutoCAD 将使用系统默认光源对场景进行着色或渲染。默认光源是来自视点后面的两个平行光源，模型中所有的面均被照亮，使其可见。用户可以控制其亮度和对比度，并不需要创建或放置光源。

要插入自定义光源或启用阳光，可在"功能区"选项板中选择"渲染"选项卡，在"光源"面板中单击相应的按钮；或在快速访问工具栏中选择"显示菜单栏"命令，在弹出的菜单中选择"视图"|"渲染"|"光源"子命令。插入自定义光源或启用阳光后，默认光源将会被禁用。

14.7.1 点光源

点光源从其所在位置向四周发射光线，它不以某一对象为目标。使用点光源可以达到基本的照明效果。在"功能区"选项板中选择"渲染"选项卡，在"光源"面板中单击"点光源"按钮；或在快捷工具栏中选择"显示菜单栏"命令，在弹出的菜单中选择"视图"|"渲染"|"光源"|"新建点光源"命令，可以创建点光源，如图 14-36 所示。点光源可以手动设置为强度随距离线性衰减(根据距离的平方反比)或者不衰减。默认情况下，衰减设置为无。

用户也可以使用 TARGETPOINT 命令创建目标点光源。目标点光源和点光源的区别在于可用的其他目标特性，目标光源可以指向一个对象。将点光源的"目标"特性从"否"更改为"是"，就从点光源更改为目标点光源了，其他目标特性也将会启用。

创建点光源时，当指定了光源位置后，还可以设置光源的名称、强度因子、状态、光度、阴影、衰减及颜色等选项。此时命令窗口显示如下提示信息。

输入要更改的选项 [名称(N)/强度因子(I)/状态(S)/光度(P)/阴影(W)/衰减(A)/颜色(C)/退出(X)] <退出>:

在点光源的"特性"面板中，可以修改光源的特性，如图 14-37 所示。

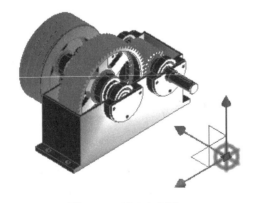

图 14-36 创建点光源

图 14-37 点光源特性面板

14.7.2　聚光灯

聚光灯(如闪光灯、剧场中的跟踪聚光灯或前灯)分布投射一个聚焦光束，发射定向锥形光，可以控制光源的方向和圆锥体的尺寸。在"功能区"选项板中选择"渲染"选项卡，在"光源"面板中单击"聚光灯"按钮，或在快捷工具栏中选择"显示菜单栏"命令，在弹出的菜单中选择"视图"|"渲染"|"光源"|"新建聚光灯"命令，可以创建聚光灯，如图 14-38 所示。

创建聚光灯时，当指定了光源位置和目标位置后，还可以设置光源的名称、强度因子、状态、光度、聚光角、照射角、阴影、衰减及过滤颜色等选项。此时命令窗口显示如下提示信息。

> 输入要更改的选项 [名称(N)/强度因子(I)/状态(S)/光度(P)/聚光角(H)/照射角(F)/阴影(W)/衰减(A)/过滤颜色(C)/退出(X)]<退出>:

像点光源一样，聚光灯也可以手动设置为强度随距离衰减。但是，聚光灯的强度始终还是根据相对于聚光灯的目标矢量的角度衰减。此衰减由聚光灯的聚光角角度和照射角角度控制。聚光灯可用于亮显模型中的特定特征和区域。聚光灯具有目标特性，可以使用聚光灯的"特性"面板设置，如图 14-39 所示。

图 14-38　创建聚光灯　　　　　　　　　图 14-39　聚光灯光源特性面板

【练习 14-3】打开如图 14-40 所示的图形，创建聚光灯。

(1) 启动 AutoCAD 2018，打开如图 14-40 所示的图形。

(2) 选择"视图"|"三维视图"|"东南等轴测"命令，图形的视图状态如图 14-41 所示。

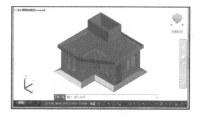

图 14-40　打开图形　　　　　　　　　　图 14-41　转换视图

(3) 选择"视图"|"渲染"|"光源"|"新建聚光灯"命令，命令窗口显示"命令: _spotlight 指定源位置<0,0,0>: "，在绘图区 A 点的位置单击，如图 14-42 所示。

(4) 在命令窗口的"指定目标位置："提示下进行拖动，指定目标位置后单击，按下 Enter 键。创建的聚光灯效果如图 14-43 所示。

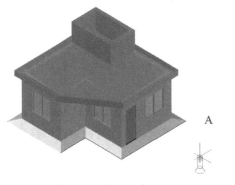

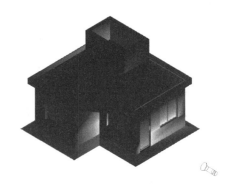

图 14-42　单击 A 点　　　　　　　　　　　图 14-43　聚光灯效果

14.7.3　平行光

平行光仅向一个方向发射统一的平行光光线。用户可以在视口中的任意位置指定 FROM 点和 TO 点，以定义光线的方向。在快速访问工具栏中选择"显示菜单栏"命令，在弹出的菜单中选择"视图"|"渲染"|"光源"|"新建平行光"命令，可以创建平行光。

创建平行光时，当指定了光源的矢量方向后，还可以设置光源的名称、强度因子、状态、光度、阴影及过滤颜色等选项，此时命令窗口显示如下提示信息。

> 输入要更改的选项 [名称(N)/强度因子(I)/状态(S)/光度(P)/阴影(W)/过滤颜色(C)/退出(X)] <退出>：

在图形中，可以使用不同的光线轮廓表示每个聚光灯和点光源，但不会用轮廓表示平行光和阳光。因为它们没有离散的位置并且也不会影响到整个场景。

平行光的强度并不随着距离的增加而衰减；对于每个照射的面，平行光的亮度都与其在光源处相同。在 AutoCAD 中可以用平行光统一照亮对象或背景。

注意：
平行光在物理上不是非常精确，因此建议用户不要在光度控制流程中使用。

14.7.4　查看光源列表

在"功能区"选项板中选择"渲染"选项卡，在"光源"面板中单击"模型中的光源"按钮；或在快速访问工具栏中选择"显示菜单栏"命令，在弹出的菜单栏中选择"视图"|"渲染"|"光源"|"光源列表"命令，将打开"模型中的光源"选项，如图 14-44 所示。其中显示了当前模型中的光源。单击列表上的光源即可在模型中选中它。

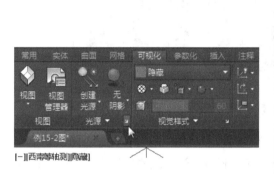

图 14-44　查看光源列表

14.7.5　阳光与天光

在"功能区"选项板中选择"渲染"选项卡，使用"阳光和位置"面板，可以设置阳光和天光。

1．阳光

太阳是模拟太阳光源效果的光源，可以用于显示结构投射的阴影如何影响周围区域。

阳光与天光是 AutoCAD 中自然照明的主要来源。但是，阳光的光线是平行的且为淡黄色，而天光的光线来自各个方向且颜色为明显的蓝色。系统变量 LIGHTINGUNITS 设置为光度时，将提供更多阳光特性。

当流程为光度控制流程时，阳光特性具有更多可用的特性并且使用物理上更加精确的阳光模型在内部进行渲染。由于将根据图形中指定的时间、日期和位置自动计算颜色，因此光度控制阳光的阳光颜色处于禁用状态。根据天空中的位置确定颜色。流程是常规光源或标准光源时，其他阳光与天光特性不可用。

阳光的光线相互平行，并且在任何距离处都具有相同强度。用户可以设置打开或关闭阴影。若要提高性能，在不需要阴影时可将其关闭。除地理位置以外，阳光的所有设置均由视口保存，而不是由图形保存。地理位置由图形保存。

在"功能区"选项板中选择"可视化"选项卡，在"阳光和位置"面板中单击"阳光特性"按钮 ，打开"阳光特性"面板，可以设置阳光特性，如图 14-45 所示。

图 14-45　打开"阳光特性"面板

在"功能区"选项板中选择"可视化"选项卡，在"阳光和位置"面板中单击"阳光状态"按钮 ■。打开"光源"对话框，从中可以设置默认光源的打开状态，如图 14-46 所示。

由于太阳光受地理位置的影响，因此在使用太阳光时，还可以在"功能区"选项板中选择"可视化"选项卡。在"阳光和位置"面板中单击"设置位置"按钮，选择"从地图"或"从文件"选项，如图 14-47 所示。之后会打开"地理位置"对话框，从中可以设置光源的地理位置，如纬度、经度、北向以及地区等。

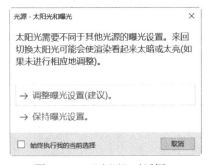

图 14-46　"光源"对话框

图 14-47　单击"设置位置"按钮

注意：

此外，在"时间和位置"面板中，还可以通过拖动"阳光日期"和"阳光时间"滑块，设置阳光的日期和时间。

2. 天光背景

选择天光背景的选项仅在光源单位为光度单位时可用。如果用户选择了天光背景并且将光源更改为标准(常规)光源，则天光背景将被禁用。

在"功能区"选项板中选择"可视化"选项卡，在"阳光和位置"面板中单击"天光背景"按钮、"关闭天光"按钮和"伴有照明的天光背景"按钮，可以在视图中使用天光背景或天光背景和照明。

14.8　材质和贴图

将材质添加到图形中的对象上，可以展现对象的真实效果。使用贴图可以增加材质的复杂性和纹理的真实性。在"功能区"选项板中选择"渲染"选项卡，使用"材质"面板；或在快捷工具栏中选择"显示菜单栏"命令，在弹出的菜单中选择"视图"|"渲染"|"材质"、"贴图"子命令，可以创建材质和贴图，并将其应用于对象上。

14.8.1　使用材质

在"功能区"选项板中选择"渲染"选项卡，在"材质"面板中单击"材质浏览器"按钮；或在快速访问工具栏中选择"显示菜单栏"命令，在弹出的菜单中选择"视图"|"渲染"|"材质浏览器"命令，打开"材质浏览器"选项板，使用户可以快速访问与使用预设材质，如图 14-48 所示。

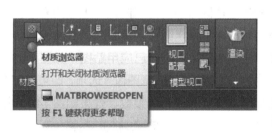
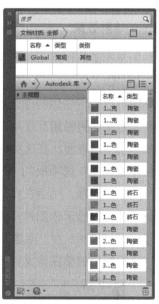

图 14-48　打开"材质浏览器"选项板

单击"图形中可用的材质"面板下的"在文档中创建新材质"按钮，可以创建新材质。使用"材质编辑器"面板，可以为要创建的新材质选择材质类型和样板。设置这些特性后，用户还可以使用"贴图"(例如纹理贴图或程序贴图)、"高级光源替代"、"材质缩放与平铺"和"材质偏移与预览"面板进一步修改新材质的特性。

14.8.2　将材质应用于对象

用户可以将材质应用到单个的面和对象，或将其附着到一个图层上的对象。要将材质应用到对象或面(曲面对象的三角形或四边形部分)，可以将材质从工具选项板拖动到对象。材质将添加到图形中，并且也将作为样例显示在"材质"窗口中，如图 14-49 所示。

图 14-49　将材质应用于对象和面

14.8.3　使用贴图

在 AutoCAD 中可以使用多种类型的贴图，可用于贴图的二维图像包括 BMP、PNG、TGA、TIFF、GIF、PCX 和 JPEG 等格式的文件。

1. 贴图的特殊效果

这些贴图在光源的作用下将产生不同的特殊效果。

(1) 纹理贴图

纹理贴图可以表现物体的颜色纹理，就如同将图像绘制在对象上一样。纹理贴图与对象表面特征、光源和阴影相互作用，可以产生具有高度真实感的图像。例如，将各种木纹理应用在家具模型的表面，在渲染时便可以显示各种木质的外观。

在"材质编辑器"选项板的"常规"选项区域中展开"图像"下拉列表，在该下拉列表中选择"图像"选项。然后在打开的对话框中指定图片，返回到"材质编辑器"选项板可以发现材质球上已显示该图片。并且应用该材质的物体已应用贴图，如图 14-50 所示。

选择了贴图图像后，在"图像"下拉列表中选择"编辑图像"选项，即可在打开的"纹理编辑器"选项板中调整图像文件的亮度、位置和比例等参数，效果如图 14-51 所示。

图 14-50　"材质编辑器"选项板

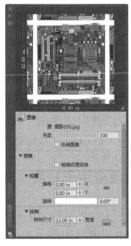

图 14-51　"纹理编辑器"选项板

(2) 反射贴图

反射贴图可以表现对象表面上反射的场景图像，也称为环境贴图。利用反射贴图可以模拟显示模型表面所反射的周围的环境景象。例如，建筑表面的玻璃材质可以反射出天空和云彩等环境。使用反射贴图虽然不能精确地显示反射场景，但可以避免大量的光线反射和折射计算，节省了渲染时间。

要使用反射贴图，单击"材质编辑器"选项板"反射率"选项区域的"直接"文本框右侧的小三角按钮，在打开的下拉列表中选择"图像"选项。然后在打开的对话框中指定一个图像作为材质反射贴图即可，如图 14-52 所示。

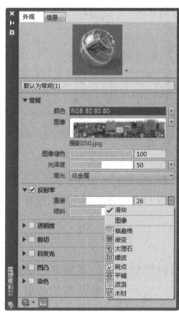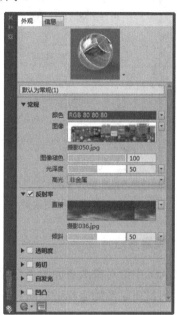

图 14-52　添加反射贴图效果

(3) 透明贴图

透明贴图可以根据二维图像的颜色来控制对象表面的透明区域。在对象上应用透明贴图后，图像中白色部分对应的区域是透明的，而黑色部分对应的区域是完全不透明的，其他颜色将根据灰度的程度决定相应的透明程度。如果透明贴图是彩色的，AutoCAD 将使用等价的颜色灰度值进行透明转换。

要使用透明贴图，可以在"材质编辑器"选项板的"透明度"选项区域的"图像"下拉列表中选择"图像"选项。在打开的对话框中指定一个图像作为透明贴图，并在"数量"文本框中设置透明度数值即可，如图 14-53 所示。

(4) 凹凸贴图

凹凸贴图可以根据二维图像的颜色来控制对象表面的凹凸程度，从而产生浮雕效果。在对象上应用凹凸贴图后，图像中白色的部分对应的区域将相对凸起，而黑色部分对应的区域则相对凹陷，其他颜色将根据灰度的程度决定相应区域的凹凸程度。如果凹凸贴图的图案是彩色的，AutoCAD 将使用等价的颜色灰度值进行凹凸转换。

要使用凹凸贴图，在"凹凸"选项区域的"图像"下拉列表中选择"图像"选项，在打开的对话框中指定一个图像作为凹凸贴图，并在"数量"文本框中设置凹凸贴图数量即可，如图14-54所示。

图 14-53　添加透明贴图效果　　　　　图 14-54　添加凹凸贴图效果

2. 贴图的设置方法

在 AutoCAD 中给对象或者面附着带纹理的材质后，可以调整对象或面上纹理贴图的方向。这样使得材质贴图的坐标适应对象的形状，从而使对象贴图的效果不变形，更接近真实效果。

在"材质"选项板中单击"材质贴图"下拉列表按钮 ，将展开 4 种类型的纹理贴图图标，其各自的贴图设置方法如下。

(1) 平面贴图

平面贴图用于将图像映射到对象上，就像将其从幻灯片投影器投影到二维曲面上一样。图像不会失真，但是将会被缩放以适应对象，该贴图常用于面上。

单击"平面"按钮 ，并选取平面对象，此时绘图区将显示矩形线框。通过拖动夹点或依据命令窗口的提示输入相应的移动、旋转命令，可以调整贴图坐标，如图 14-55 所示。

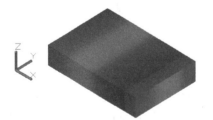

图 14-55　利用平面贴图调整贴图方向

(2) 柱面贴图

柱面贴图用于将图像映射到圆柱形对象上，水平边将同时弯曲，但顶边和底边不会弯曲。另外，图像的高度将沿圆柱体的轴进行缩放。

单击"柱面"按钮🔷，选择圆柱面则显示一个圆柱体线框。默认的线框体与圆柱体重合，此时如果依据提示调整线框，即可调整贴图，如图 14-56 所示。

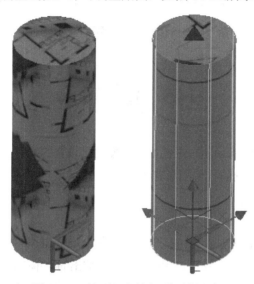

图 14-56　利用柱面贴图调整贴图方向

(3) 球面贴图

使用球面贴图，可以在水平和垂直两个方向上同时使图像弯曲。纹理贴图的顶边在球体的"北极"压缩为一个点；同样，底边在"南极"也压缩为一个点。单击"球面"按钮🔷，选择球体则显示一个球体线框，调整线框位置即可调整球面贴图，如图 14-57 所示。

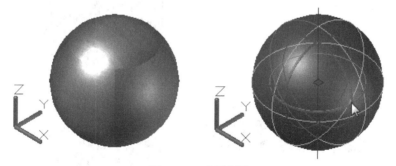

图 14-57　球面贴图

(4) 长方体贴图

长方体贴图用于将图像映射到类似长方体的实体上，该图像将会在对象的每个面上重复使用。单击"长方体"按钮，选取对象则显示一个长方体线框，此时通过拖动夹点或依据命令窗口提示输入相应的命令，可以调整长方体的贴图坐标，如图 14-58 所示。

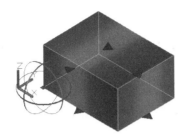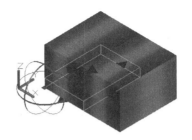

图 14-58　利用长方体贴图调整贴图方向

14.9　渲染对象

渲染是基于三维场景来创建二维图像。它使用已设置的光源、已应用的材质和环境设置(如背景和雾化)，为场景的几何图形着色。

14.9.1　高级渲染设置

在"功能区"选项板中选择"渲染"选项卡，在"渲染"面板中单击"高级渲染设置" ；或在快速访问工具栏中选择"显示菜单栏"命令，在弹出的菜单中选择"视图"|"渲染"|"高级渲染设置"命令，打开"高级渲染设置"选项板，可以设置渲染高级选项，如图 14-59 所示。

图 14-59　打开"高级渲染设置"选项板

"高级渲染设置"选项板被分为从常规设置到高级设置的若干部分。"常规"部分包含了影响模型的渲染方式、材质和阴影的处理方式以及反锯齿执行方式的设置(反锯齿可以削弱曲线式线条或边在边界处的锯齿效果)；"光线跟踪"部分控制如何产生着色；"间接发光"部分用于控制光源特性、场景照明方式以及是否进行全局照明和最终采集。此外，还可以使用诊断控件来帮助用户了解图像没有按照预期效果进行渲染的原因。

【**练习 14-4**】打开如图 14-60 所示的图形，对其进行渲染。

(1) 打开如图 14-60 所示的图形后，在菜单栏中选择"视图"|"视觉样式"|"真实"命令，此时模型将转变为"真实"显示。

(2) 在菜单栏中选择"视图"|"渲染"|"光源"|"新建点光源"命令，打开"光源"对话框，单击"关闭默认光源"链接，返回至绘图窗口，在命令窗口的提示信息下，选择在图形窗口的适当位置单击，确定点光源的位置，如图 14-61 所示。

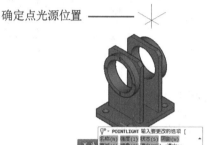

确定点光源位置 ——————

图 14-60　打开图形　　　　　　　　　　　图 14-61　创建点光源

(3) 在命令窗口的提示信息下输入 C，按 Enter 键，切换至"颜色"状态，再在命令窗口的提示信息下输入真彩色为(150,100,250)，并按 Enter 键完成输入。

(4) 按 Enter 键，完成点光源的设置，如图 14-62 所示。

(5) 在"功能区"选项板中选择"渲染"选项卡，然后在"渲染"面板中设置渲染输出图像的大小、渲染质量等，最后在"渲染"面板中单击"渲染"按钮，完成操作。效果如图 14-63 所示，显示了图像信息。

图 14-62　点光源效果　　　　　　　　　　图 14-63　渲染效果

从一个下拉列表中选择一组预定义的渲染设置，称为渲染预设。渲染预设存储了多组设置，使渲染器可以产生不同质量的图像。标准预设的范围从草图质量(用于快速测试图像)到演示质量(提供照片级真实感图像)。用户还可以在"功能区"选项板中选择"渲染"选项卡，在"渲染"面板中选择"渲染预设"下拉列表框中的"管理渲染预设"选项。打开"渲染预设管理器"面板，从中可以自定义渲染预设，如图 14-64 所示。

图 14-64　打开"渲染预设管理器"面板

14.9.2　控制渲染

在菜单栏中选择"视图"|"渲染"|"渲染环境"命令，或在"功能区"选项板中选择"可视化"选项卡，然后在"渲染"面板中单击"渲染环境和曝光"按钮，打开"渲染环境和曝光"面板，即可使用环境功能设置雾化效果或背景图像，如图 14-65 所示。

图 14-65　打开"渲染环境和曝光"面板

雾化和深度设置是非常相似的大气效果，可以使对象随着与相机距离的增大而显示得越浅。雾化使用白色，而深度设置使用黑色。在"渲染环境"对话框中，要设置的关键参数包括雾化或深度设置的颜色、近距离和远距离以及近处雾化百分率和远处雾化百分率等。

雾化或深度设置的密度由近处雾化百分率和远处雾化百分率来控制。这些设置的范围为 0.0001~100。值越高，表示雾化或深度设置越不透明。

14.9.3　渲染并保存图像

默认情况下，渲染过程为渲染图形内当前视图中的所有对象。如果没有打开命名视图或相机视图，则渲染当前视图。虽然在渲染关键对象或视图的较小部分时渲染速度较快，但渲染整个视图可以让用户看到所有对象之间是如何相互定位的。

在"功能区"选项板中选择"渲染"选项卡，在"渲染"面板中单击"渲染"按钮；或在快速访问工具栏中选择"显示菜单栏"命令，在弹出的菜单中选择"视图"|"渲染"|"渲染"命令，打开"渲染"窗口，可以快速渲染对象。

"渲染"窗口中显示了当前视图中图形的渲染效果。在其右边的列表中，显示了图像的质量、光源和材质等详细信息；在其下面的文件列表中，显示了当前渲染图像的文件名称、大小、渲染时间等信息。用户可以右击某一渲染图形，这时将弹出一个快捷菜单，可以选择其中的命令来保存和清理渲染图像。

【练习 14-5】打开如图 14-66 所示的"石柱"图形，对其进行渲染。

(1) 启动 AutoCAD 2018，打开如图 14-66 所示的"石柱"图形。

(2) 在菜单栏中选择"视图"|"视觉样式"|"真实"命令，此时模型转变为"真实"显示，如图 14-67 所示。

图 14-66　原始图形　　　图 14-67　设置视觉样式

(3) 在菜单栏中选择"视图"|"渲染"|"光源"|"新建点光源"命令，打开"光源"对话框。单击"关闭默认光源"链接，返回到绘图窗口。在命令窗口的提示下在图形窗口的适当位置单击，确定点光源的位置，如图 14-68 所示。

(4) 在命令窗口的提示下输入 I，按 Enter 键，切换到"强度"状态。再在命令窗口的提示下输入 1，并按 Enter 键完成输入。按 Enter 键，完成点光源的设置，然后在命令窗口中输入 VIEW，并按 Enter 键，打开如图 14-69 所示的"视图管理器"对话框。单击"新建"按钮。

图 14-68　确定点光源的位置

图 14-69　"视图管理器"对话框

(5) 打开"新建视图/快照特性"对话框，在"视图名称"文本框中输入"新的视图"，在"背景"下拉列表框中选择"图像"选项，如图 14-70 所示。

(6) 打开"背景"对话框，单击"浏览"按钮，如图 14-71 所示。

(7) 打开"选择文件"对话框，选择图像，单击"打开"按钮，如图 14-72 所示。

(8) 返回"视图管理器"对话框，在"查看"列表中选择"新的视图"。然后单击"置为当前"按钮，单击"确定"按钮，如图 14-73 所示。

图 14-70　"新建视图/快照特性"对话框

图 14-71　"背景"对话框

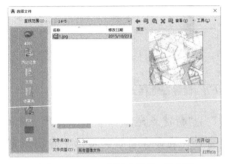

图 14-72　"选择文件"对话框

图 14-73　"视图管理器"对话框

(9) 在"功能区"选项板中选择"可视化"选项卡，在"渲染"面板中设置渲染输出图像的大小、渲染质量等。然后在"渲染"面板中单击"渲染"按钮，如图 14-74 所示。

(10) 此时，图形的渲染效果如图 14-75 所示。

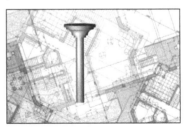

图 14-74　设置渲染　　　　　　　　　图 14-75　渲染效果

14.10　思考练习

1. 在 AutoCAD 2018 中，如何使用三维导航工具观察三维图形？

2. 在 AutoCAD 2018 中，如何创建相机？

3. 在 AutoCAD 2018 中，如何漫游和飞行？

4. 在 AutoCAD 2018 中，如何添加贴图？

5. 在 AutoCAD 2018 中，如何设置渲染？

第15章　图形的输入输出和打印发布

AutoCAD 2018 提供了图形输入与输出接口。不仅可以将其他应用程序中处理好的数据传送给 AutoCAD，以显示其图形，还可以将在 AutoCAD 中绘制好的图形打印出来，或者把它们的信息传送给其他应用程序。此外，用户利用 Internet 网络平台还可以发布、传递图形，进行技术交流或信息资源共享等。

15.1　输入和输出图形

AutoCAD 2018 除了可以打开和保存 DWG 格式的图形文件外，还可以输入和输出其他格式的图形。

15.1.1　输入图形

在 AutoCAD 2018 的菜单栏中选择"文件"|"输入"命令，或在"功能区"选项板中选择"插入"选项卡，在"输入"面板中单击"输入"按钮，都将打开如图 15-1 所示的"输入文件"对话框。在其中的"文件类型"下拉列表框中可以看到，系统允许输入"图元文件"、ACIS 及 3D Studio 等图形格式的文件。

图 15-1　"输入文件"对话框

15.1.2　插入 OLE 对象

OLE(Object Linking and Embedding，即：对象连接与嵌入)，是在 Windows 环境下实现不同 Windows 实用程序之间共享数据和程序功能的一种方法。

在菜单栏中选择"插入"|"OLE 对象"命令，或在"功能区"选项板中选择"插入"选项卡，在"数据"面板中单击"OLE 对象"按钮，都可打开"插入对象"对话框。在其中可以插入对象链接或者嵌入对象，如图 15-2 所示。

图 15-2 打开"插入对象"对话框

15.1.3 输出图形

使用 AutoCAD 2018 绘制的图形对象，不仅可以在 AutoCAD 中进行编辑处理，还可以通过其他图形处理软件进行处理，如 Photoshop、CorelDRAW 等，但是必须将图形输出为其他软件能够识别的文件格式。

在 AutoCAD 2018 中，输出命令主要以下几种调用方法。

- 选择"文件"|"输出"命令。
- 单击"文档管理器"按钮 A，在弹出的菜单中选择"输出"|"其他格式"命令，如图 15-3 所示。
- 在命令窗口中执行 EXPORT 命令。

在执行输出命令后，软件将打开如图 15-4 所示的"输出数据"对话框。在该对话框的"保存于"下拉列表框中选择文件的保存路径，在"文件类型"下拉列表框中选择要输出的文件格式；在"文件名"下拉列表框中输入输出图形文件的名称，然后单击"保存"按钮即可输出图形文件。

图 15-3 选择输出格式　　　　　图 15-4 "输出数据"对话框

在 AutoCAD 中，可以将图形输出为以下几种格式的图形文件。

- .bmp：输出为位图文件，该格式几乎可以供所有图像处理软件使用。
- .wmf：输出为 Windows 图元文件格式。

- .dwf：输出为 Autodesk Web 图形格式，便于在网上发布。
- .dxx：输出为 DXX 属性的抽取文件。
- .dgn：输出为 MicroStation V8 DGN 格式的文件。
- .dwg：输出为可供其他 AutoCAD 版本使用的图块文件。
- .stl：输出为实体对象立体画文件。
- .sat：输出为 ACIS 文件。
- .eos：输出为封装的 PostScript 文件。

【练习 15-1】在 AutoCAD 2018 中将图形以.wmf 格式进行输出。

(1) 打开如图 15-5 所示的零件图以后，在命令窗口中执行 EXPORT 命令。

(2) 打开"输出数据"对话框。然后单击"文件类型"下拉列表按钮，在弹出的下拉列表中选中"图元文件(*.wmf)"选项。在如图 15-6 所示的"文件名"文本框中输入文件名称后，单击"保存"按钮，即可将打开的图形保存为.wmf 格式的文件。

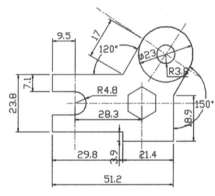

图 15-5　打开图形文件

图 15-6　"输出数据"对话框

15.2　创建和管理布局

在 AutoCAD 2018 中，可以创建多种布局，每个布局都代表一张单独的打印输出图纸。用户可以根据设计需求创建多个布局以显示不同的视图，并且还可以在布局中创建多个浮动视口。

15.2.1　模型空间和布局空间

模型空间和布局空间是 AutoCAD 的两个工作空间，并且通过这两个空间可以设置打印效果。其中，通过布局空间的打印方式比较方便快捷。在 AutoCAD 中，模型空间主要用于绘制图形的主体模型，而布局空间主要用于打印输出图纸时对图形的排列和编辑。

1. 模型空间

模型空间是绘图和设计图纸时最常用的工作空间。在该空间中，用户可以创建物体的视图模型，包括二维和三维图形造型。此外，还可以根据需求，添加尺寸标注和注释等来完成所需要的全部绘图工作。在屏幕底部的状态栏中单击"模型"按钮，系统将自动进入模型工作空间，效果如图 15-7 所示。

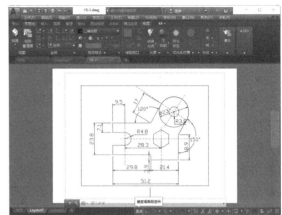

图 15-7　模型工作空间

2. 布局空间

布局空间又称为图纸空间，主要用于图形排列、添加标题栏、明细栏，以及起到模拟打印效果的作用。在该空间中，通过移动或改变视口的尺寸可以排列视图。另外，该空间可以完全模拟图纸页面，在绘图之前或之后安排图形的布局输出。

在屏幕底部的状态栏中单击"布局"按钮，系统将自动进入布局工作空间，效果如图 15-8 所示。在绘图区左侧的"模型"和"布局"选项卡中，用户可以通过选择选项卡即可进行模拟空间和布局空间的切换，效果如图 15-9 所示。

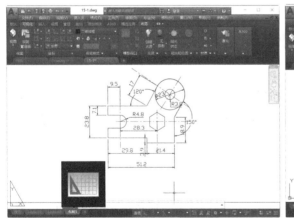

图 15-8　布局空间

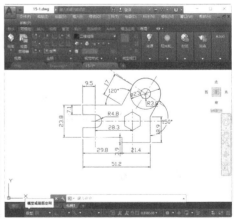

图 15-9　切换空间

15.2.2　创建布局

布局空间在图形输出中占有重要地位，同时也为用户提供了多种用于创建布局的方式和管理布局的不同方法。

1. 新建布局

利用该方式可以直接插入新建的布局。选择"工具"|"工具栏"|AutoCAD|"布局"命令，打开"布局"工具栏。单击"新建布局"按钮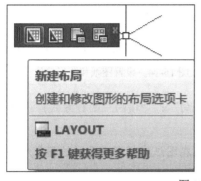，并在命令窗口中输入新布局名称，即可创建新的布局，如图 15-10 所示。

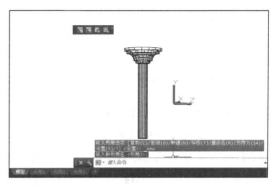

图 15-10　新建布局空间

2. 使用布局向导

该方式是对所创建布局的名称、图纸尺寸、打印方向和布局位置等主要选项进行详细的设置。因此，使用布局向导创建的布局一般不需要再进行调整和修改，即可执行打印输出操作，适合初学者使用。使用布局向导创建布局的步骤如下。

(1) 打开如图 15-11 所示的图形以后，在命令窗口中输入 LAYOUTWIZARD 指令，按下 Enter 键。

(2) 打开"创建布局-开始"对话框，然后该对话框中输入布局名称，并单击"下一步"按钮，如图 15-12 所示。

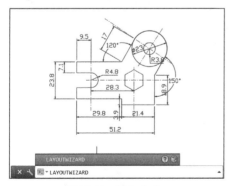

图 15-11　输入命令

图 15-12　输入布局名称

(3) 打开"创建布局-打印机"对话框，在右边的绘图仪列表框中选择所要配置的打印机，然后单击"下一步"按钮，如图 15-13 所示。

(4) 在打开的对话框中选择布局在打印机中所用的纸张、图形单位(图形单位主要有毫米、英寸和像素)，然后单击"下一步"按钮，如图 15-14 所示。

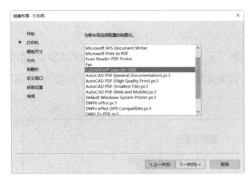

图 15-13　选择打印机

图 15-14　设置图纸和图形单位

(5) 在打开的对话框中设置布局的方向(包括"纵向"、"横向"两种方式),然后单击"下一步"按钮,如图 15-15 所示。

(6) 打开"创建布局-标题栏"对话框,选择布局在图纸空间所需要的边框或标题栏样式,然后单击"下一步"按钮,如图 15-16 所示。

图 15-15　设置布局方向

图 15-16　设置边框和标题栏

(7) 在打开的对话框中设置新创建布局的相应视口,包括视口设置和视口比例等,然后单击"下一步"按钮,如图 15-17 所示。

(8) 在打开的"创建布局-拾取位置"对话框中单击"选择位置"按钮,切换到布局窗口,如图 15-18 所示。

图 15-17　设置视口

图 15-18　单击"选择位置"按钮

(9) 此时,指定两对角点确定视口的大小和位置,如图 15-19 所示。

(10) 返回 "创建布局" 对话框, 并单击 "完成" 按钮即可创建新布局, 如图 15-20 所示。

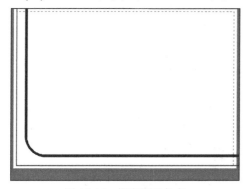

图 15-19　指定两对角点　　　　　　　图 15-20　单击 "完成" 按钮

15.2.3　设置布局

右击 "布局" 选项卡, 使用弹出的快捷菜单中的命令, 可以删除、新建、重命名、移动或复制布局, 如图 15-21 所示。

如果在绘图窗口中未显示 "模型" 和 "布局" 选项卡, 可在状态栏中右击 "模型" 按钮, 在弹出的快捷菜单中选择 "显示布局和模型选项卡" 命令即可。

另外, 在绘图区空白处右击, 并在打开的快捷菜单中选中 "选项" 命令, 打开 "选项" 对话框。用户可以通过在该对话框中禁用 "显示布局和模型选项卡" 复选框实现隐藏布局和 "模型" 选项卡的效果, 如图 15-22 所示。

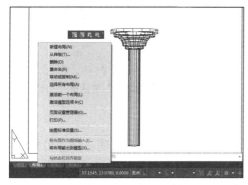

图 15-21　选择命令　　　　　　　　　图 15-22　 "选项" 对话框

15.2.4　布局的页面设置

在进行图纸打印时, 必须对打印页面的打印样式、打印设备、图纸大小、图纸打印方向和打印比例等参数进行设置。

1. 页面设置选项

在 "布局" 工具栏中单击 "页面设置管理器" 按钮, 将打开 "页面设置管理器" 对话框, 如图 15-23 所示。在该对话框中, 用户可以对页面布局进行新建、修改和输入等操作。

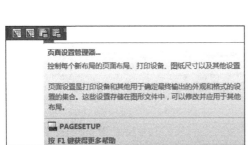

图 15-23　打开"页面设置管理器"对话框

在"页面设置管理器"对话框中单击"新建"按钮，打开"新建页面设置"对话框。可以在其中创建新的布局，如图 15-24 所示。单击"修改"按钮，即可在打开的"页面设置"对话框中对该页面进行重新设置，如图 15-25 所示。

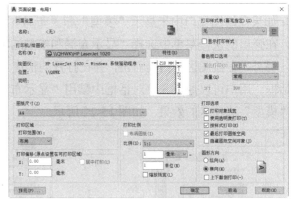

图 15-24　"新建页面设置"对话框　　　　图 15-25　"页面设置"对话框

"页面设置"对话框中主要选项的功能如下所示。

- "打印机/绘图仪"选项区域：设置打印机的名称、位置和说明。在"名称"下拉列表框中可以选择当前配置的打印机。如果要查看或修改打印机的配置信息，可单击"特性"按钮，在打开的"绘图仪配置编辑器"对话框中进行设置。

- "打印样式表"选项区域：为当前布局指定打印样式和打印样式表。当在下拉列表框中选择一个打印样式后，单击"编辑"按钮 ，可以使用打开的如图 15-26 所示的"打印样式表编辑器"对话框查看或修改打印样式(与附着的打印样式表相关联的打印样式)。当在下拉列表框中选择"新建"选项时，将打开"添加颜色相关打印样式表"向导，用于创建新的打印样式表，如图 15-27 所示。另外，在"打印样式表"选项区域中，"显示打印样式"复选框用于确定是否在布局中显示打印样式。

 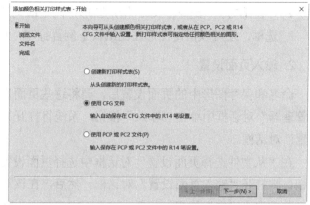

图 15-26　"打印样式表编辑器"对话框　　　　　图 15-27　"添加颜色相关打印样式表"向导

- "图纸尺寸"选项区域：设置图纸的尺寸大小。

- "打印区域"选项区域：设置布局的打印区域。在"打印范围"下拉列表框中，可以选择要打印的区域，包括布局、视图、显示和窗口。默认设置为布局，表示针对"布局"选项卡，打印图纸尺寸边界内的所有图形，或表示针对"模型"选项卡，打印绘图区中所有显示的几何图形。

- "打印偏移"选项区域：显示相对于介质源左下角的打印偏移值的设置。在布局中，可打印区域的左下角点，由图纸的左下边距决定。用户可以在 X 和 Y 文本框中输入偏移量。如果选中"居中打印"复选框，则可以自动计算输入的偏移值，以便居中打印。

- "打印比例"选项区域：设置打印比例。在"比例"下拉列表框中可以选择标准缩放比例，或者输入自定义值。布局空间的默认比例为 1:1，模型空间的默认比例为"按图纸空间缩放"。如果要按打印比例缩放线宽，可选中"缩放线宽"复选框。布局空间的打印比例一般为 1:1。如果要缩小为原尺寸的一半，则打印比例为 1:2，线宽也随比例缩放。

- "着色视口选项"选项区域：指定着色和渲染视口的打印方式，并确定它们的分辨率大小和 DPI 值。其中，在"着色打印"下拉列表框中，可以指定视图的打印方式；在"质量"下拉列表框中，可以指定着色和渲染视口的打印分辨率；在 DPI 文本框中，可以指定渲染和着色视图每英寸的点数，最大可为当前打印设备分辨率的最大值。DPI 选项只有在"质量"下拉列表框中选择"自定义"选项后才可用。

- "打印选项"选项区域：设置打印选项，如打印线宽、显示打印样式和打印几何图形的次序等。如果选中"打印对象线宽"复选框，可以打印对象和图层的线宽；选中"按样式打印"复选框，可以打印应用于对象和图层的打印样式；选中"最后打印图纸空间"复选框，可以先打印模型空间几何图形，通常先打印图纸空间几何图形，然后再打印模型空间几何图形；选中"隐藏图纸空间对象"复选框，可以指定"消隐"操作应用于图纸空间视口中的对象，该选项仅在"布局"选项卡中可用。并且，该设置的效果反映在打印预览中，而不反映在布局中。

● "图形方向"选项区域：指定图形方向是横向还是纵向。选中"上下颠倒打印"复选框，还可以指定图形在图纸页上倒置打印，相当于旋转 180°打印。

2. 输入页面设置

命名和保存图形中的页面设置后，要将这些页面设置用于其他图形，可以在"页面设置管理器"对话框中单击"输入"按钮，系统将打开如图 15-28 所示的"从文件选择页面设置"对话框。

在"从文件选择页面设置"对话框中选择页面设置方案的图形文件后，单击"打开"按钮，将打开"输入页面设置"对话框。然后，在该对话框中选择需要输入的页面设置方案，并单击"确定"按钮。此后，该页面方案将会出现在"页面设置管理器"对话框中的"页面设置"列表框中，如图 15-29 所示。

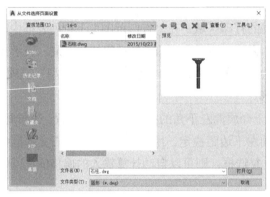

图 15-28　"从文件选择页面设置"对话框　　　　图 15-29　显示页面方案

15.3　打印图形

使用打印机打印图形时，首先应选择打印机，然后再设置打印参数，才能更快、更好地打印出令人满意的图形。设置打印参数，主要包括设置打印设备、图纸纸型和出图比例等。

15.3.1　选择打印命令

图形绘制完成后根据需求用户可以将图形进行打印输出。在打印图形之前，还需要对打印参数进行设置，如选择打印设备、设定打印样式、选择图纸、设置打印方向等。在 AutoCAD 2018 中"打印"命令主要有以下几种调用方式。

● 单击"应用程序"按钮，在打开的文档浏览器中选择"打印"|"打印"命令，如图 15-30 所示。

● 在快捷工具栏上单击"打印"按钮。

● 在命令窗口中执行 PLOT 命令。

执行"打印"命令后，将打开如图 15-31 所示的"打印-模型"对话框。在该对话框中，用户可以对图形的打印参数进行设置，如打印设备、设置打印样式表和选择打印图纸等。

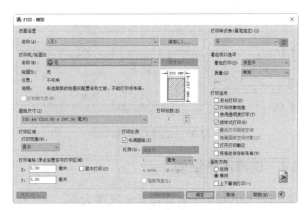

图 15-30　选择"打印"命令　　　　　　　图 15-31　"打印-模型"对话框

15.3.2　选择打印设备

要将图形从打印机打印到图纸上，首先应安装打印机，然后在"打印-模型"对话框的"打印机/绘图仪"区域中的"名称"下拉列表框中进行打印设备的选择，如图 15-32 所示。

图 15-32　选择打印设备

15.3.3　指定打印样式表

打印样式用于修改图形的外观，选择某个打印样式后，图形中的每个对象或图层都具有该打印样式的属性。修改打印样式可以改变对象输出的颜色、线型或线宽等特性。

在"打印-模型"对话框的"打印样式表"栏的下拉列表框中选择要使用的打印样式，即可指定打印样式表，如图 15-33 所示。单击"打印样式表"栏中的"编辑"按钮，打开如图 15-34 所示的"打印样式表编辑器"对话框。在该对话框中可以查看或修改当前指定的打印样式表。

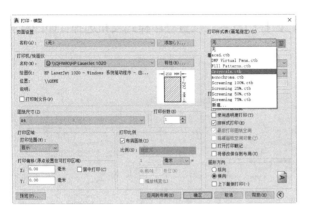

图 15-33　选择打印样式表　　　　　　　　图 15-34　设置打印样式表

15.3.4　选择图纸纸型

图纸纸型是指用于打印图形的纸张大小，在"打印-模型"对话框的"图纸尺寸"下拉列表框中即可选择纸型，如图 15-35 所示。不同的打印设备支持的图纸也不相同，所以选择的打印设备不同，在该下拉列表框中选中的选项也不同。但是一般设备都支持 A4 和 B5 等标注纸型。

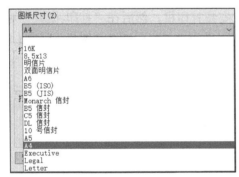

图 15-35　选择图纸纸型

15.3.5　控制出图比例

在"打印-模型"对话框的"打印比例"选项区域中，用户可以设置图形输出的打印比例，如图 15-36 所示。打印比例主要用于控制图形单位与打印单位之间的相对尺寸。其中各选项的功能含义如下。

图 15-36　"打印比例"选项区域

- 布满图纸：若选中该复选框，将缩放打印图形以布满所选图纸尺寸，并不在"比例"
下拉列表框、"毫米"和"单位"文本框中显示自定义的缩放比例因子。
- 比例：用于定义图形的打印比例。
- 毫米：该下拉列表用于指定与单位数等价的英寸数或毫米。当前所选图纸尺寸决定
单位是英寸还是毫米。
- 单位：指定与英寸数、毫米数或像素数等价的单位数。
- 缩放线宽：与打印比例成正比缩放线宽。这时可以指定打印对象的线宽并按该尺寸
打印而不考虑打印比例。

15.3.6 设置打印区域

在打印时，用户必须设置图形的打印区域，才能更准确地打印需要的图形。在"打印-模
型"对话框的"打印区域"选项区域的"打印范围"下拉列表框中可以选择打印区域的类型，
如图 15-27 所示。

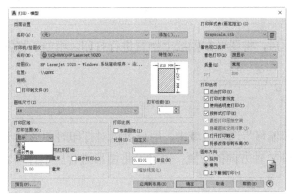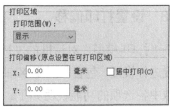

图 15-37 "打印区域"选项区域

在"打印范围"下拉列表框中，各选项的主要功能如下。

- 窗口：选择该选项后，将返回绘图区指定要打印的窗口。在绘图区中绘制一个矩形
框，选择打印区域后将返回"打印模型"对话框。同时右侧出现 窗口(0)< 按钮，单
击该按钮可以返回绘图区重新选择打印区域，如图 15-28 所示。

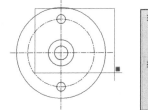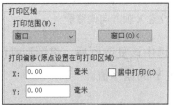

图 15-38 指定要打印的窗口

- 范围：选择该选项后，在打印图形时，将打印出当前空间内的所有图形对象。
- 图形界限：选择该选项后，打印时只会打印绘制的图形界限内的所有对象。
- 显示：打印模型空间当前视口中的视图或布局空间中当前图纸空间视图的对象。

15.3.7 设置图形打印方向

打印方向指的是图形在图纸上打印时的方向，如横向和纵向。在"打印模型"对话框的"图形方向"选项区域中，用户可以设置图形的打印方向。该选项区域中各个选项的功能说明如下。

- 纵向：选中该单选按钮，将图纸的横向边长作为图形页面的顶部进行打印，如图 15-39 所示。
- 横向：选中该单选按钮，将图纸的纵向边长作为图形页面的顶部进行打印，如图 15-40 所示。

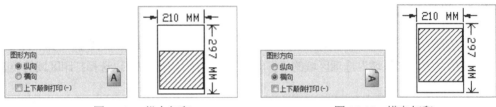

图 15-39　纵向打印　　　　　　　　　图 15-40　横向打印

- 上下颠倒打印：选中该复选框后，将图形在图纸上倒置进行打印，相当于将图形旋转 180° 后再进行打印。

15.3.8 设置打印偏移

在"打印-模型"对话框的"打印偏移"选项区域中，用户可以对打印时图形位于图纸的位置进行设置，包含相对于 X 轴和 Y 轴方向的位置，也可以将图形进行居中打印。该选项区域中各选项的功能说明如下。

- X：指定打印原点在 X 轴方向的偏移量，如图 15-41 所示。
- Y：指定打印原点在 Y 轴方向的偏移量，如图 15-42 所示。

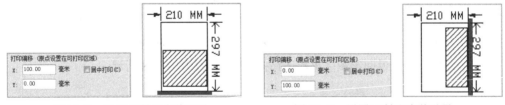

图 15-41　设置 X 轴方向偏移量　　　　图 15-42　设置 Y 轴方向偏移量

- 居中打印：选中该复选框后，将图形打印到图纸的正中间，AutoCAD 软件将自动计算出 X 和 Y 的偏移值。

15.3.9 设置着色视口选项

如果用户要将着色后的三维模型打印到图纸上，需要在"打印-模型"对话框的"着色视口选项"选项区域中进行设置，如图 15-43 所示。

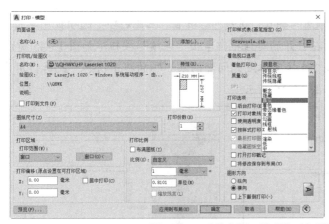

图 15-43　"着色视口选项" 选项区域

"着色视口选项" 选项区域中，"着色打印"下拉列表框内主要选项的功能如下。

● 按显示：按对象在屏幕上显示的效果进行打印。

● 传统线框：用线框方式打印对象，不考虑它在屏幕上的显示方式。

● 传统隐藏：打印对象时消除隐藏线，不考虑它在屏幕上的显示方式。

● 渲染：按渲染后的效果打印对象，不考虑它在屏幕上的显示方式。

15.3.10　设置打印预览

将图形发送到打印机或绘图仪之前，最好先进行打印预览，打印预览显示的图形与打印输出时的图形效果相同。在"打印-模型"对话框中单击"预览"按钮，即可预览图形的打印效果，如图 15-44 所示。

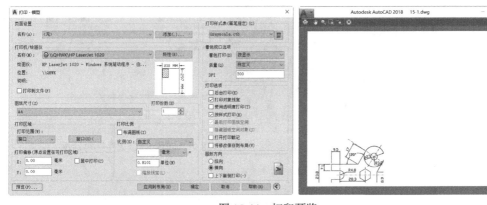

图 15-44　打印预览

15.3.11　设置 3D 打印

3D 打印功能可让设计者通过一个 Internet 连接来直接输出设计者的 3D AutoCAD 图形到支持 STL 的打印机。借助三维打印机或通过相关服务提供商，可以很容易地将生产有型的 3D 模型和物理原型连接到需要三维打印服务或个人的 3D 打印机上，设计者可以立即将设计创意变为现实。

(1) 在三维建模工作空间中展开"输出"选项卡，并在"三维打印"选项板中单击"发送到三维打印服务"按钮，然后在打开的对话框中单击"继续"按钮，如图 15-45 所示。

(2) 此时，光标位置将显示"选择实体或无间隙网络："的提示信息。此时，用户可以框选三维打印的模型对象，如图 15-46 所示。

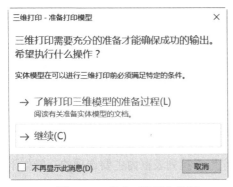

图 15-45   单击"继续"按钮

图 15-46   选择对象

(3) 在选取实体后，按下 Enter 键，将打开"三维打印选项"对话框，显示三维打印预览效果。用户可以放大、缩小、移动和旋转三维实体并设置输出标注，单击"确定"按钮，如图 15-47 所示。

(4) 打开"创建 STL 文件"对话框，输入文件名称，创建一个用于 Internet 连接的 3D AutoCAD 图形到支持 STL 的打印机，如图 15-48 所示。

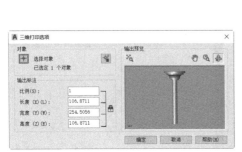

图 15-47   "三维打印选项"对话框

图 15-48   "创建 STL 文件"对话框

15.4   发布图形

AutoCAD 拥有与 Internet 进行连接的多种方式，并且能够在其中运行 Web 浏览器。用户可以通过 Internet 访问或存储 AutoCAD 图形以及相关文件，并且通过该方式生成相应的 DWF 文件，以便进行浏览与打印。

15.4.1　创建图纸集

图纸集是来自一些图形文件的一系列图纸的有序集合。用户可以在任何图形中将布局作为图纸编号输入到图纸集中，在图纸一览表和图纸之间建立一种连接。在 AutoCAD 中，图纸集可以作为一个整体进行管理、传递、发布和归档。

在 AutoCAD 中，用户可以通过使用"创建图纸集"向导来创建图纸集。在向导中，既可以基于现有图形从头开始创建图纸集，也可以使用样例图纸集作为样板进行创建。

1. 从样例图纸集创建图纸集

在"创建图纸集"向导中，选择从样例图纸集创建图纸集时，该样例将提供新图纸集的阻止结果和默认设置。用户可以指定根据图纸集的子集存储路径创建文件夹。使用此选项创建空图纸集后，可以单独地输入布局或创建图纸。

2. 从现有图形文件创建图纸集

在"创建图纸集"向导中，选择从现有文件创建图纸集时，需要指定一个或多个包含图形文件的文件夹。使用此选项，可以指定让图纸集的子集阻止复制图形文件的文件夹结构，并且这些图形的布局可以自动输入到图纸集中。另外，通过单击每个附加文件夹的"浏览"按钮，可以轻松地添加更多包含图形的文件夹。

下面将介绍从现有图形文件创建图纸集的具体操作步骤。

【练习 15-2】在 AutoCAD 中从现有图形文件创建图纸集。

(1) 在"应用程序"菜单中选择"文件"|"新建图纸集"命令，打开"创建图纸集-开始"对话框。选择"现有图形"单选按钮，然后单击"下一步"按钮，如图 15-49 所示。

(2) 打开"创建图纸集-图纸集详细信息"对话框，输入新建图纸集的名称，并指定保存图纸集数据文件的路径。单击"下一步"按钮，如图 15-50 所示。

图 15-49　"创建图纸集-开始"对话框　　　　　图 15-50　输入新图纸集名称

(3) 在打开的"创建图纸集-选择布局"对话框中单击"浏览"按钮，在打开的"浏览文件夹"对话框中选中可以将图形中的布局添加至图纸集中的文件夹。单击"下一步"按钮，如图 15-51 所示。

(4) 在打开的"创建图纸集-确认"对话框中，审查要创建的图纸集信息，然后单击"完成"按钮，即可完成操作，如图 15-52 所示。

图 15-51　指定布局文件夹　　　　　　　图 15-52　审查创建图纸集信息

15.4.2　发布 DWF 文件

DWF 文件是一种安全的适用于在 Internet 上发布的文件格式。并且可以在任何装有网络浏览器和专用插件的计算机中执行打开、查看或输出操作。此外，在发布 DWF 文件时，可以使用绘图仪配置文件；也可以使用安装时默认选择的 DWF6 ePlot.pc3 绘图仪驱动程序；还可以修改配置设置，如颜色深度、显示精度、文件压缩以及字体处理等其他选项。

(1) 在 AutoCAD 中打开零件图形文件，然后在"输出"选项卡的"打印"选项板中单击"打印"按钮。

(2) 打开"打印-模型"对话框，然后在该对话框中选择打印机 DWF6 ePlot.pc3，单击"确定"按钮，如图 15-53 所示。

(3) 打开"浏览打印文件"对话框，设置 ePlot 文件的名称和路径。单击"保存"按钮，即可完成 DWF 文件的创建操作，如图 15-54 所示。

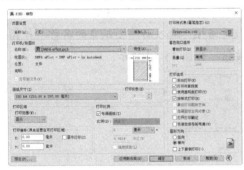

图 15-53　"打印-模型"对话框　　　　　图 15-54　"浏览打印文件"对话框

15.5　思考练习

1. 如何将 AutoCAD 文件输出为 BMP 格式的图形？
2. 简述 AutoCAD 中模型空间和布局空间的区别与联系。
3. 如何将图形文件发布为 DWF 文件？